建筑与人文

名家通识十一讲

主　编　秦红岭

副主编　林　青

華中科技大學出版社

http://press.hust.edu.cn

中国·武汉

图书在版编目（CIP）数据

建筑与人文：名家通识十一讲 / 秦红岭主编；林青副主编. -- 武汉：华中科技大学出版社，2025. 1.--ISBN 978-7-5772-1509-9

Ⅰ. TU-092

中国国家版本馆CIP数据核字第2024K1C507号

建筑与人文：名家通识十一讲

Jianzhu yu Renwen：Mingjia Tongshi Shiyi Jiang

秦红岭　主编

林　青　副主编

出版发行：华中科技大学出版社（中国・武汉）　　电话：（027）81321913

地　　址：武汉市东湖新技术开发区华工科技园　　邮编：430223

策划编辑：张淑梅　　封面设计：王　娜

责任编辑：赵　萌　　责任监印：朱　玢

印　　刷：武汉科源印刷设计有限公司

开　　本：710 mm×1000 mm　1/16

印　　张：17

字　　数：280千字

版　　次：2025年1月第1版 第1次印刷

定　　价：98.00元

华中出版

投稿邮箱：zhangsm@hustp.com

本书若有印装质量问题，请向出版社营销中心调换

全国免费服务热线：400-6679-118 竭诚为您服务

内容提要

本书精选了北京建筑大学“通识大讲堂”中十一场名家讲座的精华内容。“通识大讲堂”是北京建筑大学精心打造的通识教育品牌，邀请学术造诣深厚、社会影响广泛的知名学者为本科生开设多维度的人文讲座。本书通过对建筑与人文主题的深入探讨，可以帮助学生拓宽知识视野、提升文化艺术修养、加深对中华文明的认知和理解，从而提升综合素质。

本书内容兼具深度与广度，重点探讨了中国建筑文化的特色、北京中轴线建筑的历史与文化价值、20 世纪建筑遗产的认知与保护，以及长城文化遗产的保护与传承等议题，还涉及中国传统哲学等人文学科知识。通过学者们的精彩讲解，读者将深刻体会中华文明的厚重底蕴，领略中国建筑艺术的独特魅力。

目　录

第一部分

建筑与文化遗产

第一讲

中国建筑文化的三大特色

李先逵

主讲人简介

李先逵，曾任重庆大学教授，博士生导师，住房城乡建设部科技司、外事司原司长，中国民族建筑研究会专家委员会主任，中国建筑学会副理事长。主要研究方向为民居建筑和城乡聚落、历史街区。发表学术论文百余篇，著有《四川民居》《干栏式苗居建筑》《诗境规划论》《中国建筑的哲理内涵》《中国园林阴阳观》《干栏式建筑的起源与发展》《建筑生命观探新》《古代巴蜀建筑的文化品格》《中国民居的院落精神》等。除教学、科研外，还从事建筑设计实践，建成工业民用建筑工程项目数十项。

主讲概要

对比世界其他建筑文化得出，中国传统建筑文化有三大基本特色：一是深沉高迈的文化哲理，建筑名称包含深刻的文化意义，从哲学高度理解建筑本质，应用阴阳数理哲学表现艺术美学精神，创造独具一格的礼制建筑；二是重情知礼的人本精神，坚持以人为出发点的设计原则，以近人尺度营造空间环境，注重建筑环境的教化功能，强调建筑组群的有机整体性，体现“院落文化”的群体意识；三是“天人合一”的环境观念，强调人居环境应与自然环境相协调，广泛应用传统建筑理论指导建筑选址规划，创造富有地域特色的山水城市，崇尚“中和美”的环境美学观，创造极富特色的自然式中国园林艺术，把“意境美”的追求作为人与自然相和谐的最高审美理想。中国建筑师应加强中国建筑文化修养，融入时代精神，创造新的建筑理论，增强文化自信，更好地保护传承优秀建筑文化遗产，走出一条中国特色现代建筑之路。

在当今多彩的中国现代建筑创作舞台上，中国建筑师无不在思考探索具有中国特色的现代建筑之路。创造中国特色的建筑理论，探索中国特色现代城市与建筑之路，应当认真研究中国优秀传统建筑文化，吸取其精华，并加以传承、弘扬和发展，这是研究中国传统建筑特色的现实意义所在。

研究中国特色建筑理论需要注意以下事项。一是要走出崇洋媚外的怪圈和对中国传统建筑文化认识的误区。改革开放以来，当代西方现代建筑的各种思潮、理论如洪水般涌入，虽然今天仍需要对它们进行更深入的了解，但它们已不算新鲜了。二是要创造新时代的中国现代建筑和城市，就必须把中国传统建筑文化精髓同当今科技发展及生活要求相结合，既体现时代精神，又具中国特色。我们在这方面早就有一些尝试，比如人民大会堂、民族文化宫、北京火车站等，这几座建筑都是北京"十大建筑"[1]。再比如北京的中国美术馆、重庆的重庆市人民大礼堂等建筑，都体现了当时的时代精神且具有中国特色，到今天还都很有代表性。三是中国传统建筑是中华文明的实物载体和有机组成部分，是东方木构建筑体系的典型代表，在世界建筑体系中独树一帜，占有重要地位。

在当今的建筑创作中，也会出现盲目模仿、抄袭西方现代建筑风格的做法，原因固然复杂，但鄙薄中国传统建筑文化，不重视研究自己本土数千年建筑历史文化的思想倾向，是一大重要原因。此外，在如何学习传统建筑文化精神上也存在模糊的观念，如认为传统建筑作为一种古典的形式已经过时等。不少人对传统建筑的理解是片面的，只看到外在的表现，而没有对传统建筑的内涵及精神有深层领悟。对中国传统建筑文化的认识应该从建筑文化学的角度，从建筑观的高度，从建筑哲学的深度，对其文化意蕴和特色加以阐释和理解，才能把握中国传统建筑文化的精神实质。

例如，五台山的佛光寺大殿为中国现存规模最大的唐代木构建筑。众所周知，

1　北京"十大建筑"指 1958 年为了迎接中华人民共和国成立十周年在首都北京建设的十大国庆工程。具体是人民大会堂、中国历史博物馆与中国革命博物馆（两馆在同一建筑内，即今中国国家博物馆）、中国人民革命军事博物馆、民族文化宫、民族饭店、钓鱼台国宾馆、华侨大厦（已被拆除，现已重建）、北京火车站、全国农业展览馆和北京工人体育场。——编者注

木结构与石结构相比，保存时间较短。木结构建筑有三怕，怕火、怕水、怕虫，所以木结构能保存上千年已是奇迹。佛光寺大殿建于唐大中十一年（公元 857 年），到现在有一千多年了。目前全国保存的唐代木结构建筑有四座，都在山西。佛光寺大殿是唐代木结构建筑中规模最大、建筑水平最高、体量最大的。大殿的斗拱健壮硕大，出檐深远，挑檐可达三四米。钢筋混凝土挑出三四米都很困难，木头通过斗拱这样的小构件竟然可以挑出这么大，且一千多年都没有倒，这是很了不起的。佛光寺大殿影响了日本的很多建筑。当时日本派了很多人到我国来考察，学到了我国的木结构建筑建造技术，日本奈良的很多寺院便是借鉴我国建筑而修成的。

另一座有名的建筑是天津蓟县（现蓟州区）的独乐寺观音阁。它是辽代建筑，建于公元 984 年，也有一千多年了。1984 年，恰逢独乐寺重建一千年，国家文物局和天津市人民政府在独乐寺举办了纪念独乐寺重建一千年大会。这座建筑高三层，两个明层一个暗层，里面还有一座高 16 米的泥塑观音像，挑出的檐也很大。非常神奇的是，1976 年唐山发生大地震的时候，很多建筑物都倒塌了，当时北京的地震也很强烈，独乐寺观音阁位于天津、北京与唐山交界的地方，却丝毫未损。这说明观音阁斗拱结构弹性非常好，有极强的抗震性。在它重建一千年之际，很多国外的建筑学者赶来参加纪念大会，以了解这座建筑为什么会有这样的奇迹。从表面看是找不出原因的，其实是因为在地震中，其木构斗拱体系通过弹性变形吸收了部分地震能量，减少了对主体结构的冲击。

还有一处有名的建筑是山西浑源县的悬空寺。在一个坡度 85 度左右的悬崖壁上，以吊脚楼的悬挑方式建了这处寺庙建筑群，所有建筑都贴着崖壁修筑，若干吊脚七长八短，惊险无比。这个地方我去了三次，每一次都让我胆战心惊，行动非常小心。这处建筑群已有一千多年历史了，虽经历风吹雨打，建筑依然完好无损。

此外，应县木塔也是木结构建筑的典范之作。应县木塔建筑雄伟高耸，建筑技巧精湛无比，是中国古代高层楼阁建筑的巅峰，是中国传统木构建筑最高成就的代表。正如当年梁思成先生初次发现它时评价的那样，应县木塔“好到令人叫绝”，“是独一无二的伟大作品”。简言之，应县木塔的伟大可用一句话来概括——“五个世界第一”或“五个之最”，即“最古、最高、最大、最多、最先”，也就是“建成历史最古，阁楼高度最高，建筑体量最大，斗拱类型最多，套筒结构最先”，简称“五最”，足见其价值极高。

对中国古典建筑的理解，不能仅从外观形象来看它的特色，还应在建筑本质内涵上，从建筑文化学的角度、建筑观的高度、建筑哲理的深度、中西建筑文化比较的广度去加深对它的认识，这样我们对它的理解就大不一样了。

与西方和伊斯兰古典建筑文化相比，中国传统建筑文化有自己的特色，需要我们认真地去审视和理解，以汲取其合理的营养，丰富我们的建筑文化知识。例如，威尼斯是意大利名城，威尼斯教堂是西方典型的教堂，它采用了砖石的穹顶结构，这座建筑也是很早就出现了。伊斯坦布尔蓝色清真寺也是穹顶结构，但与西方的穹顶不一样。西方的穹顶是一个半圆形，伊斯坦布尔蓝色清真寺的穹顶是椭圆形的（不是半圆形的）。中国也有砖石结构的穹顶，但是骨架是木结构的，砖石起维护作用，当然也有部分砖石结构为骨架形的，但不是主流。

对比世界其他建筑文化，可概括出中国传统建筑文化的三大基本特色。一是深沉高迈的文化哲理。建筑名称包含深刻的文化意义，从哲学高度理解建筑本质，应用阴阳数理哲学表现艺术美学精神，创造独具一格的礼制建筑。不懂数理哲学就欣赏不了中国的古建筑，同时我们的礼制建筑也是世界建筑史上没有的。二是重情知礼的人本精神。坚持以人为出发点的设计原则，以近人尺度营造空间环境，注重建筑环境的教化功能，强调建筑组群的有机整体性，体现“院落文化”的群体意识。三是“天人合一”的环境观念。强调人居环境应与自然环境相协调，广泛应用传统建筑理论指导建筑选址规划，创造富有地域特色的山水城市，崇尚“中和美”的环境美学观，创造极富特色的自然式中国园林艺术，把“意境美”的追求作为人与自然相和谐的最高审美理想。

中国建筑师和规划师应加强中国建筑文化修养，融入时代精神，创造新的建筑理论。

一、深沉高迈的文化哲理

从艺术的本质来看，建筑艺术和音乐艺术一样，富于抽象的寓意性，艺术家以特有的符号语言表达一定的情绪和感受，所以它们属于一种象征主义艺术，用象征手法来映射人类的思想意识。如西方古典主义建筑，用罗马式风格表现庄严，用希腊式风格表现公正等。虽然它们也具有一定的文化意义，但是数千年一以贯之的中国传统建筑文化底蕴更显深厚。

由于中国哲学发展较早，中国哲学对传统建筑文化的关注和影响，比其他建筑文化更加悠久、自觉、深刻，因而中国传统建筑体系的文化哲理更加突出，更具普遍性。从宫殿、寺庙建筑到普通民居、小品园林，莫不充满丰富多彩而又深沉高迈的哲学意识，其建筑形态表象背后蕴含着深层次的思维理念、心理结构以及人生观和宇宙观，更加深刻地体现了建筑的本质。说中国建筑文化博大精深，绝非夸张之词。

“深沉高迈”是指中国传统建筑的风格是深刻、沉雄、高远、潇洒、豪迈的，特别是唐、宋时期的建筑。其中“深沉”是指很多文化哲学、数理哲学，特别是以《易经》为代表的文化哲学观念都融入建筑文化中。西方的建筑文化融入的是宗教哲学。黑格尔曾说，建筑艺术是典型的象征主义艺术。作为象征主义的艺术代表，中国传统建筑有着丰富的文化哲理内涵。中国建筑文化哲理的表现是多方面的，举其大要可列如下方面。

（一）建筑名称体现深刻的文化意义

中国的文字是象形文字，与西方的字母不一样。建筑如果用字母来表示，它只是一个符号，没有其他的含义。汉字对建筑有形象的表现。很多有关建筑的字都可以从甲骨文中找到建筑形象（图 1-1）。比如，“高”字是干栏式住宅的表现，干栏式建筑下面是空的，人住在上面。“宅”字是屋顶下面有一个人在举着手，表示人住在里面。“家”是屋顶下面有只猪，那时真正的家是家里有能养活一家人的牲口，那时人们就已经把对野猪的驯化融入家里。又如，一般称建筑群中位于主体位置、形体高大的建筑为“殿”或“堂”。《释名》曰：“堂，犹堂堂，高显貌也。”“殿，有殿鄂也。”堂是落落大方的意思，鄂是高大的意思，它们本身都是形容词，这里将形容词名词化，以之命名高大壮丽的建筑，名称本身就已含有某种文化意味，可以说是形神韵皆备，其象征意义不言而喻，不似西方建筑直呼其名那样直白。再比如“亭”字，“亭”实际上是个动词，“亭者，停也”，停在这里欣赏风景，是个小空间。“榭”是高台上的木结构建筑，表示可以在这里休息、休闲，感谢提供可以站在高台上休息的空间。又如“馆”这种建筑类型，据《说文解字》：“馆，客舍也。”从食、从官，为宾客食宿之处。初始本义，即“客官居所”，如招待所，因而有欢迎、公共用途之义，后加引申义，赋予其社会学意义，“馆”字便大行其道，用于学馆、公馆、会馆，以至现代的图书馆、旅馆、博物馆等。这个“馆”字便有迎接、开朗、活泼、公用的含义，使这类建筑的性格特征展露无遗，其文化意蕴也溢于言表。还有一些建筑名称有阴阳组合的关系，例如朝廷，“朝”代表阳，“廷”代表阴，“前朝后廷”，前朝是上朝开会的地方，后廷（内廷）是吃饭休息的地方。再比如“宫殿”也是阴阳组合，“宫”是阴，“殿”是阳，故宫前朝有三大殿（太和殿、中和殿、保和殿），内廷有二宫[1]（乾清宫、坤宁宫）。

图 1-1　甲骨文中有关建筑的字
（来源：李先逵讲座 PPT）

（二）中国对建筑的定义理解富有文化哲理

关于“建筑”的定义，在西方建筑学中，不同学派有不同的说法，诸如“建筑是庇护所”“建筑是艺术和技术的总和”“建筑是凝固的音乐”“建筑是空间的艺术”等。这些说法固然都有一定的合理性，但究其建筑哲学的高度，都不及中国对建筑

1　本书其他处有“三宫”的说法，把交泰殿算作一宫。

含义的界定别开生面、独树一帜。

《黄帝宅经》中有一句话十分特别的话："夫宅者，乃是阴阳之枢纽，人伦之轨模。""阴阳之枢纽"的意思是住宅是天地的阴气和阳气"阴阳合德"的汇集点。"人伦之轨模"的意思是我们的住宅应是人伦关系最高的规矩和规范，要按照人伦关系的要求来安排我们的住宅。《道德经》有云"万物负阴而抱阳"，在风水学说里，阴阳平衡的地方是选址的最佳地点。阴阳不合，人就容易生病。因此，这句话的意思是建筑（住宅）是介于天地间阴阳之气聚集融合之处，这才是符合人类社会家庭生活准则的空间存在模式。这句话前半句说的是建筑的自然属性，后半句说的是建筑的社会属性。这是十分全面的大建筑观，是建筑的哲学定义，这是站在辩证的高度，以宏观视野道出了建筑的文化哲理内涵。这是西方建筑文化所没有的。

从现代建筑文化学的角度来看，建筑作为社会文化的最庞大的物化形式和空间载体，既是时代特征的综合反映，又是民族文化品格的集中体现。归结到一点，它最终应是建筑所有者思维观念的哲学表达。建筑的本质，可以说是用独特的"住"的建筑语言，表述营造者的艺术精神和文化哲学观念，以及他们对人生观、宇宙观的理解和把握。应该说，中国建筑文化对建筑的哲学定义更明确更深刻地揭示了这一点。

（三）阴阳数理哲学与中国建筑的艺术精神和美学原理

应用阴阳数理哲学的方法指导中国建筑的营造，体现中国建筑的艺术精神，这是传统建筑文化的象征主义美学原理。建筑是实建物体，体现了象征的艺术。被誉为中国哲学之源的三千多年前的周易哲学奠定了中国数理哲学的基石。《周易·系辞上》云："通其变，遂成天下之文；极其数，遂定天下之象。"从中可以看出，"数"与"象"关系密切。诸如"奇数为阳，偶数为阴""天数为阳，地数为阴"等河图洛书中神秘数字的组合（图 1-2），老子《道德经》中"道生一，一生二，二生三，三生万物"名言中所反映的"一分为三"方法论，即阴、阳、阴中有阳与阳中有阴的辩证哲理，这些所表达的文化哲理，才是真正的辩证法。这些都对本身就离不开数字尺度的建筑产生了极大的影响。如在实际工作中，我们研究申报北京中轴线为

图 1-2 河图洛书碑刻示意图（左图为河图，右图为洛书）
（来源：李先逵讲座 PPT）

世界遗产[1]，如果没有读懂易经河图洛书的数理，就很难了解古人的京城规划思想，不了解北京中轴线的文化内涵和哲理意蕴，也无法真正读懂北京的中轴线。

建筑本身就是一种“象”。以数取象、以象喻理、以理成境等原则都被灌注于建筑营造设计之中，以使其拥有和谐有序、情理相融的艺术感染力。如住宅作为“阳宅”采用“阳数设计”，先秦典籍记载了建筑等级要求，以横向三、五、七、九开间的奇数展开，高度尺寸也按等级以奇数决定。帝王大朝金銮殿则取阔九间、深五间为建筑最高规格。比如故宫太和殿就是面阔九间，进深五间。故宫正名是紫禁城，布局有三朝五门，从周朝时就有此说法，后对其的称呼解释可能不太一样。所谓朝廷，即前朝后廷（内廷）。前朝有太和殿、保和殿、中和殿三大殿，取数字三。内廷是乾清宫、坤宁宫两宫，乾清宫是皇帝住的，坤宁宫是皇后住的，后二者间又加建一小殿，名交泰殿。妃子分散住东六宫、西六宫，暗含“六六大顺”之意。其内廷共十五座建筑暗含“天机之数”。唯一例外按偶数设计的是藏书楼，因其需要有水防火，表达吉祥安全意愿，因此按偶数设计。如文津阁、天一阁，取开间六、层数二，依据“天一生水，地六成之”的思想确定设计原则。

至于北京城市规划，天坛布局与个体设计应用数理象征主义手法更是达到极高

1　2024 年 7 月，第 46 届世界遗产大会通过决议，将“北京中轴线——中国理想都城秩序的杰作”列入《世界遗产名录》。

成就。从总体到细部，从建筑形制到构造做法，莫不表现出一种具有深刻寓意的数理关系。“美在和谐，美在规律”，中国建筑艺术精神的理性浪漫和律动追求以及“中和美”的要义也蕴含在这里。其实阴阳哲学并不神秘，“远观诸物，近取诸身”，就掌握在自己手中。当坐北朝南时，左右两只手，左手象征东方为阳，右手象征西方为阴。五根手指，左手一二三四五为生数，右手六七八九十为成数。河图洛书里对数字进行了有意思的阴阳排列组合。河图洛书最早应起源于原始人对数字的理解，据考古发现，安徽含山县凌家滩遗址出土的玉龟玉版，便是河图洛书源头，而后才演变产生八卦、易经。乾卦是六条横线（阳爻），皇帝在第五爻，称为九五爻，就是最大的阳数，所以有“九五至尊”的尊崇。太和殿明朝时是九间，清朝时增加了两间，变成了十一间，只是两边各增加了半间小廊。故宫的三朝五门，明清两朝称呼不太一样。明代开始第一道门是大明门，清朝时是大清门，在天安门南面。第二道门是天安门，是皇城的大门，之后是端门，端门之后是午门，是紫禁城的大门，之后是太和门，太和门之后是太和殿广场及太和殿。大清门、天安门前面是外朝，午门内被称为治朝，太和门内称为燕朝，清代燕朝退至乾清门内，不同区段不同朝由不同的太监来管理。北京城的规划也是这样，北京城分为内城和外城，外城是明代嘉靖以后改建的，内城有九道城门、外城有七道城门，七是少阳之数，九是老阳之数。内城中皇城四向设门，故内城又称“四九城”。内外城门是阴和阳的关系，外城是阳，内城是阴，整个城市从规划到建筑设计均采用阳性数字。

再看其他的建筑，比如塔是从印度传进来的，梵语称作“窣堵坡”，后窣堵坡逐渐中国化，演变成中国式的塔。中国的佛教建筑可以说是“阳气十足”，也是用阳性的数字，一定是三层、五层、七层、九层，最高是十三层，也就是表达中国佛教的十三重天，也是阳性。这就是用中国传统建筑的数理哲学影响外来建筑并使之中国化。

（四）独特的礼制建筑

独特的礼制建筑是中国建筑博大精深文化哲理的最集中体现。如明堂、辟雍、坛庙、宗祠等，其源起悠远。这种建筑形制具有极为强烈的政治性、思想性和纪念性，集中反映了宗法礼仪、意识形态、哲理观念，不但在使用上包含着重大政治社会内容，而且要求通过更高的艺术形式进行表达。因此，这类建筑的哲理精神显得更为鲜明和突出，它不仅把社会伦理、人生哲学作为设计主题，而且将其上升到宇宙时空的概念高度，同时还使这二者的结合达到极为神圣、至高无上的境界，在地位等级上超越其他任何建筑类型，有的甚至高于帝王的宫殿。

独特的礼制建筑类型是名副其实的哲学建筑，可以说是中国建筑文化史的一大特色，也是世界建筑史的一大奇观。自古以来中国的国家体制应该都是很完整、严格的，大一统延续了两千多年。秦始皇统一六国以后建立了一系列的礼仪制度，但有的制度在很早以前就有起源。比如明堂辟雍建制，周朝时就有明堂。明堂是古代帝王颁布政令、接受朝觐、祭祖或举办重要礼仪活动的场所。辟雍是环绕着明堂的圆形水沟，相当于日月星辰。明堂的布局也有文化意义。周代《礼记》载明堂形制："明堂之制，周旋以水，水行左旋以象天，内有太室象紫垣，南出明堂象太微，西出总章象玉潢，北出玄堂象营室，东出青阳象天市。"这种寓意天象的艺术构思在世界建筑史上可谓独树一帜。这类礼制建筑，每一种形制都具有特殊的含义，在传统哲学之母阴阳哲学观指导之下，充分应用象征主义数理设计的方法，创造尽善尽美的艺术形式，追求群体空间有机统一的整体境界，达到教化熏陶社会的目的。这种设计意念，经历代匠师千锤百炼，在设计手法、构图原理、造型模式、艺术表现上，日臻成熟规范，充满了既理性又浪漫的艺术精神，展现了中华东方文化的无上智慧和独创性风采，同时也展现了礼制建筑的强烈个性和艺术魅力。

在陕西周原的周代明堂遗址上复建周代明堂时，中国工程院院士傅熹年先生经过文献考证，恢复了周代明堂的造型。明堂方圆结合，天圆地方，下面是方形的坡屋顶，上面是圆形的天盖，有十分明确的自然宇宙观及哲理文化意义。这也是后来国家坛庙太学和民间家庙祠堂等祭祀建筑及礼制建筑的源头。

坛庙是重要的礼制建筑。《周礼•考工记》云："匠人营国，方九里，旁三门。国中九经九纬，经涂九轨。左祖右社，面朝后市，市朝一夫。"当时就已有左置太庙，右置社稷坛的制度，这些规划原则及建筑形制，不仅具有规范要求的礼制文化意义，而且是立国之标志，天下之象征。太庙是国家祭祖的圣地。社稷坛是祭国土的圣地，台面置五色土，东、南、西、北、中每个方位都有象征，东青土，南红土，西白土，北黑土，中黄土，同样也是金、木、水、火、土阴阳五行的表达。

此外，京城四周的天坛、地坛、日坛、月坛、社稷坛等五坛制度，以及遍及神州的五岳、五镇、四海、四渎建筑，都是天下不可复二的特殊礼制建筑。改朝换代时必须重新建造五坛，以体现国家意志、政权意志。后更是从地坛扩展出先农坛、先蚕坛等祭农神、蚕神的庙宇建筑。

五岳是指山川大地东、南、西、北、中的五座典型的山，如东岳泰山、西岳华山、北岳恒山、南岳衡山、中岳嵩山，都要设立寺庙建筑祭祀，这其实体现的是对大地母亲的尊崇。五岳山上的寺庙选址都是有风水讲究的，是中国风水文化的重要例证。五镇是镇守四方的镇山，历史上与五岳齐名，包括东镇古青州山东临朐沂山、西镇古雍州陕西宝鸡吴山、南镇古扬州浙江绍兴会稽山、北镇古幽州辽宁北镇医巫闾山、中镇古冀州山西霍州霍山。

四海是东、南、西、北四海，四渎是四条大河，即长江、黄河、淮河、济水。济水原来从王屋山流向渤海，是水最为清亮的河，尊为清流，是清官称谓的来源，后来被黄河占道消失。但在河南济源还有一个源头，在山东济南齐河还留有一段尾河。每一条河都有祭祀水神的庙，济渎庙是天下第一水神庙。黄河、长江、淮河的水神庙都毁掉了，济水不在了，但济水的庙还在，而且是中原最完整的水神寺庙，有一千多年历史了。河南济源的济渎庙里有丰富的建筑，唐、宋、元、明、清的建筑都有，从中可见一千多年来的斗拱变化，成为中国斗拱史博物馆，被罗哲文先生誉为中原建筑宝库，代表整个中原建筑的最高水平。

北京的天坛建筑群是典型的哲学建筑，是文化哲理的代表作。天坛以“天”为主题，充分表达中国人的“天圆地方”古典自然哲学观，其数理构图比例、群体组合等方面的手法和技巧达到炉火纯青、出神入化的境界。祈年殿作为“时间的建筑”，圜丘坛作为“空间的建筑”，整个天坛就是一座反映东方宇宙时空观的哲学建筑。这种大手笔使这座建筑成为天下独步之作，被誉为“完美无瑕”的古典建筑精品。天坛建筑群包括祈年殿、圜丘坛、皇穹宇三座主体建筑，它们坐落在一条中轴线上，体现了易经“天地人”三才之象的设计指导思想。天坛的总平面图，北边是圆弧形，南边是方形，象征着天圆地方。祈年殿的蓝色穹顶代表天，中间 4 根龙井柱代表一年四季，外侧 12 根金柱代表一年的 12 个月，最外侧 12 根檐柱代表一天的 12 个时辰。两个 12 加起来代表了二十四节气。这 28 根柱子代表了天上的二十八星宿。再加上最顶端的 8 根童柱，总共 36 根柱，表示三十六天罡。同时，祈年殿的下檐椽子总数是 360 根，代表了周天数。由此可见祈年殿整个是以时间的数字来进行设计的。整体上祈年殿是三重檐，建在三重台阶上，是乾卦的象征，代表天，整个形象具有强烈的文化哲理，并以数理哲学精神作为设计的指导原则。圜丘坛是露天的汉白玉三层台，整个设计采用阳性数字。第一层台中心的石头被称为天心石，也称太极石。皇帝祭天时站在天心石上说话，他的声音被四周的围栏反射回来后得到加强，让人产生与上天对话的感觉。一圈一圈的环周石板都以“九”为模数，第一圈为 9 块，第二圈为 18 块，一直到 81 块。二层、三层的所有圈数都是阳性数字。圜丘坛有三层汉白玉围栏，第一层是 72 块，第二层是 108 块，第三层是 180 块，总共是 360 块，也是周天数。底层环台直径 45 丈，含“九五至尊”意。因此，我们把天坛建筑称为时空哲学建筑，既代表时间，又代表空间。而且时空沿着一个轴线排列在一起，以四到五米高的御道连接，有一个坡度，令人产生渐次升天的感觉。皇帝祭天时在祈年殿祈祷风调雨顺、五谷丰登，所走的御道在树木之上，就像在天上行走一样，有一种巡天意境。天坛皇穹宇虽然小，但是建筑艺术水平非常高，攒尖顶的弧形体现了绝佳的中和美，连国外的建筑专家都评价说，这个建筑完美到任何一个线条都不能改动，屋顶的弧形恰到好处，弯一点、鼓一点，长一点、短一点，都不行，金顶的大小比例也是刚刚好，小一点或大一点都会破坏美感。皇穹宇真正符合了秦汉文献中对中和美的欣赏标准。什么是中和美？其实就是和谐之美，“添一分则嫌其肥，少一分则嫌其瘦，高一分则嫌其耸，低一分则嫌其矮”，恰到好处的美则被称为中和美，又称和谐美。

正如英国伟大的科技史专家李约瑟所指出的，中国建筑精神在于：“皇宫、庙宇等重大建筑自然不在话下，城乡中不论集中的，或是分布于田庄中的住宅也都经常地出现一种对‘宇宙图案’的感觉，以及作为方向、节令、风向和星宿的象征主义。”[1] 这的确颇有见地，应该说李约瑟读懂了中国建筑。

---

1 ［英］李约瑟：《中国科学技术史》（第四卷物理学及相关技术第三分册土木工程与航海技术），汪受琪，等译，北京：科学出版社，2008 年，第 64 页。

因此，礼制建筑充满了强烈的政治性、思想性和纪念性，中国古代建筑把社会伦理、人生哲理以至宇宙观、自然观作为设计主题，并以高超的艺术形式与手法加以表达，实为世界建筑史上的奇观。这种建筑不仅是艺术的作品，也是文化的作品，象征人类文明的作品。

二、重情知礼的人本精神

从自然观来理解，《易经》是一部自然哲学经典。从社会学角度来理解，《易经》是一部伦理哲学经典。从某种意义上说，与西方文化相比，中国传统文化更重视以人为本，一切从人这一主体出发，体察人与自然的关系，以及人与人的关系，使之成为有机统一的整体。重亲情，讲人伦，知礼仪，劝教化，倡理性，凡事中庸有度，不事张狂，成为中国文化的特点。即使信奉宗教，也主张相互并存，宽容兼行，少有宗教迷狂，不知节制。

因此，中国传统文化，在本质上是一种人伦文化、人本文化。而中国传统哲学则是一种伦理哲学、人性主义哲学。这种文化在中国漫长的封建社会中不可避免地存在着有历史局限性的内容，是为当时的统治阶级服务的，这是不言而喻的。如人伦，在封建社会时期是指封建的人伦关系，但这种关系在新时期，则应有新时期的人伦关系内容，这也是不言而喻的。重情知礼、孝悌忠信的人本精神一定会反映于建筑之中。不同时代对仁义礼智信内涵的理解不同，具体做法和行为不同，但是人本主义的基本精神没有过时，且它作为人类文明的一个文明要素是不会过时的。

中国传统文化哲学重情知礼的人本精神渗透在中国几千年的社会生活之中，建筑作为社会生活的容器，必然在各个方面都强烈地体现了这种精神。不仅宫殿、寺庙建筑如此，居住建筑更是如此。从建筑布局、使用功能、空间环境，到构造尺度、装饰装修、家具陈设等，莫不浸染着人本主义的精神追求。这种人本精神在设计理念上集中表现在以下诸点。

（一）以人伦关系及其需求作为设计原则

在平面布置和使用功能的安排上，十分注重使用对象相互关系的决定作用，并将其作为一条设计基本原则，也就是“人伦之轨模”的设计原则。这是说建筑设计最根本的是要反映人与人之间相互的确定的规范关系，建筑就是人际关系的空间模式。如作为封建统治中心的皇宫，不仅要采用庄严、壮观的构图手法来突出皇权至上的设计主题，更重要的是要遵从礼仪制度、尊卑等级，反映封建宗法社会的思想理论基础。北京的故宫和四合院都是按照当时的社会关系、按照人的关系来布局的。

前面提到的北京故宫布局也是这样的范例。在设计上故宫分前朝、后廷两大部分。外朝属阳，为公事之用，置于前，设三大殿，空间设计得宽敞、通达、宏伟；内廷属阴，为生活之用，置于后，设二宫，以及后妃六宫六寝，空间设计得紧凑、亲密、精细。太子住在东边，东边五行属木，最早接触阳光，利于生长，成长的地方要安排在东南方向。太后在西北方向，五行属金，代表秋收冬藏，是最富有的地方。宫殿布局是按照人的需要和人的关系来安排的。

在一般住宅四合院中，人伦关系反映在平面布局上更是十分严格。正房也称上房，是最高大的，一般是三间、五间，按照官位品级大小，最多不超过七间。正房一定安排在院落的正中央，整个四合院的中心位置。长辈要居住在正房，正房中间是客堂，也称为堂屋，里面供奉祖先的牌位（有的有专门的宗庙，又称宗祠或祠堂，如果没有宗庙，一般就在堂屋里设神龛供奉祖先的牌位）。晚辈住在两边的厢房，哥东弟西。女眷居住在正房后面的阁楼或后罩房，不迈二门。正房前面的一排房子叫倒座房，是与正房相对、坐南朝北的房子，也称为南房，因为房子朝向与正房相反，所以称为“倒座（坐）”，一般是雇工或客人住的地方。大门一般安排在东南方向，所谓的巽位，因为根据中国的气候，东边的风是新鲜吹来的，夏天会比较凉爽。西南角的方向则安排厕所，因为西南角去的人比较少，且西南角是一天中太阳照射时间最长的，有利于消毒，也容易排掉臭气。整个布局的功能关系就是人际关系以及各式人等在其中的活动规律，符合生活要求和人伦关系。所以，四合院也被称为伦理的空间。

同样，现代建筑理论强调人的活动分析，主张最大限度地关注人，着眼于人在建筑中的行为方式，要研究建筑心理学、行为学等。应该说，研究人的心理行为以指导建筑设计，在中国建筑文化尤其是丰富多彩的民居建筑中，有许多体现人生哲理、人生亲情和人情味的设计内涵是可资借鉴学习的。

（二）以人为本的空间环境尺度

中国建筑总的来说均以近人的尺度营造形象、空间和环境，显得亲切，并以阴柔之美的艺术感染力见长。即使是高大壮丽的宫殿、寺观，尺度虽有放大，但也有所节制，把握适度，不是以超乎寻常的夸大尺度，使人在建筑面前感到渺小。

在西方，文艺复兴开始后不久，法国启蒙思想家、哲学家伏尔泰曾说“是中国人给我们送来的人本精神战胜了神权”。中国的庙宇，人可以走到佛身塑像比较近的地方瞻仰，表达对神的崇敬，人和神有一个亲近的空间尺度，人进入空间后感受到的是感恩而不是原罪感，比如河北正定的宋代隆兴寺就是这样。西方基督教文化强调人有原罪，中国儒家文化强调人之初性本善。这些观念都对建筑产生了影响，这也包括建筑与周围自然环境的尺度关系。中国民居也与自然环境相结合，比如山西的窑洞、豫西的民居、福建的土楼等，都体现了与自然环境亲近的有机融合，以及亲切宜人的形象风格。中国的寺庙大多也与自然环境有机结合。这是西方建筑文化不可比拟的。

（三）建筑空间环境的教化功能

讲修养，重教化，广人文是中国传统文化倡导的一条准则，在营造建筑环境中这条准则也得到广泛的应用。中国传统建筑既是居住空间，又是文化空间，同时也是教化空间，从更高层次而言也是哲理空间。这种教化功能更多与修建营造结合在一起。众所周知，无论寺庙或居家，都会应用对联、匾额等装修手法，把人生哲理、传统美德、儒教家训等与建筑结合起来，形成人文气息浓烈的环境，达到教化的目的。各地传统民居形形色色的装饰图案，如砖木石三雕、陶灰泥三塑、油漆彩画等，造型及构思的题材都是非常有讲究、有意义的，甚至一些成语也以艺术形象出现在建筑装饰上，这在南方江浙一带文化比较发达的地方，表现得尤为突出。比如“鹿鹤同春”“喜鹊闹梅”“遍地是福”等图案有着生活美满、吉祥如意等寓意，是善意的表达，也是对美的追求；再比如把一些历史故事刻在雕刻中，比如《三国演义》《水浒传》或古代的英雄人物、民间传说等，如“桃园结义”“精忠报国”“八仙过海”等历史神话故事，从人物到动植物再到山水画，建筑装饰图案的题材丰富，充满人情味和趣味性。

还有一些民居的匾额、对联也传达了乐观积极的意义。如四川宜宾夕佳山黄氏庄园（现成为民俗博物馆）就有很多示例。中堂悬挂了一幅大匾额“龙光永榭”，它是戊戌变法六君子刘光第作为学生向房子的主人赠送的。刘光第二十几岁时在这里学习过，后来中了进士并成为光绪皇帝的近臣，为了表达心意，送给主人这幅匾额，显示荣光在这里永远不会逝去，感恩之情永不忘怀。这里还有不少意义非凡的门联，比如“下学人事上达天理，进所有为退必自修”等，莫不表达礼乐并行、情理通融的人生追求和耕读文化的生活乐趣。又如浙江开化县一处民宅的前院、檐廊、中堂、后天井在柱子上挂着一系列对联，意境深远，十分独特。前院的对联是“四山便是清凉国，一室可为安乐窝”，介绍了住宅的选址，四面环山，夏季清凉，住得安乐，表达对选址很满意。檐廊的对联是“天长流水做怀古，春静幽兰时向人”，表达不能忘记过去，要忆苦思甜，做人要有底线。中堂的对联是“传家有道惟存厚，处世无奇但率真”，这就是家训，住在这么舒适的地方，一要感恩先祖，二是要把厚道、真诚、坦率的为人处世之家风保持下去。后天井的对联是“得山水情其人多寿，饶读书气有子必贤”，教育后代胸怀博大，多读书。这四副对联就是一组家教诗词集，别具一格，世所罕见，具有很强的教化功能，是典型的环境育人教材。

总之，在满足建筑物质功能的同时，刻意强调建筑精神功能的重要意义，有时甚至后者重于前者，这成为中国建筑人本精神的一大特色。

（四）建筑组合整体有机的群体意识

中国建筑在观念上从来都是整体重于布局，群体重于个体。在营造方法上，院落围合重于室内分划，有机统一重于单体表现。一座建筑常常指的是一群建筑的组合体。如民居中常以某院代表这一组群的若干个院落，建筑有主有次，是和谐有序相互配合的有机整体。诸如“王家大院”“李家大院”“乔家大院”都是若干幢单体的组合，是一个“群”的概念。院落天井是建筑群体组合的基本空间单元和母体，庞大的建筑组群都由院衍生而成。同西方院落不同，中国建筑院落的构成和功用常被赋予极为丰富的人文内涵。

要懂得中国建筑，必须懂得中国建筑的“院落精神”。“院落”是中国建筑的灵魂和精髓。中国建筑文化即是“院落文化”。这种“院落文化”也就是中国建筑人本精神群体意识的体现。如故宫建筑群就是一个庞大的组合艺术达到最高成就的典范之作。虽然它的产生源自皇族血缘政治，富于封建宗法的色彩，是客观社会因素的消极影响，但就群体组合有机统一整体的设计意念和方法来看，有着丰富深厚的文化内涵和民族精神。中国建筑组群设计变化万千，群体艺术魅力无穷，空间环境丰富多彩，达到了极高的水平和境界，有着取之不尽的经验、技巧和智慧，还需要我们加深认识和理解，进一步挖掘扩大这一文化遗产宝库。

山西的大院很多，王家大院是山西规模最大的民居院落，是北方大院的代表，占地大概两万平方米。整个建筑群有三路纵向轴线，中路是主中轴线，两边是左次轴线、右次轴线，纵横交错形成一个有机的整体，空间变化丰富，有主院、套院、跨院等，复杂但有序。浙江东阳卢宅是南方的大院代表，与北方院落相比，它空间尺度小一些，为小院天井式建筑，尺度虽小，但组合有机。其前面是一系列的牌坊门，之后是天井院落巷道的交错分布，空间有大小的对比、动静的对比，能让人感觉到整个院落是一个有机的整体。

建筑设计在规划时要体现空间感，我们在观察建筑时往往注重实体的形象，比如建筑的高矮远近，但是空间也有形象，院落空间更有高低错落的立体空间变化，尤其在山地建筑中更加突出。院落、天井多大比例合适，与建筑实体怎么配合？虽然实体形象比较容易观察，但是虚的空间意境就不容易把握了，其中的意境美需要较高的认知水平才能体悟。

四川、重庆山地的院落又有不同。平原地区的四合院大多是水平方向展开的，川渝山地四合院则是立体竖向展开的，不仅有水平空间的变化，还有竖向空间的变化。虽然北京也有山地四合院，比如北京爨底下村就是山地四合院，与普通的北京四合院不一样，但也不能与川渝山地四合院相比。后者的变化更为复杂丰富，走在里面面对空间高低错落，前后交集，像入迷魂阵一样，但还是有序可循的。比如，重庆的龙兴古镇、四川的福宝古镇的四合院，厢房就有很多台阶，有不规则错落的变化。平地建筑的轴线一般是直的，山地建筑的轴线是弯曲的，也更为复杂。比如重庆的西沱古镇，是国家的历史文化名镇，被称为“云梯式场镇”，临长江南岸陡坡有八十一个台阶，散布的山地院落错综复杂，变化非常丰富。所以这种山地建筑群落的布局组织、空间组合，无论是水平的、竖向的还是转弯抹角的，都是有机灵活且有序可循的院落精神的全方位表现，

寺庙建筑群也体现了整体有机的院落精神。比如山西五台山台怀镇菩萨顶寺庙建筑群，周围有显通寺、殊像寺、三塔寺等多个寺庙，围绕着五台山中间的菩萨顶，形成整个五台山寺庙组群的主干线。菩萨顶的整体景观独具特色，该建筑群组合丰富，院落之间变化复杂，每个院落高低错落，院落自身的变化也很复杂，院落群有机组织手法非常高超。

最庞大最有代表性的是北京故宫建筑院落群体，可称之为“天下第一院”，据说有 9999.5 个房间，这么宏大的一个院落，主院落太和殿广场将近四万平方米。故宫有这么多院落、房间，其组合布局有哪三点是最核心、最重要的？太和殿是故宫等级最高的建筑，三重台，重檐庑殿顶，面阔九间（十一间）、进深五间，尺度体量最大，它是整体布局的基点。从太和门欣赏太和殿，怎么看太和殿是最完美的？这就涉及其中一个核心重点位置——太和门。看太和殿的最佳视点，应是太和门的正中门栏坎前约六米处，即以门栏为边长的等边三角形的顶点。在宽敞的广场，应该在哪个位置安排太和门？《道德经》有曰“万物负阴而抱阳”。根据院落门堂制度，从阴阳关系看，大门是阴，殿堂是阳。先有门，进门后才看到殿。太和殿广场整个是阳，太和殿是正阳，太和门是阳中之阴。经过现代测量可知，从这个点看太和殿的框景构图最完美，其视线垂直角度 27 º，水平角度 62 º，这也与现代观赏中景的要求相符。如此设计与古代宫廷庄重的入门礼仪有关，这是在规划设计时匠师必须考虑的规定要求。在古代太和门中门是只有皇帝才能通过的门，皇帝要进入太和门前，会令人在门前二丈远左右的位置摆一个垫子，向上天和太和殿宝座跪拜，然后才能跨过中门。在这里他必须向前虔诚地瞻仰太和殿，看到它在蓝天白云下庄严大气完美的景象，而且头不能转动，只用两眼以超过正常 60 º 的余光扫览太和殿的雄阔。所以这里才是观赏太和殿的最佳视点。当时的建筑师就要考虑在完美框景条件下此中门应多宽多高多大，太和门应该距离太和殿多远。整个故宫建筑群的规划设计必须抓住三个点位，一是太和门的最佳视点，二是太和殿皇帝宝座这个点，最后是内廷乾清宫的

这个点，这个点决定后宫的布局。由此可见古人工匠的智慧和才华。

三、“天人合一”的环境观念

中国古代哲学可以说是一种自然哲学，天人合一是其核心理念，即人与自然要和谐相处，建筑环境要融于所处的自然环境，而非破坏自然环境。天，表示客观自然规律与自然环境；人，表示主观社会规律与人为环境。在中国传统文化观看来，这二者是相互依存、相互影响、相互促进的，具有同构同源的特征，有共同的规律性和哲理性。因此“天人合一”又有“天人同构”“天人感应”等说法。用现代观点来理解“天”这个客体和“人”这个主体，无论它们是多么不同，在发展规律上都是和谐一致的，在哲学的高度上都是统一相通的。应该说这十分合乎现代科学观和辩证法的道理。我们要把天人合一理念贯彻到城乡规划和建设中，创造中国的城市规划和建筑理论，走出一条中国特色建筑和城乡建设之路。

中国古代哲学的这一理论观点显示了东方文明的睿智。它对今天我们认识人与自然的关系极富启迪意义。不少西方学者鉴于后工业化的负面效应，对不尊重自然与生态而产生的环境污染和破坏加以反思，将目光转向东方文化哲学来寻求出路，这绝不是偶然的。中国传统建筑文化中“天人合一”的环境观念，大致反映在如下几个方面。

（一）强调人为营造应与所处自然环境相协调适应

人居环境不仅是指建筑本身，而且还应包括这个建筑内外空间及其周围自然环境。建筑应成为这个大环境的有机组成部分，融入其中，与之适应而共存，与之和谐而统一。

这一环境观念早在周代就已十分明确。《诗经》中《小雅·斯干》在描写周姬王妃子的宫殿建在山下水边大自然的环抱中时，云“秩秩斯干，幽幽南山”。“秩秩斯干”指溪涧之水蜿蜒流淌，“幽幽南山”指南山景致青翠幽深，前面有一条平静的河，从这里能看到南山的幽静，宫殿的人居环境很幽美，是协调和谐的山水环境。

历代文人墨客描写建筑与环境关系的作品不可胜数，如唐代王勃《滕王阁序》：“层峦耸翠，上出重霄；飞阁流丹，下临无地。……落霞与孤鹜齐飞，秋水共长天一色。”唐代杜甫《绝句》：“两个黄鹂鸣翠柳，一行白鹭上青天，窗含西岭千秋雪，门泊东吴万里船。”宋代欧阳修《醉翁亭记》：“峰回路转，有亭翼然临于泉上者，醉翁亭也。……醉翁之意不在酒，在乎山水之间也。”诸如此类的很多名篇佳作，流传千古，都是先有环境，后有建筑，意境也就出来了，生动体现了人居环境与自然环境的巧妙结合。

这样的实例到处皆是。比如拉萨的布达拉宫，虽然周围山水不多，但是有山有水，这是与山体连为一体的宫殿，它就像从山上长出的一样。重庆忠县石宝寨是爬山式阁楼，建筑的很多木枋被固定在石壁孔洞里，再大的风雨也吹不动、冲不垮，与山完全融为一体。青海海东市化隆县夏琼寺依山的道路整体按照水平等高线布局，建筑也按照此等高线层层布局。夏琼寺的侧背后是高百余米的悬崖峭壁，在崖边可以远眺黄河第一湾，选址布局奇特精妙。四川青城山天师洞石牌坊上书“天然图画”，意指道观建筑与环境相融就像天然的一幅图画。同时道观前面的牌坊很多，依山就势沿弯曲的梯道排列，形成一个序列，步移景异，一些园林设计手法被用到了道观建筑中，建筑与山林环境很好地结合，使得天师洞成为中国寺观园林类型的典例。

各地的民居也都是与自然环境有机结合的。比如四川合江福宝古镇是国家级历史文化名镇，属于“包山式场镇”类型，整个建筑群把山头包裹起来，房子像搭积木一样对接在一起，有一条通过山顶的上下主干梯道和许多分支路蜿蜒曲折地贯穿整个古镇。古镇小团山像一颗珍珠镶在中间，周围有五支小山脉和一条小河，处在大山环抱中，真是一块名副其实的风水宝地。古镇的建筑多是吊脚楼，与自然结合得非常巧妙，七长八短，错落有致，转弯抹角，甚至从山顶往下有跌落达五层的吊脚楼。在通常被认为不能盖房子的地方建起一个小青瓦坡顶厢房，与整个场镇建筑群共同构成有机的组合体，充分展现了山地民居独有的地域风采。

水乡民居川西上里古镇也是国家级历史文化名镇，它围绕上里河有上里、中里、下里三个小镇，以汀步连接水道布局，小溪河水成为它的浓浓乡愁。古镇的许多建筑小品都根据环境生成，富于乡土气息，景色形象生动巧妙。再比如重庆江津国家级历史文化名镇塘河古镇，慕名而来的瑞士电视台记者在这里拍摄时，感叹中国人居住在如此山清水秀、宁静古朴的地方，远离喧嚣繁杂，生活简直太舒服了。摄制组原打算待一周，但后来因想拍的内容太多，延长了一个月。重庆丰盛古镇在被评为国家级历史文化名镇后进行优化，强调为尊重原貌真实性，把计划要修建的沿湖大马路，改为顺应环境、与山水协调的花木小径，湖岸坡滩也要顺其自然，不做整齐的堤岸，绿化也不要像城市行道树那样整齐划一，要按照当地的环境进行自由绿化，有深有浅，有高有低，随自然而变化，这种保护性改善效果更好。又如湖南湘西永顺县芙蓉镇，它被称为“悬挂在瀑布上的古镇”，所有房屋都尊重自然环境，因山就势高低错落分布在陡崖瀑布两侧，至今都保护得非常完整，成为一道亮丽的风景线。

所以，要正确认识“天人合一”理念，用智慧点化自然，在尊重自然的前提下安排我们的人居环境。有的农舍建在梯田里，尊重自然环境，顺势而建，而且要选择不是良田的土地来建。如我们为湖南道县横岭侗寨这个少数民族特色村寨做的保护规划，整体就是按照原来的自然环境略加点缀优化，房屋修旧如旧，整治脏乱差环境，运用“虽由人作，宛自天开”的手法，不过分强调人工痕迹，既不破坏自然环境，又改善基础设施，以满足现代人的生活需要。

（二）山水城市的创造与发展

在世界城建史上，中国的山水城市是独具特色、别有风格的。中国的传统城镇以至乡村聚落几乎无不与“山水”有着密切的关系。许多历史文化名城，如桂林、苏州、杭州、常熟、重庆等都是山水城市。尤其是桂林，自古以来便有“桂林山水甲天下”的美誉。虽然它们选址营建的重要理论基础是风水学说，但其指导思想都是“天人合一”的阴阳哲学原理。

古代风水主要研究人居与山水的关系，也就是建筑环境与自然环境的关系。从小规模的田舍村庄到更大范围的聚落，形成具有浓厚人文意蕴的山水城市。孔子有句名言，“知（智）者乐水，仁者乐山”（《论语 · 雍也》），赋予山水以人的感情，在山水中寄托了人生意义，山水城市也就是理想的人居环境之所。山、水、城具有共生的生态关联自然性、共存的环境容量合理性、共荣的构成要素协同性、共乐的景观审美和谐性和共雅的文脉经营承续性。其“五共”地域特征同当今所提倡的城市可持续发展理论是十分契合的。

我国著名科学泰斗钱学森先生倡导创建 21 世纪中国新的山水城市，这是对传统山水城市的发展，是极富战略眼光的远见。他提倡把中外城市文化结合，把城市园林与城市森林结合，在使人居环境现代化的同时，更加自然化、生态化，使城市、建筑、园林三位一体共同发展，使山水城市环境更富于个性特色和地域民族特征。要创造这样富有中国特色的现代化山水城市，我们应该更加深入地研究中国各地不同的山与水，研究传统中国山水城市的形成及其特征，研究如何在保护传承山水城市文脉的基础上更好地创新。这在世界人居建设史上当是独树一帜的。

（三）崇尚自然的环境美学观

在中国传统文化的艺术精神及审美心理结构中，在崇尚天道自然的思维模式影响下，中国人很早就把自然山水风景作为审美的参照对象。

山水美的文学修辞和艺术见解最早可见于先秦古籍。老子《道德经》云："人法地，地法天，天法道，道法自然。"庄子更是推崇"天地有大美而不言"的审美境界。山水美在魏晋山水画论中达到高度的成熟，并普遍成为绘画的主题。而西方绘画中将自然环境作为审美的题材，是文艺复兴以后的事，而这相比中国山水画来说迟了近千年。

因此，中国建筑环境美的自然观也因山水美学的发展积累了相当深厚的文化底蕴。这种环境美学观的本质特征在于"中和美"的协调。在大地的自然景观中，山是形形色色的，水是千变万化的，其美也是多姿多彩的，人们对它们可以有各种不同的选择和观赏评价的角度。但在传统儒道文化影响下，人们往往推崇赋予最美的山水以"中和美"的特性。如山有金、木、水、火、土五行，以木山为佳；水以多曲多弯多弓，以冠带形为丽。"中和美"的核心在于"和"，即"美在和谐""以和为贵"，这才是美的真谛。

以西方现代语言来说，美是真善美的统一。但在中国传统文化里，美是真善美智和五位一体。也就是说，美还须是礼乐的统一。《论语・学而》云："礼之用，和为贵。先王之道，斯为美。"因此，必须礼乐适度，互有制约，"乐而不淫，哀而不伤"（《论语・八佾》），才会成就中和美。礼乐之论常"比德山水"，有什么样的山，就有什么样的水，就有什么样的人。自然景观中的山水是"乐而和"的。

故此建筑之美要与环境之美求得“和”，才能达到“乐”的目的。这种中和的建筑环境美在气质上则追求平和、宁静、淡泊、雅致、含蓄，自然而不造作，奇异而不张狂，“以理节情”“以情晓理”“情理交融”“净化心灵”，追求“意境美”的崇高目标，才能达到“真善美智和”的完美境界。

这样的环境美学最集中的体现便是中国的自然式园林艺术，其审美情趣和哲理的表达与西方几何式园林直露的美是不可同日而语的。此外，中西园林的另一个重大美学区别还在于环境经营中意境的创造。中国自然式园林“源于自然，高于自然”“诗中有画，画中有诗”“虽由人作，宛自天开”的意境美的创造是无与伦比的。

唐代诗人王昌龄的《诗格》中提出“物境、情境、意境”三种境界说。意境美的审美过程，就是追求“象外之象”“大象无形”，让人产生无尽联想，体验精神感悟，在审美中触景生情，由情生意，因意生德，以德养心，达到陶冶性情、提高修养、纯洁品行和升华崇高人生境界的目的。

因此，只有意境美才能使审美情趣超越具象美和一般的抽象美，才能真正实现真善美智和五位一体，这是中国古典美学的一大特色和贡献。中国建筑环境艺术与园林艺术最高的美学理想是“意境美”，给人以只可意会不可言传的审美情趣，并同时以人文的熏染，提高艺术修养，从自然的意境美达至人的精神境界的升华，直抒胸臆，得到最高层次的精神享受，达到“大美不言”“物我两忘”的崇高境界。唐代大诗人李白有诗云：“众鸟高飞尽，孤云独去闲。相看两不厌，只有敬亭山。”此中蕴含的移情意境美只可意会不可言传，就靠个人的领悟了。

这样的环境美学观对中国山水城市产生了重大影响，形成了追求意境美的城市“八景文化”。中国大多数城市及乡镇几乎都把城市集镇聚落与周围的自然景观紧密地结合在一起，点化自然，建一些精巧的风景建筑，把自然山水纳入城市景观之中，组织成为八景、十景、十二景、十六景、十八景等，形成“八景文化”。这成为城镇人工环境与周围自然环境的中间过渡地带，并使山、水、城真正融为一个有机和谐的整体。这些有地域特色与人文特色的景观文化，不仅使山水城市景观更加丰富优美，而且使城市具有更深厚的文化底蕴和更悠久的文脉传承。这些景观甚至成为城市的标志，历久不衰。如江苏“镇江十景”中最有名的金山寺，传说白娘子水漫金山寺的故事就发生在这里。再如武汉的黄鹤楼，自唐代以来就是城市的名胜古迹，有唐代崔颢诗为证：“昔人已乘黄鹤去，此地空余黄鹤楼。黄鹤一去不复返，白云千载空悠悠。晴川历历汉阳树，芳草萋萋鹦鹉洲。日暮乡关何处是？烟波江上使人愁。”今天它更是武汉三镇的主要城市名片。又如，湖南的岳阳楼有宋代范仲淹的《岳阳楼记》，诗句生动地描写了洞庭湖边岳阳楼景观文化意境美的艺术魅力，尤其是观景而发忧国忧民之情，从心灵升华出“先天下之忧而忧，后天下之乐而乐”的人生感悟和崇高理想，成为千古名句，传诵至今，这样的道德情操和品德修养展现出的审美境界可谓独步天下。

由此可见，“八景文化”在城市文化建设中的作用和地位。这也是中国建筑文化环境艺术鲜明的民族特色和地域特色，至今仍有强大的生命力和无尽的艺术魅力。

综上所述，我们可以用文学诗词手法初步总结归纳出中国传统建筑八大精神：

一是龙脉精神壮，负阴抱阳有靠山。天人合一环境美，风水宝地展大观。

二是院落精神满，合院天井织空间。廊檐虚实多变化，故宫组群天下先。

三是框架精神稳，梁柱轻盈抬叉穿。有谓墙倒屋不塌，结构原理至今传。

四是榫卯精神正，构架从不铁钉连。相互交合真牢固，佛光大殿看千年。

五是斗拱精神妙，小材大用不一般。奇巧弹性兼抗震，朵攒造型花样鲜。

六是曲线精神美，弧面坡顶翘脊檐。仙人走兽蓝天映，戗角鸱吻笑开颜。

七是彩画精神艳，五颜六色好齐全。龙凤和玺更高贵，旋子山水绘不完。

八是图案精神爽，门窗纹饰意非凡。三雕三塑加瓷贴，福禄寿喜财满园。

八大精神都要发，哲理底蕴富内涵。木构建筑才温暖，文脉赓续永向前。

观今宜鉴古，务虚当求真。在设计理念和设计意境上，从建筑本质及建筑观的角度，我们对中国建筑文化的基本特色作了概括粗浅的探讨。其目的在于在继承发扬传统建筑文化方面，不看重表象的形式，而看重对内涵和精神实质的体察，求其心领神会，为在新时代创建中国特色的建筑理论探寻新路。中国建筑师、规划师只有有了深厚的中国文化修养和品德，才会有中国特色气派的现代建筑与城市乡村的诞生。实现中国梦，民族要复兴，文化须自信，就应该担当起传承和发扬中国优秀传统文化精神的历史责任，深化对中国建筑文化价值的再认识，这是一条创造中国特色现代建筑城市更新与乡村振兴的必由之路。

（林青整理，秦红岭审校）

第二讲

北京中轴线上的建筑

李建平

主讲人简介

李建平，研究员，原北京市哲学社会科学规划办公室副主任，北京史研究会名誉会长，主要从事北京历史文化研究，发表文章100多篇，著作有《魅力北京中轴线》《北京文脉》《皇都京韵——走近北京城》《图说北京大运河文化带》等。

主讲概要

北京中轴线南端点为永定门，北端点为钟楼，全长7.8千米，由皇家建筑、城市管理设施、居中道路、国家礼制建筑和公共空间组成。这些建筑中心明显，左右对称，中正和谐，成为北京都市的脊梁与灵魂；这些建筑错落有致，高低有序，各有特点，所承载的历史文化更是源远流长。本次讲座的重点是详细讲述北京中轴线上的建筑形制、建筑高度与韵律、建筑体量与色彩，以及建筑的空间和所承载的历史文化。

北京中轴线位于北京老城，呈南北走向。北端点为钟楼，南端点为永定门，全长 7.8 千米，按照中国人常用的计量单位来讲是 15 里。北京中轴线上，既有古代皇家建筑、城市管理设施、居中道路、国家礼制建筑，也有公共活动空间。中轴线上的重要建筑有永定门、正阳门、毛主席纪念堂、人民英雄纪念碑、天安门、金水桥、端门、故宫、景山、万宁桥、钟鼓楼等，轴线两侧还有天坛、先农坛、国家博物馆、人民大会堂、太庙、社稷坛等对称或相呼应的建筑。

图 2-1 是北京中轴线上的建筑示意图。南端是永定门，在它的东边是天坛，西边是先农坛，左右对称。过了天桥就可以看到正阳门、毛主席纪念堂、人民英雄纪念碑和天安门，左右对称的有国家博物馆和人民大会堂。过了天安门就仿佛穿越到了历史空间，能看到大量明清建筑。天安门的东边有太庙，现在是北京市劳动人民文化宫，西边是社稷坛，现在是中山公园。端门之后是故宫（古代称为紫禁城），后面是景山，上面有万春亭，早年间还有地安门，然后到万宁桥，鼓楼、钟楼，这些高大的建筑依次排开。下面我们从南到北依次讲一讲中轴线上的主要建筑。

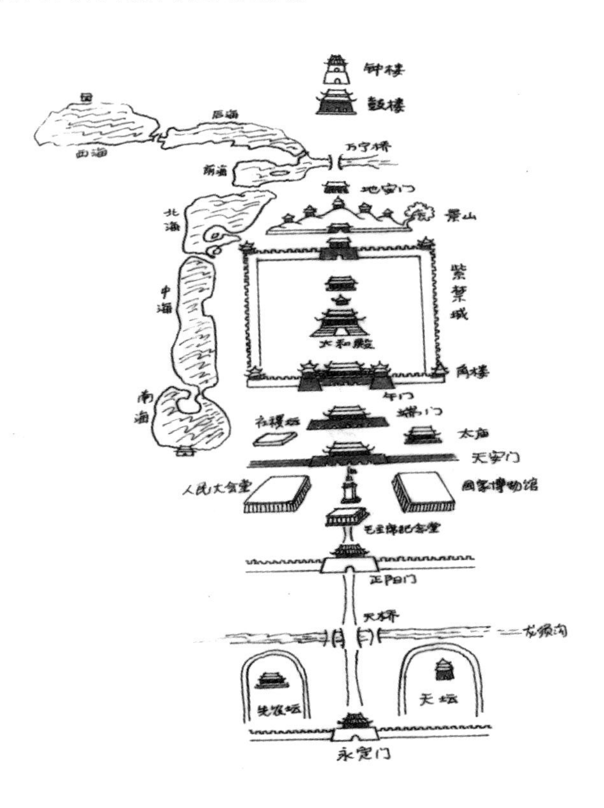

图 2-1　北京中轴线上建筑示意图
（来源：李建平绘制）

一、永定门及北京中轴线上主要建筑屋顶类型

我们将从永定门开始，一一介绍中轴线上的建筑。有些建筑，大家可能很熟悉其名称，但对其所承载的历史文化，以及高度、建筑体量、色彩等，可能还不是很了解。永定门城楼是中轴线南端点的标志性建筑。建筑大学的同学们应该都知道这是古代的城楼建筑。古年间，尤其是当人们从南边郊外走过来看到永定门时，就知道要入城了。永定门城楼是中国古代城门楼的典型建筑造型，我们称之为重檐歇山顶三滴水，代表雨水落到它的瓦当可以滴第一层、第二层、第三层，共有三层。现在大家看到的永定门城楼是复建的建筑，在复建过程中，我们特别注意保持在原址建造，并参照清朝乾隆年间的规制，使用原来的建筑材料，如使用了一些老城砖，尽量保持原来的建筑建制。永定门的瓮城虽然没有复建，但也在城楼前面的广场通过铺砖的形式将瓮城的位置标示出来。

这里简要介绍一下古代建筑的基本形制。中轴线有一个特点，它把中国古代建筑的各种类型，特别是各种典型的建筑类型都集中在这条轴线上，可以说把中国古代建筑的优秀文化遗产全部浓缩到这条轴线上。中国古代建筑的屋顶有硬山、悬山、歇山、庑殿等（参见图 2-2）。其中，硬山建筑的墙和檐连在一起，尤其房屋的两侧山墙同屋面齐平。硬山多见于北方建筑，特别是北京四合院，大部分是硬山式建筑。悬山的特征是它的各条桁或檐直接伸到山墙以外，以支托悬挑于外的屋面部分，这样下雨时尽量减少雨水粘墙。先农坛里的粮仓，还有一些

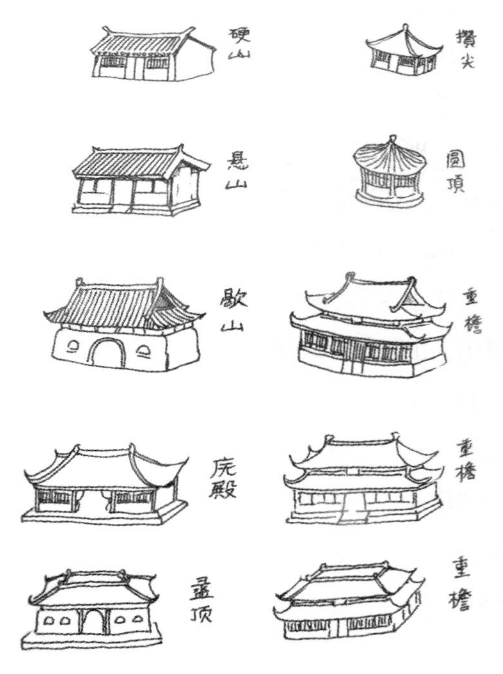

图 2-2 北京中轴线上主要建筑屋脊种类示意图
（来源：李建平讲座 PPT）

古代的米仓，比如南新仓，都使用悬山式建筑，因为粮食怕潮，墙怕雨淋。歇山建筑有单檐、重檐之分，重檐的级别比较高。庑殿建筑是规格最高的建筑，如故宫的太和殿就是重檐庑殿顶。庑殿顶也称四面坡，它最能体现皇家气魄。中轴线上还有一种特别的建筑，叫作盝顶。盝顶是顶的上面像小天池一样。我们讲到中轴线上故宫的钦安殿时会专门介绍这种建筑样式。另外还有攒尖宝顶的建筑，例如故宫的中和殿、交泰殿都是攒尖宝顶。至于圆顶建筑，先农坛的皇家神仓和天坛的建筑都是圆顶，还有像祈年殿那样的三重圆屋顶。

北京中轴线上故宫里最复杂、最漂亮的建筑是角楼，是典型的歇山式建筑。但它并非简单的歇山，而是歇山式建筑的组合。它是歇山的重檐，也是歇山的单顶，将歇山变成十字排列，中间加有宝顶。故宫角楼被称为“九梁十八柱七十二脊”的巧夺天工的古代建筑。

北京中轴线把中国古代建筑的各种形制都浓缩其上了。永定门是 2004 年复建的城楼，作为北京中轴线的南端点，采用清朝乾隆年间的样式。历史上的永定门有城楼，是歇山重檐三滴水的楼阁式建筑，前面还有类似城堡的箭楼。从历史老照片中可以看到，古年间的永定门由护城河、石桥、箭楼、瓮城、城楼组成。圆形转角的是瓮城，下面有护城河。箭楼的建筑形制与正阳门（老百姓俗称前门）相似，但与正阳门相比，永定门的箭楼很小。据说乾隆年间重新建永定门时，乾隆特别强调北京城是有规矩的。我认为这个规矩就是指等级，内外有别。永定门是北京外城正中间的城门，正阳门是北京内城正中间的城门，天安门是北京皇城正中间的城门，午门是北京紫禁城宫城正中间的城门，这些城门都不一样，都有级别要求，无论使用黄琉璃瓦还是青瓦，高度都有明确标准。永定门位于北京中轴线南端，是北京外城城门中最大的一座城门，是从城南进入京城的重要通道。永定门始建于明嘉靖三十二年（1553 年），寓意是永远安定。国家大剧院上演过名为《中轴》的大剧，第一场名为“一城永定”，原因在于永定门所承载的文化——永远安定。永定门城楼使用灰筒瓦筑造，级别不能太高。如果把中轴线比喻为一首乐曲，开口嗓音就高，后面就无法继续唱了。永定门的规制不会很高，不能超过正阳门。永定门高 26.04 米，而正阳门城楼高 40 多米，箭楼高 30 多米，远远高于永定门。这就是中轴线建制的特点，正如乾隆所言，内外有别，内城和外城需要有区别。永定门于 1950 年被拆除，

1957 年变成危楼，由于影响交通，城楼和箭楼都被拆除。2004 年复建的永定门城楼，成为北京中轴线 7.8 千米南端点的标志性建筑。

顺着永定门，中轴线将这些建筑连接起来的是居中的道路。这些道路大致分为三种，第一种是皇家御道，使用大块艾青石，中间是一块横石，两边各一块竖石，御道从故宫一直铺到正阳门。永定门原来有石板路，现在挖出来了。民国初年，当时修有轨电车时把石板路往两边移了，现在放在道路的两侧，由此可以看出用西山的花岗岩铺成的石板路从正阳门一直延伸到永定门。这些道路在古代是皇帝出巡的御道，皇帝不出巡，老百姓也可以车马喧嚣地走。第二种是石板路，是城市的主要交通线。第三种是马路，从正阳门到永定门，从地安门到钟鼓楼都有结实的路。这些路和御道将中轴线上的建筑全部连接起来。

二、“两坛加一街”

进入永定门后我们可以看到东边是天坛，西边是先农坛。天桥、御道、天坛、先农坛这些配置是北京首都文化的标志，是中华文明源远流长的伟大见证。天桥与御道形成“两坛加一街”的宏伟场景（参见图 2-3）。“一街”指永定门内大街，“两坛”指东为天坛，西为先农坛。这样的城市规划布局，一般城市是没有的，只有北京老城有。“两坛”对称开门，与中轴线形成更加紧密的关系。

皇帝出巡时从太和殿出来，穿过紫禁城，过端门、天安门（清朝时为大清门），再过正阳门，这一段都是“一横两竖”用艾青石铺的御道。之后是用西山花岗岩铺的街道，从正阳门一直铺到永定门。皇帝出巡时沿这条道走，经过大栅栏、鲜鱼口、珠市口和天桥，全是直行。过天桥后，他向东走进天坛西门，向西走进先农坛东门。如果仔细观察，这些门是正对着的。古年间天坛不开北门，也不开南门，更没有东门，只能在西边开门，对着这条街。先农坛也是如此，它只能开对着这条街道的东门，这就是“两坛加一街”。

这条街非常重要，今天它被全线贯通后，可以作为北京城市大型活动的公共空间，特别是行进表演空间。世界很多城市，例如巴西等国家都有行进性的狂欢活动，

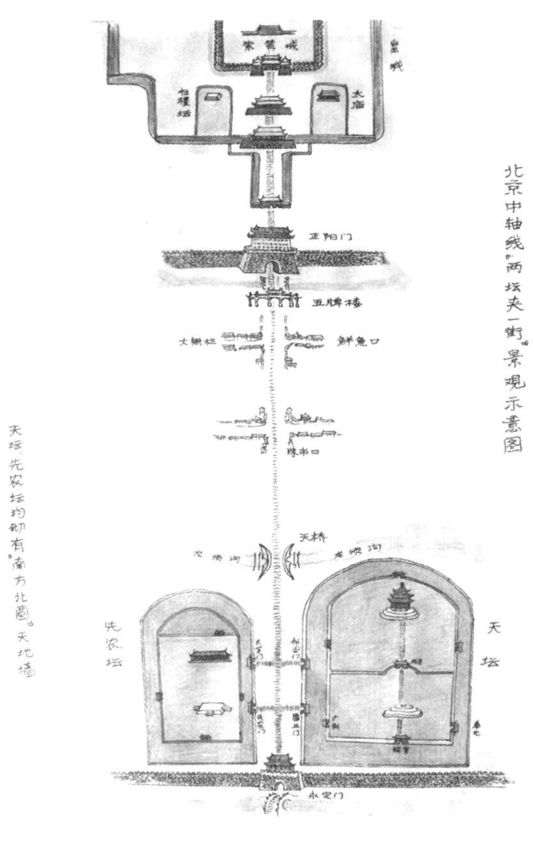

图 2-3　“两坛一街”示意图
（来源：李建平绘制）

北京也有这样的公共活动空间，应该很好地利用起来。历史上解放军入城时举行过热烈的欢庆活动，就利用了这样的公共活动空间。

（一）天坛

下面介绍一下东边的天坛。天坛是总称，天坛现在有两个坛，一个是南边圜丘坛，一个是北边的祈谷坛。圜丘坛外边的墙是方的，中间是圆的，一圈一圈的圆（参见图 2-4）。北京城的建筑有一个特点，即表现天要用圆形，表现地要用方形。因此，天坛的很多建筑是圆形，古人认为天是圆形，地是方形。另一个特点是天是蓝色，地是黄色，即黄土地。因此，天坛的建筑以蓝色琉璃瓦为主，地坛的建筑以黄色琉璃瓦为主。皇帝祭天时，可以乘坐轿子，但到圜丘坛南边的门前必须下轿子，他的身份变了，平时他是君，是皇帝，到这时他变成了臣，是天的儿子，天的臣民。

在其他地方，皇帝一定走正中间的御道。到了这里皇帝就不能走正中间了，中间的路要留给老天爷，留给神，这条路就成为神路。神路皇帝也不能走。两边的门，东边偏大一点，西边较小一点。神是最大的，走中间这个门。皇帝每年冬至祭天，从东门进入圜丘坛，逐层登坛。这个建筑非常有特点，把“九”这个数字运用到极致。圜丘坛后面有一个建筑叫皇穹宇，皇穹宇围垣有传声功效，俗称回音壁。皇帝祭天时用的牌位平时放在皇穹宇。皇穹宇后面有一个小门，叫成贞门，是圜丘坛和祈谷坛的分界线。天坛外坛墙西边有两个门，剩下内坛两个坛只能开七个门。两坛要四面开门，应该是八个门，怎么让它成单数七个门？两坛共用一个门，成贞门一门两用，既是圜丘坛的北门也是祈谷坛的南门。从这个门开始去祈谷坛，祈谷坛里有祈年殿。祈年殿核心是“年”字。一年约360天，从天门（成贞门）到祈谷坛这段御道是360米，即地球围绕太阳转一圈为360度。每15度是一个节气，二十四节气正好360度。从春分开始，如果春分作为360度或者从0度开始，90度到夏至正南，180度到秋分，270度到冬至。走完这条路相当于走完了一年二十四节气。在这条路上，当我们起步时，我们的位置和树根部是一样的，当我们走到坛门的时候，已经到树梢上了，寓意一年，而且是从平地逐步地与天越来越接近，祈谷坛就是和天接近的地方。

图 2-4 天坛鸟瞰
（来源：李卫伟供图，https://m.gmw.cn/2020-03/23/content_33674937.htm）

祈谷坛由祭坛和祈年殿组成。古代的年字是三横一竖。围绕祈谷坛转一圈，能看到12根柱子，代表了12个时辰。当东方第一缕太阳照到祈年殿时，是辰时；到中午它就转到正中，到下午都转到西边去了，围着转一圈正好是12个时辰，一个时辰是2小时，转一圈就是24个小时。祈年殿里边还有12根柱子，代表一年的12个月，12个时辰加12个月就是二十四节气。中心4根柱子代表春、夏、秋、冬。祈年殿的建筑讲的是过年的“年”。下面三层是祭坛，上面是安放神牌的大殿、神殿。

我们尤其要讲一讲天坛的建筑艺术。北京大学美学教授杨辛认为，北京天坛是中国古代文化的瑰宝，也是世界建筑艺术的珍品，它具有一种独特的意境。天坛的意境不是停留在一般个人的情趣上，而是体现了天地间的化育生机，具有崇高、祥和、晴朗的意境。天坛和紫禁城同属天人合一、君权神授，但从建筑审美上看各不相同：在构思上，故宫是“以虚衬实”，一切引向太和殿。殿前 30000 平方米的开阔庭院是太和殿的实体在空间中的展现。天坛则是“以实衬虚”，一切导向虚空。古人称天为“太虚”，虚是天的特点，天坛以有限的实体建筑唤起人们对天无限的想象。[1] 天坛的树多，建筑并不多，是以树的海洋来衬托有限的一些建筑。故宫里房子多，号称有 9999 间半，皇家的建筑占主体。故宫以建筑群体的宏伟取胜，表现方法类似中国的工笔画。现在很多人想画故宫，讲写意，其实写意就没有故宫的神韵了，还是应该使用工笔。天坛建筑则体量较少，少而精，有如中国画的写意。天坛可以用简笔概括表现。故宫里和人世间的建筑多为方形，歇山顶、庑殿顶、硬山顶等，庄重而森严，色彩以红、黄为主，富丽堂皇，空间多封闭。天坛建筑则多圆形，色彩以蓝、绿为主，宁静素雅，空间开阔。古人通过这些建筑的色彩和空间布局，将天坛的“高”“清”“远”，即天高、清朗、深远概括出来了。

（二）先农坛

接下来我们介绍一下西边的先农坛。北京先农坛原名“山川坛”，始建于明永乐十八年（1420 年）。先农坛内主要有五组建筑群：庆成宫、太岁殿、神厨、神仓、具服殿。另有四座坛台建筑：观耕台、先农坛、天神坛、地祇坛。观耕台是皇帝观看一亩三分地耕作情况的地方，先农坛在观耕台西边一点，天神坛、地祇坛、庆成宫在内坛墙与外坛墙之间（参见图 2-5）。

图 2-5　先农坛建筑布局全景图
（来源：澎湃新闻，https://www.thepaper.cn/newsDetail_forward_14405832）

太岁殿建筑群由太岁殿和拜殿

1　参见新浪网杨辛教授讲座“天坛神韵”，https://k.sina.cn/article_5582425344_m14cbd0d000330118zk.html。——编者注

两个七开间的大殿组成，两边有长廊，就是侧殿，十一开间。这一组建筑非常有气魄。

太岁殿是先农坛内最大单体建筑，又称“太岁坛”，为面阔七间的歇山式建筑，前面有月台，黑琉璃筒瓦绿剪边，是先农坛内最具特色的建筑，也是中轴线上“红、黄、蓝、白、黑”五种颜色代表性建筑之一。中轴线上的颜色始终围绕五方五行五色。红色和黄色集中在皇城、宫城的黄琉璃瓦顶和红墙身。天坛的颜色是蓝的，也是尊贵的颜色。白色在中轴线上非常丰富，古代所有古建筑底下的基座称为丹陛，是白色的汉白玉。天安门前的石华表及金水桥都是白色的。很多建筑前都有的石狮子是白色的。人民英雄纪念碑在中轴线上也是非常鲜明的白色。故宫的保和殿后边有个大石雕，虽然不显眼，设在背阴处，也是白色的。谈到黑色，太岁殿用的就是黑琉璃筒瓦，钟楼在最北边，北为水，一定用黑颜色，用的也是黑琉璃瓦。可见，从建筑色彩来看，中轴线上红、黄、蓝、白、黑都有，色彩非常丰富。

拜殿也是黑琉璃瓦绿剪边的歇山式建筑（参见图 2-6），七开间，其中五开间带窗户，两边各占一间，前面有月台。

图 2-6 先农坛拜殿及月台
（来源：秦红岭摄于 2023 年 11 月）

庆成宫是绿琉璃瓦庑殿顶。先农坛用黄琉璃瓦的建筑不是很多，观耕台用了一点黄琉璃瓦。这个坛的特点是与天坛呼应，天坛以蓝为主，先农坛以绿和黑色的琉璃瓦为主。实际上中轴线到太庙和社稷坛时，人们会看到大量的红墙黄琉璃瓦。庆成宫也是五开间的布局，始建于明天顺二年（1458 年），当时叫作“斋宫”，是皇帝祭祀亲耕前斋戒的地方。但是从建成后基本没有使用过。乾隆二十年（1755 年）改称为“庆成宫”，成为皇帝行耕耤礼后休息和赏赐百官的地方。

三、天桥

当年天子出巡时要从天桥上面走，旌旗招展，非常隆重。桥实际上是中轴线上红、黄、蓝、白、黑五种颜色中的白色，大部分是汉白玉石或艾青石做的，颜色以白色为主。中轴线上的七座桥，从南到北分别是永定门外护城河上的永定门桥、天桥、正阳桥、天安门前的外金水桥、午门后面的内金水桥，神武门外到景山之间筒子河上的大石桥，最后一座桥是万宁桥。天桥早就消失了，从天桥老照片看，桥上的柱子有人称之为火焰柱，有人称之为荷花望柱，汉白玉的透雕栏板非常讲究。它的建筑形式与现在保存下来的万宁桥非常相近，但天桥拱洞要高一些，万宁桥拱洞要矮一些，以示“天高地矮”，南为天，北为地，是先天八卦的方位。弧度高的桥肯定不适应现代交通，因此民国时候设有轨电车，这个桥就被拆除了。据说工程师做了实验，说有轨电车从天桥过去像过山车似的，不安全，所以天桥桥身不断地被降低，最后被拆除。

历史上记载天桥是一座南北走向的汉白玉石桥，位于今天天坛路西口与永安路东口交会处。黄宗汉主编的《天桥往事录》是对天桥历史记载最全的书。在天桥旁边有一个天桥博物馆，博物馆里专门陈列并介绍了黄宗汉这本书。《天桥往事录》对天桥记载如下：“天桥是一座单孔高拱桥，桥基呈八字形，梁三，石栏四，桥身甚高。桥的两侧各建有一亭，亭内有乾隆御制碑。1906 年翻修正阳门至永定门马路，将天桥桥身降低坡度。1927—1929 年，因通有轨电车，再次将桥面与马路修平，两旁石护栏仍保留。1934 年，展宽正阳门至永定门马路时，遂将石护栏拆除，天桥不复存在。” 2013 年底，根据文献记载，在天桥原址向南 40 米处复建了一处天桥景观桥。

四、正阳门

正阳门被老百姓称为前门或者大前门。中轴线上很多建筑有俗称和正式名称，例如，万宁桥也叫后门桥。正阳门的箭楼，现在是网红打卡地，它是北京城的标志。

古代只能将帝都的正门修得这么高大，如果外地也修这么一个，就是僭越。北京是帝都，前门楼子九丈九，其他城楼如果修九丈九就逾制了，因此正阳门城楼是北京城的标志。正阳门的箭楼、城楼承载了北京人的情感，它在北京城的城市记忆中有非常鲜明的地位。

首先从正阳桥牌楼来看正阳门。前面提到中轴线有七座桥，过了永定门桥、天桥就到正阳桥。虽然这座桥现在地上看不见了，埋在地下，但是牌楼是桥的一个标志。在历史老照片中，正阳桥牌楼上没有金龙，牌匾是满汉文的，民国以后就只用汉文了。对比明清正阳门箭楼和老牌楼与今天也有样式和细部装饰上的差异。正阳门牌楼曾经用过垂花柱的建筑形式。垂花柱通常用于四合院二门的装饰，但它用在大街上会有什么问题？据说司机开车时非常担心会碰掉柱头。由于柱头屡次被破坏，后来恢复了正阳门牌楼的建筑形制。由此我认为，保护文物时有些原则要坚守，尽量让古代建筑保持原址、原样、原工艺、原材料。可以与时俱进，但不能随意改变。

下面介绍一下正阳门的全貌。正阳门由城楼与城墙连接，城墙有马面（参见图2-7）。现在崇文门到内城东南角楼往北拐一点，还可以看到明清古城墙的样子，有高大的马面。明清时正阳门集城楼、箭楼和瓮城于一体，最前方的是箭楼。老北京所有的箭楼，例如德胜门箭楼都不开城门洞，只有正阳门箭楼开，因为它位于中轴线上，是皇帝出巡的通道。我们通常将正阳门概括为“四门三桥五牌楼”。四个门分别是城门和箭楼正门，以及老百姓出行通过的东西两个闸楼的城门。正阳桥有三座桥，天桥有一座桥，天安门前有五座金水桥。正阳桥的位置现在是人行横道，前门大街上有个月牙街，原来是护城河，这里的人行横道原来就是桥。考古发现了正阳桥的镇水兽，说明这里有河。这条河俗称为“前三门护城河”，正名为“内城南护城河”。有桥必有水，中轴线上还有几条水系，正阳桥也是在一条水系上。

正阳门在1915年进行了改造，我们现在看到的就是1915年改造后的样子。辛亥革命（1911年）后，京奉、京汉两条铁路在正阳门东、西两侧分别建立车站，使正阳门周边人流、车流增加。为此，时任内务总长兼北京市政督办朱启钤向袁世凯提交《修改京师前三门城垣工程呈》，被批准后亲自主持改建工程。1915年6月16日动工，同年12月29日完工。工程主要包括：拆除正阳门瓮城；在城楼两侧各开两个门洞；修环正阳门的马路；改箭楼外观，用水泥修护栏和箭窗遮檐，在

图 2-7 古代正阳门、正阳桥、牌楼之关系（四门三桥五牌楼）
（来源：李建平讲座 PPT）

箭楼两侧增加“之”字形登城马道，方便游人登箭楼参观游览。正阳门改造工程开工典礼之日，朱启钤用袁世凯给的一把特制银镐拆去第一块砖。后来他去世后由他的儿子朱海北将此纪念银镐赠给清华大学。拆除城墙是一件庄重且重要的事情。改造后在城墙两侧增加了门洞。我们刚才提到“四门三桥五牌楼”，原来是四个通道，改造后在两边又增加了两个门，形成了环形通道，以缓解中间通道的压力。目前保留下来的箭楼白色部分是什么？我小时候以为是汉白玉，这次修复好并对外开放后，我发现使用的是水泥。现在的正阳门箭楼设有马道、观景台，原来是没有的。我们看到老照片是与瓮城相连的，因为瓮城没有了，为登箭楼方便重新开辟了马道。以后大家参观时要注意，“之”字形马道是民国后由德国工程师罗斯凯格尔设计后修建的。罗斯凯格尔还设计了富有装饰性的正阳门箭楼平台、护栏，体现了中、西建筑风格的融合与城市功能的转变（参见图 2-8）。正阳门位于宫城和皇城正前方，故有前门、大前门之俗称。因其位于内城南城墙正中，位置和地位十分重要。除具有军事防御和交通往来功能外，还具有都城政治功能。此城门位于正南与太阳有关。正阳门是对内“仰拱宸居”，对外“隆示万邦”的礼仪之门。命名“正阳”体现了

“圣主当阳，日至中天，万国瞻仰”之传统文化。中轴线上很多建筑代表的是都城，甚至是国家的礼制建筑。

正阳门箭楼为堡垒形式，通高35.37米，上下四层；正阳门城楼为楼阁式建筑，灰筒瓦绿琉璃剪边，重檐歇山三滴水结构，通高43.65米。永定门是26.04米，古人将内外有别做得非常到位。城楼和箭楼修复之后，我们要进行很好的保护，并且对周围环境进行治理。箭楼在前，城楼在后，整体加以保护。城楼和箭楼全部修好并且开放之后，应是观赏和展示中轴线最佳的地方。特别是站在箭楼上面，一直能看到永定门，六里地的御道也一览无余。

图 2-8 正阳门箭楼
（来源：李建平摄）

五、天安门广场

正阳门北侧是天安门广场。广场中央矗立着人民英雄纪念碑，南侧是毛主席纪念堂，西侧是人民大会堂，东侧是中国国家博物馆。下面主要介绍人民英雄纪念碑、中国国家博物馆、人民大会堂以及天安门广场的历史变迁。

（一）人民英雄纪念碑

1958年落成的人民英雄纪念碑是中轴线上最显著的白色建筑。它的顶部是庑殿顶。这个碑集中了中华古代的碑和世界上一些纪念碑的特色，它完全是中国特色和中国样式的。在它的台座、须弥座部分，镶嵌着十幅巨大的汉白玉浮雕，展现的是中国人民近代以来革命斗争的历史画卷。人民英雄纪念碑突出表达十二个字——英雄来自人民，人民崇尚英雄。它位于中轴线上，表达中华民族崇尚自己英雄的精神气质。碑身正面（北面）镌刻着毛泽东1955年6月9日的题词“人民英雄永垂不朽”八个金箔大字。碑身南面（背面）的碑文是由毛主席起草并宣读，周恩来题写的碑文：“三年以来，在人民解放战争和人民革命中牺牲的人民英雄们永垂不朽！三十年以来，在人民解放战争和人民革命中牺牲的人民英雄们永垂不朽！由此上溯到一千八百四十年，从那时起，为了反对内外敌人，争取民族独立和人民自由幸福，在历次斗争中牺牲的人民英雄们永垂不朽！”纪念碑上九次出现了人民，突出表现了人民至上的理念。

（二）中国国家博物馆和人民大会堂

中国国家博物馆位于天安门广场东侧，与人民大会堂东西相对称，是代表国家收藏、研究、展示、阐释能够反映中华优秀传统文化、革命文化和社会主义先进文化代表性物证的最高机构，是国家最高历史文化艺术殿堂和文化客厅。中国国家博物馆原本由国家革命博物馆和历史博物馆组成，北半部是革命博物馆，南半部是历史博物馆，因此它具有中华优秀传统文化、革命文化和社会主义先进文化的代表性。其历史可追溯至民国元年（1912 年）成立的国立历史博物馆筹备处；2003 年中国历史博物馆和中国革命博物馆合并组建成为中国国家博物馆；2011 年 3 月新馆建成开放。新馆建筑保留了原有老建筑西、北、南建筑立面，总用地面积 7 万平方米，建筑高度 42.5 米，地上 5 层，地下 2 层，展厅 48 个，建筑面积近 20 万平方米，是世界上单体建筑面积最大的博物馆。中国国家博物馆有藏品 140 万余件，涵盖古代文物、近现代文物、图书古籍善本、艺术品等多种门类。

中国国家博物馆建筑采用简洁的立方体设计，融合了新古典主义建筑风格。使用罗马柱建筑形式的同时，也结合了中国的文化元素，柱子是顶天立地的，去掉了古典柱式罗马柱上那些悬空的小人，因为博物馆是人民的，讲述的是中华民族源远流长的历史。国家博物馆的廊柱是方形的，运用了北京建筑文化的特色。

人民大会堂的柱子是圆形的，仍然是罗马柱，俗称大团圆。人民大会堂是全国人民代表大会的会议场所和办公场所，同时也是国家礼仪场所，重要迎宾仪式都在这里举行，党的重要大会也在这里举行。人民大会堂的屋顶完全是中国琉璃瓦顶及图案，图案设计则体现中国文化和北京文化。

人民大会堂位于天安门广场西侧，与东侧的国家博物馆遥相呼应。这两座建筑原本国家博物馆要小一点，人民大会堂规模更大一些。实际上中轴线的左右对称中，还在追求一种更高的美，即对称中的不对称。如天坛和先农坛相比，天坛的比例大一些，先农坛比例小一些。世界上没有绝对的对称，美体现在对称中有变化。只要仔细研究太庙和社稷坛，左右对称也不是完全一样，对称中要有不对称，这就是建筑艺术中非常奇妙的地方。

（三）天安门广场的历史变迁

天安门广场原来是明代修建大明门时修建的，形成了天安门之间的丁字形广场。丁字是一横下面一竖，这一横代表从长安左门到长安右门，被称为天街。长安街原本从长安左门、长安右门向外延伸。一竖是呈南北走向的御道。天安门广场原本是个狭长空间，沿袭历代皇城建制布局的传统。2023 年是金中都建都 870 年，金中都中轴线上的皇宫前就有这样的广场。金中都布局是仿照宋朝都城开封确立的，开封当时称为汴京，也有丁字形街道，现在的开封古城里还有这样一条御道。1949 年北京被确定为中华人民共和国首都后，旧有的天安门广场需要改造。这次改造使天安门成为世界上最大的广场。天安门广场北起天安门，南至正阳门，东至国家博物馆，西至人民大会堂，南北空间距离 880 米，东西宽 500 米，地面由浅色花岗岩条石铺成，整个广场宏伟壮观、整齐对称、气势磅礴、浑然一体，在全世界广场当中都是罕见的。

天安门广场经改造后，从封闭式的皇家广庭变成了开放式的人民广场。想体会天安门广场的宏伟，可以登上天安门城楼，站在城楼正中间往下看，就能理解何谓大广场。当年郭沫若看到改造之后的天安门广场非常高兴，曾赋诗一首：“天安门外大广场，坦坦荡荡像汪洋。巨厦煌煌周八面，丰碑岳岳建中央。”这里的“巨厦”是指人民大会堂，“丰碑”是指人民英雄纪念碑。

六、天安门及紫禁城

顺着天安门广场再往北行进，我们就看到了雄伟壮丽的天安门城楼。天安门城楼有几种颜色？蓝天、白云、黄琉璃瓦、红墙身、绿色植被。与原来的不同在哪里？增加了红颜色。这个红颜色就是人民观礼台。红色观礼台与城楼的红墙身浑然一体。中华人民共和国成立后因为要在天安门前举行重大的庆典活动，修建了观礼台，全称为人民观礼台。在封建帝制时期，为突出建筑的雄伟和安全起见，不种树，只有红墙身、黄琉璃瓦、汉白玉的石狮子和石华表。现在我们看到的是一种更加庄重与和谐的景象。天安门城楼是歇山顶满铺黄琉璃瓦。重檐歇山、九开间、五门洞的规制，说明天安门是中轴线上歇山式建筑中最高级别。天安门城台上两条标语“中华人民共和国万岁”“世界人民大团结万岁”，都有人民二字。

（一）天安门的历史变迁

天安门始建于明永乐十八年（1420 年），时称“承天门”，为黄瓦飞檐三层楼式五开间木牌坊，因建造时完全模仿南京的承天门，故命名承天门，寓意“奉天承运”。明天顺元年（1457 年）承天门遭雷击起火被焚；明成化元年（1465 年），由蒯祥设计并领衔重建承天门。重建后的承天门由原来的东西宽 5 间、南北进深 3 间扩大为宽 9 间、进深 5 间，形制上由原来的牌坊式改建成宫殿式。承天门由城台和城楼两部分组成，奠定了今日天安门的形制。明崇祯十七年（1644 年），李自成率领农民军攻占北京城，撤退时火烧了承天门城楼。清朝时期重新修缮，修完后正式改名天安门。据说清朝改名“天安门”，寓意为“受命于天，安邦治国”。清朝光绪年间，八国联军炮轰天安门城楼。后来修缮时在天安门城楼发现了未炸开的炮弹。1949 年中华人民共和国成立前，决定整修天安门城楼和清除天安门广场垃圾。当时全北京市老百姓一起行动，把天安门广场多年堆积的垃圾全部清运了。

图 2-9　一百年前八国联军撤离后的天安门

图 2-9 是一百年前八国联军撤离天安门后的照片，城楼窗户都被拆除了，城楼也破损

了。城台还有炮弹镶进去的样子。华表和金水桥仍然存在，五个门洞犹在，但九五至尊的气概荡然全无。古年间中轴线上铺的御道，一横两竖的御道，一直通向故宫的午门。

天安门城楼虽然是古代建筑，但是它所承载的历史文化在中轴线上是厚重的。天安门是明清两朝帝王“金凤颁诏”的重地，凡遇国家庆典、新帝即位、皇帝结婚、册立皇后，都需在此举行“颁诏”仪式。可见，天安门城楼自古以来就是向世界宣告中华民族一些重大事项的地方。开国大典标志着新中国的成立和实现了中华民族的独立和解放，同时开创了中国历史的新纪元。

（二）历史空间里的紫禁城

下面我们回到历史空间，了解明清建筑以及紫禁城的建筑有什么特点。这是一个皇城沙盘（图 2-10），是我在皇城艺术博物馆拍的，这个博物馆坐落于北京天安门东侧菖蒲河公园内牛郎桥旁。北京饭店贵宾楼往西的河名为菖蒲河。天安门前有几座桥必须满足九五至尊的要求。天安门前有五座金水桥，在太庙和社稷坛前面还各有一座桥，名“公生桥”；在其两侧还有两座桥，东边一座牛郎桥，西边一座织女桥，一共九座桥。这个沙盘比较真实，能看到天安门外面有金水河和金水桥，没有树木。天安门到端门之间没有树，端门到午门之间没有树，午门到太和殿也不种树，这些空间没有种树木，突出中轴线建筑的高大雄伟。但应该种树的地方都要种满树，如旁边的太庙、社稷坛以及东西六宫、北海公园、御花园、景山等都是苍松翠柏。古人非常强调人与树木的关系。当突出君权和皇权时，没有树。我们如果不了解这些，就可能会改变它的格局。

图 2-10　回到历史空间看北京皇城（沙盘）
（来源：李建平摄）

1. 礼仪之门——端门

天安门后面有个城楼与它一模一样，也是重檐歇山九开间带城台的高大建筑，它就是中轴线上的礼仪之门——端门。“端”，即指端正、中正、讲礼仪。据说古时候从这里进入皇宫，所有官员都需要注意，要见皇上了，要注意礼仪。端门是礼仪之门，这里原来有一口大钟，皇帝出巡，敲钟表示一个良好的开端，现在大钟已经没了，八国联军来时抢走了。“端”除了有“中正”“端正”的解释外，还有一种解释是“开端”“开始”。过端午节，这里的端字表示夏天开始。同时，夏天天气炎热，人们可以自由奔放地到大自然中去，但是需要注意洁身自好，端正自己。

端门传承了南京皇城旧制，修建于明永乐十八年（1420 年），属于城楼式建筑，位于皇城正门——天安门和紫禁城正门——午门之间，建筑结构和风格与天安门一模一样。端门城楼在明清两代是存放皇帝仪仗用品的地方，每逢皇帝举行大朝会或出行，城楼下的御道两侧仪仗种类纷呈，数量庞大，仪仗队伍从太和殿一直排到天安门外，长达两里地。

2. 太庙与社稷坛

端门两侧是国家的礼制建筑，东边是太庙，西边是社稷坛。太庙的大殿比太和殿要显得大一些，里面供奉的是皇帝的祖先。皇帝到天坛祭拜天神，到这里祭拜祖先。太庙的建筑要比太和殿大一点，宽 68 米，太和殿宽 60 米，两者都是十一开间。太庙的大殿也是重檐庑殿顶，有台阶。在修建大殿时，大臣有纠结，太庙很重要，太和殿也很重要。皇帝的金銮宝殿至高无上，祖先至尊至大，如何让两者在建筑上既体现差别又平衡级别？古人有智慧，在台阶上下功夫。太和殿的台阶 8 米高，太庙的台阶 3 米高，皇帝的金銮宝殿的至高无上就体现出来了。通过台阶把两者关系平衡得非常好。

社稷坛强调了江山社稷的颜色，祖国的领土辽阔，东西南北中，红、黄、蓝、白、黑，这是不能变的。坛有三层台阶，中间是黄土，上面有个江山社稷柱，南边是红土，北边是黑土，东边是青土（蓝），西边是白土。红、黄、蓝、白、黑五种颜色的土，俗称为五色土，代表的是中华民族的江山社稷。社稷坛供奉社神（土神）、稷神（谷神），祈求风调雨顺、五谷丰登、国泰民安，表达出了古人对国家、天下和黎民的理解，对江山社稷美好生活的祝愿和向往，在坛庙体系中占有较为重要的地位。民国后开辟为公园，称中央公园。1925 年孙中山的灵柩在这里停放，为示纪念，1928 年中央公园更名为中山公园，拜殿改称中山堂。

3. 午门——怀抱寰宇与颁朔

继续往前走是故宫的午门，即紫禁城的正门。据说古年间所有外国使节大臣来到午门时顿时感觉自己渺小。午门的两边伸出了两个长长的雁翅楼，正中间是正楼，重檐庑殿顶，皇帝的尊严通过建筑形象表现出来。据说所有使节，特别是打胜仗回来的将军，到午门前要拜见皇帝。午门正楼正中间有一皇帝宝座，皇帝在高高的城台上，将军回来后顺着中间轴线来到这里，拜见皇上时必须仰视。其设计通过建筑空间调节了社会关系的角色需求。

2001 年 7 月 13 日，北京申办奥运会成功，在午门前举行了盛大的庆祝活动，邀请世界三大男高音进行演出，当时选择了午门作为演出场地。午门是一个天然的剧场。午门两边伸出的燕翅楼类似回音壁，可以拢音。主楼是天然的剧场背景，上面是蓝天，主楼和燕翅楼的造型仿佛是拥抱寰宇。午门相当于人的脑袋，两边伸出的燕翅楼像两只胳膊，怀抱着宇宙。许多建筑设计师认为这是一个圆形空间，原本下方应该有护城河通过。古人非常聪明，让护城河从底部通过，保留了午门前的小广场。这对我们今天的建筑设计也非常有用。北京的西直门边有一个重要建筑北京展览馆。如果大马路直通过去，北京展览馆的广场就被切断了。据说一位非常优秀的女建筑师将道路设计为下沉通道，广场就保留了下来。这与午门广场对筒子河的处理方式类同，保留了广场的完整性，使得气场完全不被破坏。很多小说里提到推出午门斩首，实际上这里不是斩首的地方。明代皇帝在午门外曾经“廷杖”大臣，但没有在此杀人，“推出午门斩首”为戏词或理解为午门以外。这里是面见皇帝的地方。

两侧的燕翅楼上有 13 间廊房，有的小说里称之为十三太保，两头各有阙楼，是重檐攒尖宝顶，共有 4 个。午门也称朱雀门，是紫禁城正南门，始建于明永乐十八年（1420 年），建筑平面为“凹”字形，传承了古代宫城正门的传统样式，金中都、宋都、唐朝用的都是这种样式，是从汉代的门阙演变而来的，北京石刻艺术博物馆保留了两个汉代的石阙。在午门前东、西两侧，还有阙左门、阙右门。午门建筑有城楼和高大的城台，城台正中开三门，均为外方内圆；两侧各有一处掖门，形成“明三暗五”的建筑规制。正中门专供皇帝出入，皇帝大婚时皇后乘坐的凤舆可以进中门，通过殿试的状元、榜眼、探花可以从中门出来；文武官员出入东门；宗室王公出入西门；东、西两侧掖门在举行大型庆典活动时开启。

每年十月初一在午门举行颁布次年历书的“颁朔”典礼。中轴线看起来是物质的载体，其实体现的是天的意志，即客观规律。天和人的关系，是地球围着太阳转360度，每15度是一个节气，统称二十四节气。天非常简单，有人认为人的命天注定，即人能活多长时间，看这个人能生活多少个二十四节气。这个客观规律来自古人对天象的观测。历朝历代都有一个机构叫钦天监，根据天象和星星的位置计算这一年春、夏、秋、冬的二十四节气。历书的颁布体现对全国老百姓的生活体恤，特别是对农业生产非常重要。什么时候旱，什么时候涝，什么时候种地，什么时候收获，什么时候除草，不能错过农时，错过一两天谷粒长出来就会不饱满，收成不好大家就吃不饱饭。此外，每逢重大战争，将军凯旋时午门前还要举行“献俘礼”。将军汇报完以后，皇帝说“拿去”。经由两侧的太监、大臣重复传话，之后将战俘、战利品分别送到相应的地方，“献俘礼”就完成了。

午门通高37.95米，正中为重檐庑殿顶大殿，九开间，铺黄琉璃瓦；两侧有四座重檐攒尖顶亭式建筑，铺黄琉璃瓦，这四座建筑的宝顶与中和殿、交泰殿、景山万春亭的宝顶加起来正好是七个，象征“北斗七星”（参见图2-11）。

图2-11　象天立宫——北斗七星
（来源：李建平绘制）

4. 内金水桥、太和门与太和殿广场

午门的门洞外面是方形，推开门是一个圆形的门洞，外方内圆。门洞里有回音，声音特别好，中间是御

道，地面很光滑。从空中观察午门和太和门之间的内金水河，形状像古人射箭的弓，上面有五座金水桥，在金水桥这里金水河比较平直，其他地方是弯曲有弧度的。古代皇宫容易着火，房子多、密度大，古人防火没有别的办法，只能就近取水。围着宫殿弯弯曲曲的内金水河，取水非常便捷，当然也有泄洪的作用，但是更多的是能够就近取水。

我们从空中细致观察，会发现午门到太和门的广场地面高一点，太和门到太和殿的广庭地面低一点。北京城的特点是从南往北走越来越高，为什么会这样呢？这是因为太和殿周围建筑的台阶加高，建筑布局特别强调对比，当一个建筑和另一个建筑对比时就产生了这种效果。太和殿前广场非常宽阔，原来天安门广场不大，现在变大后已经超过太和殿前的广场了。

太和门是歇山重檐九开间，明朝“御门听政”就在这个地方。清朝以后皇上从后宫到前朝太辛苦，就改到乾清门。因为它是大殿的过渡，所以并没有很高的台阶。后边是皇帝的金銮宝殿——太和殿，重檐庑殿顶，台阶加高了，为三重台阶。皇帝永远俯视臣民，臣民来见皇上，永远仰视。皇帝在自己的金銮宝殿前放了两件非常重要的东西——日晷和嘉量。日晷是用太阳的光照来测量时间的一种装置，一天 12 个时辰，通过太阳的照射能够反映出来。嘉量是古代官方颁布的标准量器，是规矩和标准。可以看出皇帝关注的是用时间和标准来治理国家。古人称时间为光阴，“一寸光阴一寸金，寸金难买寸光阴”，时间过得很快，这个时间又与天和太阳的照射有关。现在我们讲依法治国，古时候强调没有规矩不成方圆。北京有一个国子监，里面有一个建筑叫辟雍，上面建筑是方的，下面水池是圆的。据说乾隆盖辟雍的时候特别强调，做人要圆满，还要懂规矩，规矩就是方。国子监叫太学，古代“太”和“大”相通，即是大学的意思。太和殿的庑殿顶也称“四面坡”屋顶。重檐庑殿顶为帝王建筑，是“九五至尊”的象征，它的顶部一条正脊，四条垂脊，为“五”，再加上重檐四条垂脊，共计九脊。有人研究中轴线的数字文化，发现每一次都有非常奥妙的数字游戏。

太和殿广场有以下特点：一是四面围合，但四面围合的建筑都在高台上，使整个广场形成向下凹的空间，造成“假海”的环境。中轴线有两个广场，我们称之为海，一个是郭沫若提到的“坦坦荡荡像汪洋”的天安门广场，一到节日那是人的海洋；另一个是太和殿广场，建筑在 8 米高的丹陛上的三大殿（太和殿、中和殿、保和殿）、文武楼（体仁阁、弘义阁），形成海上仙山琼阁的气势，是君临四海的象征，与其建筑意境相似的有圆明园“方壶胜境”。二是三大殿建在“土”字形丹陛上，在中华传统文化中金、木、水、火、土为五行，在五行中土居中央，是尊贵的象征，寓意江山与统治，“溥天之下，莫非王土。率土之滨，莫非王臣”（《诗经·小雅·北山》）。

今天的天安门广场更加强调“江山就是人民，人民就是江山”，将封闭广场变成开放广场，将皇权至上变成人民至上。

5. 前朝三大殿——太和殿、中和殿、保和殿

太和殿建在高高的台基之上体现其至高无上。太和殿的两侧是四级防火墙。宋代之前的建筑形制，一般大殿的两侧是环廊，后来发现一旦着火，火烧连营，顺着长廊着火面积就更大了。于是改为砖墙，不易着火，即为防火墙，即使大殿出现火情，也不会殃及其他住所。太和殿在高高的台基上，前面的广场古年间是空空荡荡的，像一片假海，如今假海变成了人海。太和殿的屋脊上有 10 个脊兽。一般屋脊上的脊兽有 1 个、3 个、5 个、7 个、9 个，故宫里 9 个就到头了。只有太和殿有 10 个脊兽，第十个是猴子造型，被称为行什。太和殿顶上的脊兽是中国古代建筑上最多的，在骑凤仙人之后，总计 10 个。骑凤仙人的来源是根据南朝齐明王修道后成仙的传说。龙、凤象征皇家的富贵与吉祥；狮子象征威武不可侵犯；海马、天马象征皇家威德能入海通天；狎鱼能呼风唤雨，灭火消灾；狻猊能食虎豹，象征皇家能征服一切；獬豸是传说中的异兽，能辨曲直，用角去顶坏人、佞臣，象征皇家正大光明，办事公正；斗牛勇猛、忠厚，敢于斗争，象征皇家品质优秀；行什是带翅膀会飞的猴子，生性聪颖、灵活，象征皇家充满智慧。十个脊兽象征皇帝才能十样齐全，寓意十全十美。这里有个记住脊兽的口诀：“一龙二凤三狮子，海马天马六狎鱼，狻猊獬豸九斗牛，最后行什像个猴。。”

中和殿是攒尖宝顶，中正和谐的意蕴最为突出。保和殿与天安门的建筑形制类似，歇山重檐，也是通过高高的台阶将这些建筑提高。早清始殿试在保和殿举行，经过皇帝面试，确定状元、榜眼、探花，经过殿试，相当于皇上给讲过一次课了，被录取的进士就算天子的门生。

从空中观察太和殿、中和殿和保和殿，呈土字形，通过高高的台基，将前朝三大殿抬到了至高无上的地位。这种台基在红、黄、蓝、白、黑五色中属于白色。后寝前广场变长了，呈东西长的形状。北京城市布局中胡同都是东西走向，东西长，街巷南北相通，东西方向长给人自由，不受约束之感，南北方向给人礼仪和约束感。因此最早天安门前的丁字形广场是南北长。故宫里唯一的东西方向长的广场就是保和殿后面、乾清门前面的广场，它是前朝后寝的分界线。

6. 后三宫——乾清宫、交泰殿、坤宁宫

乾清门是歇山单檐的建筑，它的两边带有八字墙，黄琉璃瓦下是红墙身。乾清宫是重檐庑殿顶，九开间，东西两侧各有一座总高度为 1.4 米的亭式建筑矗立在石台上，它们是中轴线上最小的建筑，叫江山社稷金殿（参见图 2-12），是用黄铜建造的，为天圆地方攒尖宝顶宫殿建筑，宝顶上圆下方。石台为汉白玉，雕刻有海水江崖的纹样，这两个建筑的特点是天圆地方，江水滔滔，给人以海上仙山的感觉。两座建筑东侧的称“江山殿”，西侧的称“社稷殿”。“江山”是指国家的江河、山川，寓意国家政权、统治；“社稷”是指谷神、土地，寓意国土、粮食。两座建筑始建于清顺治十三年（1656 年），是紫禁城内最小的宫殿建筑，也是紫禁城内镇物类建筑，源于《周礼·考工记》“左祖右社”，一左一右拱卫在乾清宫的东西两侧。

图 2-12　中轴线上最小的建筑——江山社稷金殿
（来源：侯少卿摄）

交泰殿是黄琉璃瓦单檐四角攒尖顶，平面为方形，面阔、进深各 3 间。它与乾清宫和坤宁宫之间的距离较小。这个建筑还有一个特点，屋顶特别大，完全覆盖住殿身，里边显得很神秘、阴暗。与中和殿不一样，中和殿是用于办公的，带环廊，交泰殿是皇后日常管理后宫和接受女眷叩拜的场所，实质上是一种象

征性建筑。

坤宁宫是重檐庑殿顶的建筑，面阔连廊 9 间，进深 3 间。由于建筑进深小，采用建筑学上的减柱法。减柱法是减少柱子与大殿之间的距离，让阳光进入建筑。因为前为阳，后为阴，所以乾清宫在前为阳，坤宁宫在后为阴。前面的太阳阳光照射较多，当后面阳光少时，想让阳光进入建筑，就减小建筑与柱子的距离。冬天时屋子内能满铺阳光。坤宁宫在明代是皇后起居的正宫，清廷入关后，于顺治十二年（1655 年）仿沈阳故宫清宁宫将西部的 7 间改为萨满祭祀场所。

从空中观察前朝后寝，前朝是三大殿，后边应该是乾清宫和坤宁宫二宫，交泰殿起到连接乾清宫和坤宁宫，使阴阳调和又相沟通的作用。

7. 御花园与钦安殿

御花园里都是对称建筑，所有建筑都对称或者呼应，主要的建筑是钦安殿、万春亭、千秋亭、绛雪轩和养性斋。绛雪轩是凸字形，养性斋是凹字形，是典型的阴阳对称又和谐的建筑。

位于御花园正中偏北高台上的钦安殿，坐北朝南，面阔五间，进深三间，黄琉璃瓦重檐盝顶，中间置镏金宝顶，为明代建筑佳作。中轴线上的钦安殿是唯一的盝顶建筑。前面有个门，名为天一门，天一生水，与水有关。这座建筑四面有坡，殿上有一宝顶，殿顶有一个小天池，上有吻兽和黄琉璃瓦。在故宫内有众多的神殿佛堂，在中轴线上却只有一处独立的神殿，那就是钦安殿，同时又是紫禁城修建的保护神（玄武）建筑。在殿前有小庭院，殿前雕刻突出水中精灵，是北海水域中的珍禽异兽。钦安殿始建于明永乐年间，与紫禁城主要宫殿一次规划完成，足见明朝初年在营建紫禁城时对钦安殿的重视。钦安殿供奉玄天上帝，又称玄武大帝、真武大帝。民间素有“北修紫禁城，南修紫霄宫”之说。紫霄宫在武当山，里面供奉的是玄武。

故宫的神武门可以让我们再次领略大门的建筑规制，外方内圆，方中有圆，圆中有方。神武门原名玄武门，后为避讳康熙的名字玄烨，改为神武门。神武门也是四面坡，重檐庑殿顶。人们研究紫禁城四面的桥时，发现一个非常奇特的现象，作为中轴线上七座桥之一的神武门外大石桥，有桥但没有桥洞。

七、景山

景山是明代运用传统造园手法“挖湖堆山”的杰作，为紫禁城的靠山，是北京老城的制高点。山前绮望楼坐北朝南，歇山重檐，黄琉璃瓦楼阁式建筑，楼前有月台、汉白玉石栏杆。楼内原供奉孔子神位，为中华儒家文化。山顶五座亭式建筑为五方佛堂，正中万春亭供大日如来，东侧观妙亭、周赏亭，分别供奉阿閦佛、宝生佛；西侧辑芳亭、富览亭，分别供奉阿弥陀佛、不空成就佛，为中华“佛”文化。山后有寿皇殿，原在景山东北方位，清乾隆十四年（1749 年）仿太庙形制重建，位于中轴线上，供奉先帝影像，是中华孝道文化。

中华人民共和国成立后我们修建的建筑必须尊重北京中轴线的规律，包括颜色、建筑体量、高度等。从景山北望中轴线可以看到寿皇殿（原来的北京少年宫），后面有两座塔楼是 1949 年以后的建筑。这两座建筑都是苏式建筑。楼顶使用的攒尖宝顶，两边对称，完全吸收了中轴线建筑的特点，因此整体上看起来非常和谐。

八、地安门和万宁桥

从老照片里站在景山北望中轴线，能看到地安门是歇山顶建筑，北面最高的建筑是钟鼓楼。中轴线在这里不再突出红墙、黄琉璃瓦，除中轴线上的钟鼓楼突出以外，其他所有建筑都掩映在绿色中。现在很多住四合院的人要求加高到两层、三层，这是对古都风貌的破坏。北京院落里的古树名木要好好保护，缺树要补栽，不要让树越来越少，树木和建筑是紧密的搭档，尤其在北京城。北京被称为花园般的城市，树木要能覆盖住平房的屋顶，只有中轴线的建筑可以突出。

地安门是皇城的北门，七开间，中间三个门，两边各两间，一共七开间，1954 年拆除了。地安门外是万宁桥。中轴线上的红、黄、蓝、白、黑中的白色一般是指汉白玉的颜色。万宁桥的栏杆也是白色的，原来的白色经过几百年的历史沧桑变成现在这种有点偏土黄的颜色了。它屹立于北京中轴线和大运河玉河段的交会处，是北京城市规划和漕运发展的见证者。

九、鼓楼、钟楼

高大的鼓楼是重檐三滴水楼阁式建筑，歇山顶，下面有高大的楼台。据说原来没有窗户，没有墙，是三个大门洞，马路可以直接从门洞穿过去，一直穿到钟楼后面。北京鼓楼为古代北京城报时中心，始建于元至元九年（1272 年），原名“齐政楼”，“齐政”是“七政”的谐音，指金、木、水、火、土五个行星加上日、月，后毁于火灾。鼓楼坐北朝南，四周砌有矮砖墙，门前有一对石狮。鼓楼通高 46.7 米。永定门是 26.04 米，可以看出中轴线的建筑往北越来越高。鼓楼由城台及城楼两部分组成，楼基称台，台高 4 米，台的南北侧各有券门三座，左、右两侧各有券门一座，台内为十字形券洞，系无梁式砖木结构。鼓楼里面有大鼓，正中为报时大鼓。古代社会定更、亮更击鼓，现在每日有击鼓表演，也与时令有关，24 面小鼓代表二十四节气，传达天的意志，指导人们的日常生活。

钟楼是北京中轴线上最后一座建筑，是最高的，整个建筑是石头筑造的，下面有高高的城台。门洞原来可以穿过去，窗户和斗拱都是石质的。钟楼始建于元至元九年（1272 年），明永乐十八年（1420 年）与鼓楼一起重建，后毁于火灾。清乾隆十年（1745 年）奉旨重建，两年后竣工。为了防止火灾，重建时钟楼全部采用砖石结构。钟楼为重檐歇山顶，无梁式砖石结构建筑，屋顶为黑琉璃瓦绿剪边。楼身四立面相同，正中拱券门，左右对称开券窗，窗上为石刻仿木菱花窗。内部结构采用复合式拱券，围护墙体中设有环路通道。钟楼基座为汉白玉须弥座，周围环以汉白玉栏杆。楼身之下为砖砌城台，城台上四面有城垛。台身四面开券门，内部呈十字券结构，东北隅开门，内有石阶七十五级。七十五分为六十和十五，六十为一甲子，地球绕太阳一周 360 度。十五代表天地之和，与中轴线十五里（此处为约数，实际为 7.8 千米）寓意一样。十五是九加六，六代表地，九代表天，天子之城，从正阳门到钟楼九里地，从正阳门到永定门的人世间，六里地。

最后总结一下北京中轴线上建筑的高度。北京中轴线上主要建筑的通高的高度分别为永定门 26.04 米、天坛祈年殿 37.2 米。人民英雄纪念碑比天坛祈年殿高一些，为 37.94 米。正阳门箭楼 35.37 米、正阳门城楼 43.65 米、毛主席纪念堂 33.60 米、天安门 34.79 米、端门 34 米、午门 37.95 米、太和殿 35.05 米；中和殿 19 米、保和殿 29 米、乾清宫 20 米、坤宁宫 22 米、鼓楼 46.70 米、钟楼 47.95 米。

钟楼在中轴线研究中非常重要，研究中轴线上的科技、声音、高度、色彩都离不开钟楼。钟楼上的大钟是明代永乐年间铸造的，冶金技术当时在世界上遥遥领先。在明朝初年筑完钟楼大钟之后，钟的冶炼技术已经达到世界最先进的水平。钟楼报钟紧 18 慢 18，不紧不慢又 18，敲击两遍，也有讲究。它的报钟时间仍然在讲天之意，108 声，是一岁之意。一岁包括这一年的 12 个月，二十四节气，72 候，72 加 24 再加 12 就是 108。钟鼓楼其实是解释天和人的关系，天是客观规律，即时光在运转，我们每个人的生命生活要适应这个运转。钟楼在后，鼓楼在前，前为阳，后为阴。前面像棒小伙，红脸汉子，后面像苗条的淑女，还是高个子，后面是砖石结构清秀，前边是红墙身，非常阳刚。作为中轴线上最高大的建筑，周围是一片如汪洋的四合院。据说，古年间树木覆盖了四合院，只能零星看到黄色的皇家寺庙的屋顶，整个景致是很和谐的。

梁思成先生曾描述，中轴线到达钟鼓楼时“恰到好处结束”。渺渺的钟鼓之声在北城回荡，钟楼像是个大音箱，把声音传出去。所以，中轴线像一曲乐章，到这就结束了，落下帷幕，最后的音符就是钟楼。有人认为钟楼像一方印，中国人的山水画，先绘画，然后染色、题字，完成后最后一件事情是扣上绘画者的印章。如此看来，钟楼就像中轴线画卷上最后那一方印。中轴线给这座城市带来的灵感非常丰富，它传承的中华文化非常多。

（毕瀚文、林青整理，秦红岭审校）

北京建筑大学
BEIJING UNIVERSITY OF CIVIL ENGINEERING AND ARCHITECTURE
通识大讲堂
第十七期
人文讲堂
第二十一期
第三讲
事件·作品·人
20世纪建筑遗产的当代认知
金磊
北京展览馆

主讲人简介

金磊，北京市建筑设计研究院股份有限公司高级工程师（教授级），现任中国文物学会 20 世纪建筑遗产委员会副会长、秘书长，中国建筑学会建筑评论学术委员会副理事长，中国灾害防御协会副秘书长，中国城市规划学会城市安全与防灾规划学术委员会副主任，北京减灾协会副会长，《中国建筑文化遗产》《建筑评论》“两刊”总编辑。著有《建筑传播论——我的学思片段》《安全奥运论》《城市灾害学原理》《中国 20 世纪建筑遗产名录》等著作 30 余部，研究涉及城市安全、建筑遗产保护、建筑评论与文化传播等方面。

主讲概要

本讲座从 20 世纪城市建筑的大事件入手，通过对影响业界与社会的国际“三大”建筑宪章的分析，介绍了《世界遗产名录》概念下的中国 20 世纪建筑遗产项目诞生的过程，体现了在中国文物学会、中国建筑学会的指导下，中国一代建筑文博学人鉴中西、开新局的文化自觉与理念。对中国 20 世纪建筑遗产的研究与推介，是践行党的“二十大”提出的“中国式现代化”的一项建筑文化行动，它体现了传承与创新，更展示了为城市更新所实施的一系列“活化利用”的策略。讲座紧紧围绕“事件 · 作品 · 人”，除分析 20 世纪代表性作品外，还介绍了做出贡献的杰出建筑师、工程师，也讲述了相关科技、历史、文化遗产类型的新价值，让学子们在认识 20 世纪建筑遗产时，将世界建筑日、国际古迹遗址日、国际博物馆日、中国文化和自然遗产日等关键节点连接起来，带大家了解 20 世纪建筑遗产广博且深入的知识体系。

这里我们要探讨的主题是相当新颖的，我们将重点研究 20 世纪的建筑遗产，它涉及中国和外国在这个时期的建筑成就，我们将通过关联的事件、作品和人物来详细论述这一主题。通过这次交流，我们期望能够促使大家深入思考，并对这个话题产生浓厚的兴趣。

图 3-1 拍摄于 1930 年或 1931 年，对于这张照片，不同的文献有不同的解释。在照片下方有一句梁思成先生的话（此处未显示出来），由于篇幅较长，我将其概括为“只有全民族对建筑有了认识后，国家的建筑事业才能获得发展”。

我要强调的是，实际上建筑作为一门学科，应该被视为城市文化和城乡文化的重要载体，是文学艺术的一部分。因此，梁思成先生的言论至今仍然具有深刻的现实意义，他为这一理念奋斗终生。

我想对图中的三个人物做一些解释。首先是我们熟悉的梁思成先生，接下来是童寯先生、张镈先生。梁思成先生在北京有建筑作品，人民英雄纪念碑便是其中之一。童寯先生早期在南京，并在东南大学任教多年。童寯先生的代表作品之一是南京的国民政府外交部大楼，这座建筑设计得非常出色。在理论方面，他最大的贡献之一是著有《江南园林志》一书。在 20 世纪的建筑师中，他被认为是研究园林最

图 3-1 东北大学师生合影：前排左二童寯、左五梁思成；二排右二张镈（来源：金磊讲座 PPT）

出色的一位学者。张镈先生曾是北京建筑大学的教师，他在北京的建筑作品以及他的教学工作都值得我们关注，尤其是人们常提及的人民大会堂，是他重要的建筑作品之一。这些人物对建筑遗产的教育教学发挥了关键作用。他们的贡献不仅在于参与，更在于融入了主流的建筑教育。

对于 20 世纪的建筑，我们必须深刻理解其重要性。那么，为何不涉及 19 世纪的建筑？当然可以涉及，甚至可以回溯到 18 世纪，但是 20 世纪显得尤为关键。这是因为 20 世纪经历了第一次工业革命，整个 20 世纪也见证了第二次和第三次工业革命。这些变革对建筑产生了巨大的冲击。例如，《北京宪章》强调了 20 世纪的全面进步。在全球建筑师大会上，吴良镛先生代表中国建筑界也指出，20 世纪对建筑产生了深远影响。百年建筑的意义在于它留下了历史上的辉煌作品，见证了百年来的波澜壮阔。吴良镛先生强调，20 世纪是一个开始进行建筑模仿并更加重视建筑历史的时代。在这个时代，人们频繁讨论传统与现代的关系。

传统是什么？“传统”是个内涵深邃、外延宽泛的大词，在客观理念上可对应“现代”或“时尚”，在主观行为上则可对应“变革”或“创新”。实际上，我认为梁思成先生对于建筑学的认识的那句话，以及古罗马人在 2000 年前所写的诗句“建筑是用石头书写的史书，是凝固的诗意”，都使得学习建筑的学子们的责任变得极为重大。对于一名建筑师，他的社会责任并不亚于一位普通工匠或工程师，甚至其社会责任还体现在宪法中。以波兰为例，这个国家在第二次世界大战中遭受了巨大的灾难。战后，波兰宪法第五、六条涉及遗产保护，反映了该国重视遗产的意愿。华沙古城经过重建成为世界遗产，象征着波兰民族文化的延续和重生，这是用宪法保护文化遗产的优秀案例。

下面我们将讨论三个主题，分别从事件、作品和人物的角度审视 20 世纪的建筑遗产。

一、20 世纪建筑遗产之事件说

中外20世纪经典建筑体现了“历史可读性”原则，让后学感悟为什么要以事件、作品与人的系统视角传承建筑背后的“故事”。因为经典是曾经的现代，现代必是未来的经典，只有认识到创造性城市经典建筑师的作用，才可体现 20 世纪建筑遗产的当代价值。

在 20 世纪的建筑遗产方面，需要特别关注法国建筑师勒·柯布西耶（Le Corbusier）。柯布西耶的贡献众多，虽有许多著作和传记，但值得铭记的是他的《走向新建筑》一书，该书 2023 年发表 100 周年。2016 年 7 月 17 日在伊斯坦布尔举行的联合国教科文组织世界遗产委员会第 40 届会议上，联合国教科文组织将横跨七个国家的 17 个勒·柯布西耶项目列入世界遗产名录。

关于中国的建筑遗产，2023 年值得注意的事件之一是梁思成先生设计的鉴真纪念堂。该纪念堂于 1963 年设计、1973 年建成，2023 年分别迎来了 60 周年和 50 周年的纪念。但梁先生于 1972 年不幸离世，未能亲眼见证自己项目的建成。

（一）相关遗产概念

从全球的角度来看，关于建筑遗产最著名的文件是发布于 1964 年的《威尼斯宪章》。基于这一文件，2014 年我国颁布了《中国文物古迹保护准则》，作为修缮建筑的指导原则。第一个原则是真实性原则，即在修建过程中反对任何形式的伪造。第二个原则是最小干预原则，即力求对建筑没有或只有微小的伤害，不要故意锦上添花。第三个原则是可读性原则，即在修缮过程中，应尽可能将各个历史时期的痕迹叠加到项目上，而不是减少或去除这些痕迹。为了修缮项目，不应当移除曾经的历史痕迹。第四个原则是可识别性原则，实际上它与可读性原则相互吻合。例如武汉辛亥革命武昌起义纪念馆靠东的墙面上有明显的历史痕迹，还在一块牌子上详细记录了修缮的年代。这种方式能够让人识别出修缮的历史，而不是掩盖原有的痕迹。梁思成先生特别反对对建筑进行翻新，强调修缮时新旧应该有明显差异。第五个原则是可逆性原则，实际上就是怎么修的，应该用什么办法对它进行调整。具体而言，在修缮中要注意外立面、空间格局、内墙面、天花、楼梯间、家具、灯具、开关以及五金件等方面，这些修缮材料和构件应该能够在未来轻松地进行调整或移除，以确保项目的可逆性。

（二）何为事件遗产

“事件”是英文单词 event 的直译，它指那些对一个国家、区域、城市产生重大历史、社会、经济、文化、生活影响力的活动。比如第十一届亚运会是北京历史上真正有国际赛事的综合性运动会。自那时起，我们就积极为申办奥运会做准备。此外，上海的世博会、广州的亚运会，以及各种大学生国际运动会、杭州的 G20 峰会、上海的中国国际进口博览会等，都属于国家和城市的重大事件。可以说，这些项目之后都紧随着一系列城市建设。同时，这些事件性的活动还引发了联合国教科文组织认可的一些城市活动。例如，上海世界博览会以“城市，让生活更美好”为主题，这一主题不仅影响了上海，也影响了北京，为全国的城市带来了许多变化。又如，北京有很多 20 世纪的事件性建筑遗产，如 1907 年成立的陆军部、1909 年成立的海军部、1905 年成立的北京电灯公司以及大型银行和电话总局等。1949 年后，随着一系列重大事件的发生，北京迎来了 1959 年的十大建筑工程，实际上当时国家规划了 15 个工程，但由于资金不足，只完成了其中的十个，我们通常说的北京十大建筑工程就是以人民大会堂为代表的“十大建筑”。

此外，“灾难性纪念建筑”，如唐山的抗震纪念碑，已被评为 20 世纪建筑遗产。还有“三线事件”纪念建筑，如三线建设的 816 工程。这个工程从 1966 年开始动工，是在山洞里建造的核工业设施。这个工程的背后是我国于 1964 年爆炸了第一颗原子弹，需要建立一个新的核武器试验基地，核工业部最终决定在重庆涪陵尖子山修建 816 工程。1984 年，因国家战略调整，这项工程在即将完工之际停建。如今，这个“世界最大人工洞体”开放成景区，同时成功入选 2023 年科学家精神教育基地。

（三）《20 世纪世界建筑精品 1000 件》（十卷本）事件

这里特别提一下《20 世纪世界建筑精品 1000 件》（十卷本）。这套丛书实际上记录了 1999 年中国举办的世界建筑师大会。该大会决定在全球范围内选择 1000 个 20 世纪的项目，包括中国、北美（美国、加拿大和墨西哥）。其中，我国 38 个项目入选了东亚卷。这些项目并非由中国主办方自行选择，而是由教科文组织和世界建筑师大会共同挑选的。其中，北京共有 12 个项目入选，包括人民大会堂和民族文化宫。

这里要提到一位前辈——张钦楠。这位前辈曾担任过建设部（现住房城乡建设部）设计局的局长，退休后在中国建筑学会担任副理事长。他是结构学专家，早年毕业于麻省理工学院。张钦楠与西方建筑师有着紧密的联系，在他的联系和主持下，推出了这套精品集，将西方建筑的一些思想引进中国。为何要在中国召开一次世界建筑师大会？国际建筑师学会成立于 1948 年，直到 1954 年，中国才加入国际建筑师学会。这说明，在国际建筑师学会成立的前几年里，中国在国际建筑领域没有太大的影响力和发言权。虽然作为中国近代建筑史上的一代宗师，梁思成在 1947 年担任联合国大厦（又称联合国总部大楼）设计顾问团的中国顾问，但这并不代表当时的中国在国际建筑界有一定的话语权。1999 年世界建筑师大会在中国召开时，国际社会已经开始认同中国的建筑，特别是吴良镛先生提出的《北京宪章》（最初称为《北京宣言》）。这个宣言在当时具有标志性的意义，引领了全球建筑设计的方向。

（四）中国 20 世纪建筑遗产的“三部大书”

下面谈谈中国 20 世纪建筑遗产的三部大书，它们分别是《中山纪念建筑》《抗战纪念建筑》《辛亥革命纪念建筑》。

第一部《中山纪念建筑》，汇总了纪念孙中山先生的相关建筑，包括中山街、中山公园等项目，书中也包含了许多建筑的测绘图。

第二部《抗战纪念建筑》，主要涉及与抗日战争相关的亚洲建筑。从文化史、战争史、建筑学史等视角，不仅以建筑事件梳理“第二次世界大战”记忆，还以抗战建筑文化昭示责任。书中归纳了抗战重大历史事件与重要建筑事件对照、抗战现存重要史迹建筑及纪念地一览表。

第三部《辛亥革命纪念建筑》，主要介绍 1894 年中日甲午战争爆发至抗日战争之前所建造的建筑，记录了兴中会成立、武昌首义、民国创立、誓师北伐、国民政府定都南京等一系列具有历史见证意义的史迹建筑和专题建造的纪念建筑。辛亥革命纪念建筑与孙中山先生有紧密关联。

二、20 世纪建筑遗产之作品说

（一）中外 20 世纪建筑遗产动态与认定标准

20 世纪建筑遗产认定标准是我们所强调的关键问题。其中重要的一点是这个建筑遗产项目具有国际意义，主要是因为 20 世纪建筑中那些最为著名的，不仅被评为世界遗产，还被评为中国 20 世纪建筑遗产。

针对世界遗产，联合国教科文组织通常将其分为三大类：自然遗产、文化遗产，以及文化与自然双重遗产。截止到 2023 年底，全球已有 1199 项世界遗产，其中包括 933 项文化遗产、227 项自然遗产和 39 项文化与自然双重遗产。中国已拥有 57 项世界遗产，其中文化遗产 39 项、自然遗产 14 项、文化与自然双重遗产 4 项。[1] 中国是拥有世界遗产数量最多的国家，这些文化遗产包括了一些著名的项目，如故宫、长城和颐和园等。但遗憾的是，我们并没有在世界遗产大会上成功提名任何 20 世纪的遗产。这并不是因为我们的建筑不够出色，而是因为我们在申报方面存在不足。这是一种令人遗憾的情况，希望能够引起更多人足够的重视。

1199 项世界遗产中，20 世纪建筑遗产占据了近 100 项，涉及了 20 多位国际设计大师的作品。例如，与梁思成先生在联合国大厦项目中合作过的八位国际设计大师（参见图 3-2）的一些建筑作品现在已被列入了世界遗产名录。

中国 20 世纪建筑遗产，是中国文物学会、中国建筑学会学术指导下，中国 20 世纪建筑遗产委员会的百余位业内建筑文博专家委员，向业界与社会推介的项目。自 2016 年起，截至 2023 年，已经推介了七批中国 20 世纪建筑遗产项目，涉及十多种门类，时间跨度百余年。评选的标准主要参考世界遗产的标准。我们必须紧跟世界步伐，因为中国不仅要成为世界遗产大国，还要成为世界遗产强国。在这方面，我们至少需要走一条有可比性的路线，即使是在遗产类别上，也要追求齐全。如果我们没有农业遗产，而其他国家都有，或者我们没有 20 世纪的遗产，而其他国家

---

1 吕舟：《世界遗产保护与合作中的中国贡献》，《人民日报》2023 年 11 月 19 日第 07 版。

图 3-2 1947 年梁思成在纽约与国际著名建筑师们讨论联合国大厦方案
左一是斯文 · 马凯利乌斯（Sven Markelius）；左二是勒 · 柯布西耶（Le Corbusier）；左四是梁思成；左五是奥斯卡 · 尼迈耶（Oscar Niemeyer）；尼迈耶身后是华莱士 · K. 哈里森(Wallace Kirkman Harrison)；右六是 G.A. 苏里乌克斯(G. A. Soilleux)；右五是尼古拉 · D. 巴索夫（Nikolai D. Bassow）；右三是恩尼斯特 · 考米尔（Ernest Cormier）
（来源：清华大学建筑学院影像资料，中国营造学社纪念馆藏）

都有，我们就无法真正达到强国的标准。

事实上，20 世纪建筑遗产评选在 20 世纪 90 年代就在全球引起了关注。其中涉及两个评选标准，一个是国际上通用的 20 世纪建筑遗产评选标准，另一个是中国国内的 20 世纪建筑遗产评选标准。在这里，我们将重点讨论中国国内的标准。

中国的 20 世纪建筑遗产评选标准涉及九个要点。项目只要满足其中一个标准，并且在专家投票中得到足够多的票数支持，就有资格评选。第一项标准要求项目能够反映近现代中国历史，并与重要历史事件相关。第二项标准要求能反映近现代中国历史且与重要事件相对应的建筑遗迹、红色经典、纪念性建筑等，是城市空间历史性文化景观的记忆载体，同时也要重视改革开放时期的作品，以体现建筑遗产的当代性。这里实际上包含了若干层意义。首先，它强调了项目与重要历史事件的相关性。其次，它要求项目作为改革开放时期的代表，具有反映现代遗产的当代性。比如，巴西首都巴西利亚在建成 32 年后即成为世界遗产，与其相似的例子还包括悉尼歌剧院，建成不到 25 年就被评选为世界遗产。除了上述两层意义，中国的 20

世纪建筑遗产评选标准还强调了多个层面的意义，包括建筑要反映城市历史文脉，具有时代特征和地域文化综合素质。特别是在城市更新中的有机更新项目和一些大师的优秀作品，都有望被评选为20世纪建筑遗产。这表明了中国对保护和活化建筑遗产的重视，以及对建筑的长期影响的认可。

（二）第七批部分入选项目

2023年2月，中国第七批20世纪建筑遗产名录在广东茂名公布。其中，位于安庆市的陈独秀纪念园是一处重要的遗产。陈独秀纪念园被评为全国重点文物保护单位，也经历了一系列不寻常的过程。第七批遗产具有一些显著特点，这些特点在媒体中得到了广泛讨论，在此简要总结一下。

第一个特点是其面向基层和文保等级较低的项目。在我国，文物保护共分为三个等级，即全国重点文物保护单位，省级文物保护单位，市、县级文物保护单位。这些等级的差异在于其重要性和影响力。然而，由于评选机构对评选单位的认知水平较低，有时候出现评选结果与实际水平不符的情况，这就需要更加谨慎的评选机制。特别需要关注的是，随着调查研究的深入，我们发现有些优秀的项目被低估了。江西赣州龙南解放街（黄道生骑楼老街）骑楼建筑群就是一个例子。广州等地有众多精美的骑楼，海口、南宁也拥有许多优秀的骑楼建筑。江西龙南解放街是1910年建成的骑楼建筑，当地对文物保护高度重视，成功保护了这一长达600米、具有极高的推广价值的街区。

第二个特点是注重入选项目的历史价值，不因其项目大小而区别对待。我们选择项目时不能因为它很大就选，而忽视了一些小的项目。深圳的“上海宾馆”就是一个典型的例子。20世纪80年代末，从罗湖的蔡屋围向西望去，仅有一座高的建筑，再往西则是一片荒芜，夜幕降临时一片黢黑。这座建筑就是当时深圳城郊分野的临界点，也是深圳坐标原点——上海宾馆。为什么它属于深圳，却名为“上海宾馆”？这是因为它原名为“航空宾馆”，宾馆从负责人到员工全部来自上海，有着浓郁的海派风格。上海宾馆位于深南中路3032号，始建于1983年，1985年10月28日开业。当深圳计划拆除这栋建筑时，上海人站出来反对，强调这里对特区建设有重要的历史记忆。2005年通过市民投票，它被评为“深圳改革开放十大历史性建筑”之一。

第三个特点是具有同一主题的项目联合入选。例如，广东茂名露天矿生态公园与“六百户”民居及建筑群（参见图 3-3），也被评为 20 世纪建筑遗产。这里曾经是中国发现页岩油的第一个油田，早于大庆油田。然而，从岩石中提炼石油的做法，给城市造成了一个巨大伤疤。随后该地区面临着房地产开发、生态保护以及城市再生等问题。当地经过十几年的努力，成功引入水源并清除了污染，现在这里成为一片绿洲，被称为露天矿生态公园，作为生态治理的国家样板。

第四个特点是 21 世纪建筑也已涉及一些我们熟知的新建筑。比如，中国美术学院南山校区、苏州博物馆新馆、中国科学院图书馆（2002 年）、北京机场 T3 航站楼（2009 年）、北京大学百周年纪念讲堂（2000 年）、天津大学冯骥才文学艺术研究院（2001 年）。尽管我们现在称之为 20 世纪建筑遗产，但实际上我们已经有了一个关于 20 世纪与当代遗产的概念，主要目的是鼓励当代建筑师，让他们更加关注建筑的文化内涵。不少专家认为一个项目能成为遗产，不在于它有多老而在

图 3-3　广东茂名露天矿生态公园与“六百户”民居及建筑群
（来源：金磊讲座 PPT）

于它有价值。同样，有些设施可能看起来年轻，但仍可以预见它未来将变得非常辉煌。国际古迹遗址理事会副主席郭旃先生认为，当代遗产价值，无论是建筑遗产还是城市遗产，并非古老才好，只要有创新意义的过去皆可有历史价值。

第五个特点是利用中国20世纪建筑遗产进行传播宣传的特点。此特点体现了自下而上的主动性，表现了各个入选单位、设计与建设机构的荣誉感与积极性，这本身就是中国建筑文化自信自强的彰显。如天津大学冯骥才文学艺术研究院的冯骥才院长，他表示既然冯骥才文学艺术研究院被选为20世纪建筑遗产，那么他将充分利用冯骥才文学艺术研究院的声誉，为20世纪建筑遗产做好宣传工作。

（三）20世纪建筑遗产的关联性

遗产保护与防灾减灾有着密切的关系，联合国很多议程都强调使用智能技术和高新技术，认真对待古建筑和各类建筑的防灾减灾问题。实际上，我们不应该抛弃传统文化，就像许多建筑师现在都强调节能、绿色和生态观念，但不能仅依赖高新技术一样。设计本身如果存在本质上的不合理，即便采用各种现代技术进行节能，实际上也是一种“犯罪”。因此，强调采用低技术的节能方法，就需要充分利用低技术，而后再进行设计。换句话说，低技术是否包含防灾减灾知识，对此人们并不是十分清楚。联合国教科文组织在很早以前就强调了减灾传统知识的定义，即几个世纪以来，当地在抵御和承受自然灾害和灾难中应对的机制与做法。有时这些传统做法比高技术更为有效。例如，习俗、谚语、信仰等都是传统知识链的组成部分，在防灾中起着特别重要的作用。

20世纪建筑遗产包含一些有典有册的“活化”档案。2023年1月，国家档案局公布了第五批中国档案文献遗产名录，其中“中华苏维埃共和国宪法大纲”等55件（组）档案入选，其中涉及20世纪建筑遗产的内容至少有14件。例如，第九项包括中国第一座水电站石龙坝水电站的档案设计图纸，第十三项包括武汉长江大桥建设档案，还有民国时期西北铁路勘察设计档案。

（四）直辖市视角下的 20 世纪建筑遗产

1. 北京

在 20 世纪建筑遗产评选中，截止到 2023 年 2 月，北京共有 129 项入选，在全国城市中名列第一，成为中国 20 世纪建筑遗产的主要代表。全国范围内共有 697 项 20 世纪建筑遗产，北京在其中占比近 20%，数量之多可见一斑。需要强调的是，这些评选不是由地方自下而上申报，而是依据九项评选标准，由全国 110 位专家组成的评审委员会进行评定的。

第三批和第四批的 20 世纪建筑遗产中，还有许多来自北京的大学，包括清华大学和北京大学。它们是一些具有特殊意义的项目，是城市文脉的寄托。其中包括中国传统园林的遗址、近代大学的遗迹以及 1949 年以来的校园建设成就。这些建筑遗产形成了 20 世纪建筑遗产的完整脉络和链条。例如，北京大学百周年纪念讲堂，它于 2000 年建成，依托北京大学得天独厚的人文环境，传承其前身 50 年代大饭厅和 80 年代大讲堂的厚重历史底蕴，被认为是北京大学百年历史的收官之作。

2. 上海

上海是一个近代建筑遗产非常丰富的城市，具有深厚的近代城市文化底蕴。在 20 世纪的建设中，上海经历了一个特别的建设时期。1927 年上海开始着手制订城市发展规划，正式启动“大上海计划”。20 世纪 40 年代上海结束百年租界历史之后，历经 4 年筹备又制定了“大上海都市计划”，它是中国大城市编制的第一部现代城市总体规划。董大酉是“大上海计划”中的一个重要人物，他于 1929 年至 1938 年担任中国建筑师学会会长。从 1931 年到 1936 年，董大酉主持“大上海计划”中几座市政建筑的设计，主要包括旧上海市政府大楼（现上海体育学院办公楼）、体育场（现江湾体育场）、市图书馆（现杨浦图书馆）、市博物馆（现长海医院影像楼）等。在前七批的评选中，上海共有 35 个项目入选，其中比较著名的除了外滩整体建筑遗产群，还包括中国共产党第一次全国代表大会纪念馆（简称中共一大纪念馆）。同济大学四平路校区的文远楼（建成于 1954 年）也是其中很典型的一个项目，这幢建筑从平面布局到立面处理，从空间组织到结构形式都成功地运用了现代建筑的观念和手法，是我国最早的典型的包豪斯风格的建筑。

3. 天津

天津的近代建筑在 20 世纪 20 到 30 年代的时候与上海相当，甚至有所超越。在 30 年代以后，天津相较于北京也有过之而无不及。在相当长的一段时间里，天津曾是河北省的省会，包括中华人民共和国成立后的一段时间也是河北省的省会。对于天津的评价，特别是在西方古典主义建筑方面，是非常高的。天津有一条街道——解放北路，它邻近海河，西北起解放桥，南至徐州道，在中国近代历史上，这里曾是外国银行集中地，有“东方华尔街”之称，因而这里集中建造了古典主义建筑。除历史建筑外，天津还有许多具有民族风格的建筑，例如人民体育馆（建于 1954 年）、天津市第一工人文化宫（建于 1950 年）等，都是出色的项目。此外，天津也有现代建筑，其中包括 20 世纪 80 年代建成的天津友谊宾馆，与北京建于 20 世纪 50 年代的友谊宾馆相对应。天津的友谊宾馆见证了天津改革开放的初期，如今它虽然只是一家三星级宾馆，但仍然充满了历史韵味。

4. 重庆

重庆原隶属四川，1997 年成为直辖市。关于重庆的 20 世纪建筑遗产，这里挑选几个项目进行介绍。一个是重庆大学理学院和工学院教学楼。重庆大学理学院建于 1930 年至 1933 年，由沈樊德设计，是民国时期中国建筑师探索中式建筑风格的典型例证。工学院则是仿西方古典建筑风格的建筑。另一个项目是中国西部科学院旧址，位于重庆市北碚区文星湾，现为重庆自然博物馆北碚陈列馆，这里至今仍然保持着精美的风貌。还有一个就是抗战胜利纪功碑暨人民解放纪念碑，简称“解放碑”，是抗战胜利的精神象征。该纪念碑于 1947 年 8 月落成，目前基本保留了原貌（参见图 3-4）。除此之外，还有重庆市人民大礼堂，建于 1955 年。这座建筑在设计上由张家德负责，其建筑中轴线对称，有柱廊式的双翼，整个建筑群设在巨大的台基之上，运用民族建筑元素体现宏大、庄重之美。

图 3-4 抗战胜利纪功碑暨人民解放纪念碑
（来源：金磊讲座 PPT）

（五）传播出版视角下的 20 世纪建筑遗产

2022 年是《世界遗产公约》发布 50 周年，在《世界遗产名录》日益成为全球最杰出文化和自然遗产可信性名录的当下，有三处世界遗产从“名录”中被除名，阿曼的“阿拉伯大羚羊保护区”被除名的原因是，这一保护区面积缩减了 90%，已名存实亡。2009 年德国的“德累斯顿易北河谷”和 2021 年英国“利物浦海上商城”也被除名，这是因为它们在遗产范围内城市建设项目对遗产突出的普遍价值造成损害。

为了世界遗产“下一个 50 年”，加强传播与清晰引导很有必要，一方面要注重面向公众与业界传播的公共性、实践性，另一方面要坚守真实和完整性原则。据此，在中国文物学会、中国建筑学会的指导下，我们历时五年推出的“中国 20 世纪建筑遗产项目 · 文化系列传播计划”已经呈现了部分成效，在一定意义上体现了我们此举的“动意”。在传播计划中，我们推出了四个小册子，这些小册子记载的是我们在过去工作中与建筑学会和文物学会合作推出的四个项目。

第一个是关于茶的故事。虽然茶的故事可能被认为无足轻重，但如果您有机会去九华山，就会发现，在池州市有一家工厂，生产一种知名的“祁红茶”。我们计划在世界博览园中为这种茶设立“世界三大高香茶”展区，并发起国际大学生设计竞赛，让其生产厂房展现出美丽的风采。

第二个是新疆人民剧院。这座剧院由刘禾田和金祖怡夫妇共同设计。他们为这个项目的成功做出了巨大的贡献，使乌鲁木齐拥有了一座20世纪的建筑遗产。新疆人民剧院于1956年12月建成完工，是一座具有地标性质、欧亚建筑风格和民族特色的建筑。

第三个是深圳国际贸易中心大厦。深圳之所以能够申遗，是因为这个城市是国家确立的先行先试改革开放之城。选择于1985年兴建落成的深圳国贸大厦进行申遗，不仅因为它是深圳特区早期建设的一座标志性建筑，于2018年入选第三批“中国20世纪建筑遗产”项目，而且在于这个地标书写了“三天一层楼”的奇迹，拥有与深圳改革开放一同走来的“建筑史”与“场所精神”。

第四个是岳阳湖滨大学（岳阳湖滨学堂）。可能很多人并不知道岳阳有一所湖滨大学，因为大家到岳阳往往是为了参观岳阳楼。这个湖滨大学的设计者是美国传教士海维礼博士，他并非建筑专业出身，而是法学专业出身。他在湖南的设计得到了中国匠师的帮助，他认为洞庭湖畔是个理想的地方，于是用自己的方式设计了这所大学。湖滨大学在建成后成为全国文物保护单位，并被列为中国20世纪建筑遗产。其11座主体建筑保留得相当完整，成为一处完整的20世纪高校建筑遗产。

三、20世纪建筑遗产之人物说

人物，对建筑领域的重要性不言而喻。了解建筑背后的建筑师是为了更好地理解和记忆建筑本身。在我们热爱的城市里，面对那些可爱的建筑，为何要忽略建筑师的存在呢？我是北京市规划和自然资源委员会的网站“北京印记”建筑栏目的负责人，在审查文章时，我有时发现一些建筑项目竟未提及建筑师。我认为我们应该养成学习和尊重建筑师的文化习惯，而非简单地说事不说人、说物不说人。

在这里我要提到一个概念，即中国四代建筑师。这一概念首次出现在 2002 年杨永生先生编写的《中国四代建筑师》一书中（参见表 3-1）。针对四代建筑师，我将选取一些建筑师进行简要的介绍。

表 3-1 20 世纪中国四代建筑师简表

代际	定义	特点及成就	代表人物
第一代	清末至辛亥革命年间出生，其中多数有留学背景且于 20 世纪 20 年代或 30 年代初登建筑舞台	他们在传播固有文化的氛围下，探索中国建筑现代化道路，设计过有传统风貌的中国现代建筑，做过前无古人的中国古代建筑文献及理论诠释，是有爱国精神的品学兼优人士	朱启钤、华南圭、贝寿同、沈理源、关颂声、刘福泰、朱彬、杨锡镠、单士元、吕彦直、梁思成、杨廷宝、林徽因、刘敦桢、童寯等
第二代	20 世纪 10 年代至 20 年代出生且于 1949 年前毕业	处于建筑创作的摇摆期且与世隔绝，投入设计的空间与时间太少，遇到来迟了的“春天”，沿着第一代建筑师开辟的道路，有创作奇迹与经典作品，最典型的当数北京“十大建筑”	汪坦、张镈、张开济、华揽洪、林乐义、戴念慈、吴良镛、徐中、张玉泉、赵冬日、汪国瑜、严星华、龚德顺、白德懋、罗哲文、傅义通、刘开济、曾坚、周治良、宋融等
第三代	20 世纪 30 年代至 40 年代出生且于 1949 年后毕业	由于早期时代关系，他们未能尽情发挥创作欲望，但改革开放后，他们设计精品，超越前人，是有历史责任的一代	关肇邺、傅熹年、熊明、陈世民、李道增、布正伟、梅季魁、何玉如、李宗泽、王世仁、费麟、黄星元、刘力、马国馨、柴裴义等
第四代	出生于 1949 年后，1978 年后上大学	在良好的大环境中成长，虽经历了设计风格的变迁，但总体看第四代建筑师的文化底蕴比第一、二、三代稍差，开一代新风之作亦不多，这缘于政策及创作环境，缘于机遇	张永和、崔愷、梅洪元、庄惟敏、吴耀东、李兴钢等

来源：金磊讲座 PPT。

注：依据杨永生编《中国四代建筑师》编辑整理，增加了原书未曾编入的必要人物。

（一）朱启钤

我国近代著名实业家、古建筑学家朱启钤（1872—1964 年）是一位备受大家尊重的人物，他于 1930 年成立了中国营造学社。

朱启钤对北京城市建设有着深远的影响。他参与创建了北京第一个对公众开放的公园，即现在的中山公园。当时，紫禁城的开放对老百姓来说是一个破天荒的事件。此外，他还开办了中国第一个以皇家藏品为主的博物馆——设于紫禁城外朝部分的古物陈列所。他还主持制定了我国最早的古建保护法的《胜迹保管规条》，拆除了千步廊，主持京师前三门（正阳门、崇文门、宣武门）城垣改造工程。这些事迹表明，他在中国文化遗产保护和城市规划方面发挥了极大的作用。

但是，朱启钤因为处理北京古城的问题被人戏称第一个破坏者。从某种意义上说，这种说法并非完全错误，我们可以认为朱启钤是第一个真正以文化观念进行城市更新的人。他的工作是以城市文化更新为目标，而非简单地破坏城市。此外，为防止日本炸毁古城中轴线的建筑，他还领导学生们进行了中轴线建筑的测绘。总之，他的贡献非常多，在此不一一列举。

（二）华南圭

华南圭（1877—1961 年）[1] 是中国最早的城建、规划、交通等工程技术领域的先驱之一。中华人民共和国成立初期，曾担任北京都市计划委员会总工程师。他与朱启钤有密切关系，实际上扮演了朱启钤的建筑师角色，如中山公园的设计就归功于华南圭。在北京城市建设方面，华南圭的成就包括梳理了北京近郊的水道、公路及古迹，提出了北京城内景山前街东西通道的提案、为北京长安街命名、开辟景山公园、提出建设北京西郊新城市的华氏提案等。他也具体设计建造了一些建筑项目，如 1915 年设计的中山公园唐花坞、无量大人胡同自宅等。他的孙女华新民汇编的《华南圭选集：一位土木工程师跨越百年的热忱》展现了华南圭先生的成就。

（三）吕彦直

吕彦直（1894—1929 年）是我国 20 世纪著名建筑师，被称作中国“近现代建筑的奠基人”。1925 年获南京中山陵设计竞赛首奖，1926 年他设计的广州中山纪念堂及纪念碑再度夺魁，从而使他成为用现代钢筋混凝土结构建造中国民族形式建筑的第一人。他设计、监造的南京中山陵和由他主持设计的广州中山纪念堂，可谓是融合了东、西方建筑文化精髓，开中国近代建筑理念之先河，是中国近代极具代表性的大型建筑组群。其中，南京中山陵的设计既保持了传统，也做了一系列大胆

---

1 出生年另一说是 1876 年。

的突破。他结合山坡地形沿着中轴线巧妙地布置各个单体建筑，如牌坊、陵门、碑亭、祭堂、墓室，并用大片绿地和宽大的石台阶将这些体量并不算大的建筑组合成一组极为庄严肃穆的建筑群。吕彦直还参加了南京金陵女子大学和北京燕京大学的校园规划与建筑设计，到 1925 年投标中山陵时，他已经有了七年设计实践经验。

（四）刘敦桢

刘敦桢（1897—1968 年）是建筑史学家、建筑教育家，中国建筑史学的开拓者，中国古建筑研究领域的先驱者。1913 年赴日留学，先后就学于东京正则学校及东京高等工业学校。1923 年回国后，刘敦桢开始在国内从事建筑教育工作。他先后在湖南大学土木系和苏州工业专业学校（即苏州工学院）等地方教授建筑学。后来，他前往北平就任中国营造学社研究员与文献部主任。抗日战争期间，他曾率学社人员对云南、贵州、四川、西康[1]诸省古建筑做系统调查。1952 年任南京工学院（今东南大学）建筑系教授、系主任。

刘敦桢在 1949 年后的主要成就是关于中国住宅的著述和研究。1956 年他出版了专著《中国住宅概说》，在国内学术界掀起了对这一领域研究的热潮。后来，他又开展了中国古典园林的研究。1960 年至 1966 年，他对南京瞻园的改建，是他最成功也是最后的建筑作品，也是他对园林研究的具体实践。

（五）童寯

童寯（1900—1983 年）是著名建筑学家、建筑教育家，中国第一代杰出建筑师。他在教学研究之余，参加设计的工程超百项，尤其是在建筑园林理论上贡献卓著，至今还在影响海内外建筑界。他著名的著作之一是《江南园林志》，是研究中国传统园林艺术的经典著作。

童寯 1925 年由清华大学赴美国宾夕法尼亚大学读建筑学，与梁思成是同学。他设计的作品主要集中在 1931 年至 1944 年间。在他的创作高峰时期，作品有南京国民政府外交部大楼、南京首都饭店、上海大上海戏院等。20 世纪 30 年代初由陈植、

1　西康省是民国时期及中华人民共和国成立早期的一个省，所辖地主要为现在的川西及西藏东部。1955 年撤销西康省建制。

赵深、童寯“三巨头”成立的“华盖建筑事务所”与天津的“基泰工程司”是并列称雄南北的两大设计机构，更是在上海、南京一带可与外国人抗衡的设计团队。

（六）梁思成

梁思成（1901—1972 年）是我国著名的建筑学家和建筑教育家，他毕生从事中国古代建筑的研究，系统地调查、整理、研究了中国古代建筑的历史和理论，是这一学科的开拓者和奠基者。他曾参加人民英雄纪念碑等项目的设计，努力探索中国建筑的创作道路，还提出中国文物建筑保护的理论和方法。1928 年，梁思成学成回国后应东北大学之邀去沈阳创办了建筑系，任系主任和教授。1931 年，梁思成加入了中国营造学社，担任法式部主任，从此投身到对中国古代建筑的研究。从 1932 年到 1940 年，梁思成踏遍了中国 200 多个县，调查古建筑 2700 余处，创作出《中国建筑史》这样的皇皇巨作。1946 年梁思成创办清华大学建筑系并任系主任直到逝世。1947 年，他被中国政府派往美国担任联合国大厦设计顾问团的中国顾问。

（七）杨廷宝

杨廷宝（1901—1982 年）是 20 世纪中国建筑师的杰出代表，他在建筑设计方面的成就可称“第一人”。他的设计作品逾百件，反映了中国近现代建筑自初创到成熟发展的总体面貌。他的早期作品，如京奉铁路辽宁总站、东北大学与清华大学校园建筑等，均显示出其扎实的古典建筑功底。20 世纪 30 年代，杨廷宝主持设计的南京“中央体育场”“中央医院”“中央研究院总办事处”“金陵大学图书馆”等，建筑体形和谐、比例尺度优美；抗战时期，他在后方从事工业设施、民用建筑的设计工作；1949 年后，他主持、指导了一大批具有时代影响的设计项目，如北京和平宾馆、徐州淮海战役革命烈士纪念塔、南京民航候机楼等。

（八）张镈

张镈（1911—1999 年）先后跟随梁思成和杨廷宝两位建筑大师学习，他是中国近现代建筑史上不得不提的人物，尤其在北京的城市建设事业上，他主持设计了人民大会堂、北京饭店、民族饭店、友谊饭店、民族文化宫等重要建筑。

忆及张镈先生对北京城市建筑的贡献，不仅有如上已载入史册的20世纪建筑遗产项目，还有鲜为人知的贡献。20世纪90年代初，张镈将两盒共计300余张印有北京中轴线测绘图的玻璃底板交给我保留，这促使我不得不了解这些玻璃底板背后的故事。北京从南到北（从永定门到钟鼓楼）的7.8千米中轴线，是北京的象征，它被誉为“都市计划的无比杰作”，更有“世界城市建设史上的奇迹”之称，重要的是围绕中轴线的保护确有一段被历史尘封了近80载的往事。这便是由梁思成的导师、建筑史学家朱启钤组织策划，张镈先生实施的第二次世界大战期间北京建筑界保护中轴线遗产的壮举。张镈曾专门记叙过他率领天津工商学院（天津大学前身）建筑系师生测绘中轴线建筑的历程。此项工作自1941年6月开始至1944年秋结束，此举开中国建筑实测之先河。这次实测是故宫自明朝建成后500多年来最大规模的一次工程测绘，这也是中国古建史上的“大事件”。

（九）张开济

张开济（1912—2006年）比张镈小一岁，是中国著名建筑师、建筑教育家，其多个项目入选20世纪建筑遗产。其中最值得注意的是他参与设计的两个项目：人民大会堂和中国革命博物馆与历史博物馆（即现今的国家博物馆）。这两个项目分别位于天安门城楼的西侧和东侧。张开济还参与设计了天安门城楼，特别是其中的观礼台。观礼台最初容纳2.1万人，但为了能够让更多工人和农民参与观礼，他进行了巧妙设计，使整个结构看起来融为一体，不像是后来添加的东西。这项创新设计令人佩服，也为第一批20世纪建筑遗产的评选做出了贡献。此外，张开济为文化遗产保护提出了一系列原则，为中国的文物保护和国际文化遗产保护做出了贡献。

（十）戴念慈

戴念慈（1920—1991年）是一位令人敬佩的建筑师，曾任中央建筑工程设计院主任工程师和总建筑师、城乡建设环境保护部副部长、中国建筑学会理事长等职。他负责设计的中国美术馆、北京饭店西楼、斯里兰卡国际会议大厦、山东曲阜阙里宾舍等多项重要工程，都达到了很高水平。在中华人民共和国成立之前，他提出了新中国建筑的发展方向。其中一篇重要论文是《新中国建筑应向何处去》。在这篇文章中，他强调梁思成先生在解放战争时期为保护北京重要建筑做出了突出贡献，并对新中国建设的方向提出了自己的看法。1955 年戴念慈承担了中共中央党校的设计任务，这一工程占地 1000 亩（约 66.67 公顷），总建筑面积达 14 万平方米，是戴念慈主持设计的大规模工程之一。他设计中央党校图书馆时，模仿了延安窑洞的风格；此外在中央党校的其他建筑设计中，还用建筑表达了对马克思主义思想的深刻理解。

四、结语

事件成为历史，而历史则转变成了文化，成为一系列内容的载体。对于文化遗产，中国社会科学院考古研究前辈杨鸿勋先生表达过这样的看法，城市的保护犹如每个人特有的指纹、唇纹、眼睑、声音、气味等，随着年龄的增长有不同的变化，但其生命印记是永远不变的。城市和建筑亦是如此，对于建筑师及其思想而言，持续的学习将带来不断的领悟。

总之，本讲通过世界各地的建筑作品和人物，对百年建筑进行了深入的分析，并与大家分享见解。实际上，这些内容对高校建筑史教育、建筑师和建筑遗产的挖掘都具有重要意义。从 20 世纪与当代遗产观入手，更可提升城市更新的“亮点”，其中有弥足珍贵的口述史料、档案史料、实物资料，同时也离不开影像载体栩栩如生的影像之力，它们必然成为城市建筑师先贤记忆的一座座“纪念碑”。

（林青整理，秦红岭审校）

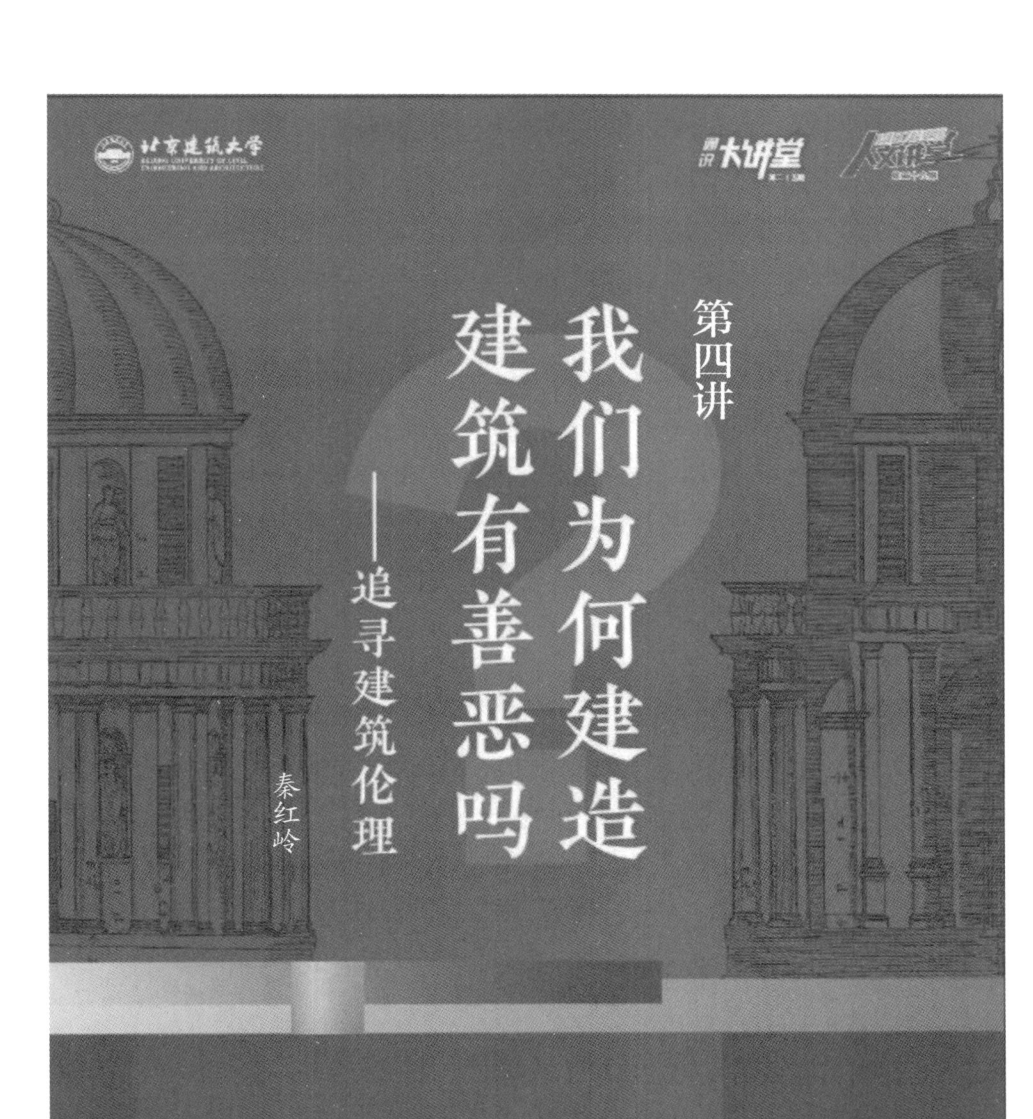
北京建筑大学
大讲堂
人文讲堂
第四讲
我们为何建造
建筑有善恶吗
——追寻建筑伦理
秦红岭

主讲人简介

秦红岭，北京建筑大学人文与社会科学学院院长，教授。主要从事建筑伦理、城市文化和文化遗产保护研究，著有《建筑伦理学》《城市规划：一种伦理学批判》《城迹：北京建筑遗产保护新视角》等八部作品，主编《建筑伦理与城市文化》等论丛七部，发表学术论文百余篇，获北京市第十届哲学社会科学优秀成果二等奖。

主讲概要

建筑伦理是建筑学和伦理学交叉的一个崭新领域，充满独特的跨界魅力。作为普通人，我们首先从实用性角度关注建筑。因而建筑之于人的意义，不外是最基本的实用功能即遮风避雨，解决人类生活基本需求中“住”的问题。然而，“我们为何建造”？绝不仅仅是因为建筑的实用功能，建筑之于人类，还有多重精神功能，包括伦理功能。如同日常生活中人们往往会对建筑的美与丑做出自己的判断一样，人们也常常会用好与坏、善与恶这样的字眼评价周遭的建筑，以此对建筑做出或赞扬或批评或欣赏或嫌恶的价值评价。将价值评价、道德评价介入建筑，引发人们思考的一个基本问题便是：究竟是什么构成了一座好的建筑？建筑有善恶之分吗？

一、我们为何建造？建筑的伦理功能

一个人从他诞生那天起直至生命结束，绝大部分时间都在建筑空间中度过，没有人不生活在建筑之中。城市意象也有一个永恒的话题，即建筑。你只要想到世界上的著名城市，首先跃入你脑海的可能就是其标志性建筑。比如，提到北京，许多人首先想到的是长城、故宫、天坛、天安门；提到巴黎，人们首先想到的是埃菲尔铁塔、巴黎圣母院……

我们为何建造？作为普通人，我们首先从实用性角度关注建筑。因而建筑之于人的意义，不外是最基本的实用功能即遮风避雨，解决人类生活基本需求中“住”的问题。然而，建筑的功能绝不仅仅是为我们提供抵抗风雨的遮蔽物，建筑之于人类，还有多重精神功能，包括伦理功能。例如，位于英国南部的索尔兹伯里平原的“巨石阵”（参见图 4-1），它是著名的史前时代人类文化遗址。巨石阵由许多整块的岩石组成，这些石柱排列成圆形。“巨石阵”并不能遮风避雨，那么它是建筑吗？人类为何要建造它？

建筑绝不是简简单单地盖房子。这座丰碑式的庞大拼合体建筑，过去可能是宗教仪式中心，用以表达对孕育生命的自然力量的敬畏；还有一些研究者认为它可能是观测天象的天文台。且不论许多年前古人是如何建造巨石阵的，但人类建造它绝非偶然，正是有了像它这样的圣地，社会稳定才有了坚实保障。

图 4-1　英国索尔兹伯里巨石阵（Stonehenge, Salisbury Plain, England）
（来源：Phil Evenden 授权提供，https://www.pexels.com/zh-cn/photo/19031098/）

巨石阵虽不能遮风避雨，但是有着震撼人心与令人膜拜的精神力量。美国建筑评论家保罗·戈德伯格（Paul Goldberger）说：“当建筑不再仅仅为我们遮风挡雨，当建筑开始阐释世界的某些内涵时——当建筑开始具有艺术特质时，它便开始变得重要了。”[1]

讨论建筑与伦理的关系，首先涉及我们对“建筑”的理解，如若不把建筑的内涵说清楚，就有可能产生歧义。因此，在开始讲之前，须简要辨析这几个概念：建筑、伦理和建筑伦理。

首先，什么是建筑？建筑可以理解为人们用石材、木材、钢材、玻璃等各种建筑材料搭建的具有各种使用功能的空间物体。关于“建筑”的概念，大多数人容易产生的一种认识便是建筑不过是人类盖的房子。其实，建筑的含义远远比房子丰富。在汉语中，“建筑”这个词有多种含义，如“房屋”“营造”“建筑艺术”等。戴念慈、齐康指出：中国古代把建造房屋以及从事其他土木工程活动统称为“营建”“营造”。[2]例如，我国古代一本有关建筑的书叫《营造法式》，它的作者是北宋著名建筑学家李诫。这本书是一部北宋官方颁布的建筑设计和施工方面的规范书，是我国古代较完整的建筑技术书。我们知道，中国古代的建筑技术主要靠师徒口传心授，能够传世的古建筑著作可谓凤毛麟角，《营造法式》是极为重要的一本。这本书一度失传，直到民国初年，才被发现。据说，当年在宾夕法尼亚大学读书时，梁思成收到父亲梁启超寄来的《营造法式》，却没法读懂。后来梁思成立志要研究、破译这部读不懂的“天书”。梁思成学成回国之后加入中国营造学社（这是中国第一个研究中国古建筑的学术机构），最终破译了这部“天书”。

在英语中，“建筑”的含义同样丰富。牛津在线英语词典（Oxford English Dictionary Online）分六个方面对 Architecture 进行了解释，其中前三个方面分别指：有关建构任何为人类所使用的建筑物的艺术或科学；建造的行为和过程；具体的建筑工作，结构与建筑物。后三个方面则是 Architecture 在语言学上的一些转换、引申或比喻性用法。由这一界定可知：建筑既是一种艺术，又是一种科学；既是一种静止状态的建筑物，又是一种建造的行为过程。

西方从 18 世纪开始，往往以审美价值区分建筑与房屋，强调美的建筑物才是

1 [美] 保罗·戈德伯格：《建筑无可替代》，百舜译，济南：山东画报出版社，2012 年，第 3 页。
2《中国大百科全书 建筑·园林·城市规划》，北京：中国大百科全书出版社，1988 年，第 1 页。

建筑。19世纪英国艺术评论家约翰•罗斯金（John Ruskin）在《建筑的七盏明灯》（*The Seven Lamps of Architecture*，1849）里，开宗明义地指出："请让我们立刻把建筑定义为一种艺术，这种艺术利用并且保留建造之物必不可少的部分和一般用途作为其运作的条件，在此基础上增加一些庄严或美丽的特征，而这些特征并非必不可少的。"[1]在罗斯金看来，仅有实用功能的建筑是"建筑物"而非他心目中的"建筑"，只有通过装饰等手段，赋予建筑物以超越实用功能之上的艺术价值和精神意义时，建筑物才能升华为建筑，体现建筑的高贵本质。

无论中西，"建筑"都是一个多义词，既可以是一个动词，表示人类的建筑过程、建筑行为或建造活动；也可以是一个名词，表示建筑物和建筑艺术。作为建筑伦理之"建筑"，主要指作为一种文化或一种艺术形式的建筑，具有一定的精神功能，使人产生情感上的反应，是渲染某种诗意和价值倾向性的建筑。

其次，什么是伦理？从词源学上看，古代汉语中"伦理"是一个联合词组，是原本分开使用的"伦"与"理"的结合。"伦"的本义是辈、次序之义，引申为人与人之间的辈分次第关系；"理"按《说文解字》解释本义是治玉，引申为条理、道理之义。"伦"与"理"二字合用形成"伦理"，指处理人伦关系时应遵循的道理和准则。

在西方，"伦理"的概念最初由亚里士多德改造古希腊语中的"习惯"（ethos）一词所创立，后被用来专指一个民族特有的生活惯例，如风尚、习俗，引申出性格、品质、德性等义。这里尤其要注意"伦理"一词在古希腊语中的原始含义，即ethos的原始含义。希腊文ethos最初的意义，并不是指现代世界所理解的道德意义上的"伦理"，而是意味着人的"居留、居住之所"。正是在这个意义上，"伦理"与"建筑"达到了某种奇妙的统一，共同成为人之为人的根本。人之为人不可以没有伦理，一如人之现实生活不可以没有安身立命之地，反过来就是说，如果人没有了伦理（如同人没有了令人安居的建筑），人就成为无家可归的野兽。

1 [英]约翰•罗斯金：《建筑的七盏明灯》，张璘译，济南：山东画报出版社，2006年版，第2页。

正因为“伦理”概念所表达的含义较丰富，美国耶鲁大学哲学系教授卡斯腾·哈里斯（Karsten Harries）在其著作《建筑的伦理功能》中，专门指出他所说的“伦理的”（ethical）一词的特殊含义：“难道建筑不会继续帮助我们在这一个越来越令人迷惑的世界中找到位置和方向吗？在这种意义上我将谈到建筑的伦理功能，‘伦理的’（ethical）衍生自‘精神气质’（ethos）。就某个人的精神气质而言，我们意指他（她）的性格、性情或者气质。类似地，我们谈及某种社会的精神气质时，指的是统辖其自身活动的精神。对建筑的伦理功能，我指的是它帮助形成某种共同精神气质的任务。”[1] 可见，卡斯腾·哈里斯所说的“建筑的伦理功能”中的“伦理”，主要不是指作为一种行为准则的伦理，而是指不同地域、不同时代的建筑所蕴含的某种共同的精神气质或精神风貌，同时，这种精神气质是对一个时代而言可取的生活方式的诠释。

最后，什么是建筑伦理？建筑伦理是建筑学和伦理学交叉研究的一个崭新课题。建筑伦理的兴起，一方面导源于系统揭示建筑与伦理之间内在关联的理论需要，另一方面更是由现代建筑理论发展与建筑实践中涌现的大量值得人们反思的伦理问题推动的。可以说，建筑伦理的体系建构与实践研究是根植于中西方建筑历史文化传统，由时代提出的、不可回避的重要课题。

建筑伦理是指对建筑本身内蕴的价值追求、精神特质和伦理属性以及建筑与伦理内在联系的伦理分析，并从一定伦理观点、伦理原理出发对建筑文化、建筑设计、工程活动及从业人员的职业伦理进行研究的交叉学科。

（一）栖居的力量：建筑作为“存在之家”

出生于爱沙尼亚的美国现代建筑大师路易斯·康（Louis Isadore Kahn）关于“为什么有建筑”有一段意味深长的对话：

> 学生：为什么有建筑？
>
> 康：我认为，若要给建筑下定义，那就毁了它。以希伯来的方法来挑战你的逻辑问题。我问你一个问题，也许你可以回答。我会说假若你提出的问题是

1 [美] 卡斯腾·哈里斯：《建筑的伦理功能》，申嘉，陈朝晖译，北京：华夏出版社，2001年版，第1页。

“为什么会有万物？”也许答案就在里面。

学生：因为它就是存在。

康：是的，完全正确，因为它就是存在。[1]

实际上，我认为，康与学生的这段简短的对话，高度简练地表达了一个基本观点：建筑即存在，建筑本质上是人性的表达，是人类的一种存在方式。

美国加利福尼亚州拉霍亚的索尔克生物研究所，可以说是路易斯·康一生最重要，也最满意的一个作品。它包括一个中庭平台和两栋对称的六层建筑。该作品最让人印象深刻的地方，就是在它的中心——空无一物的广场，有一条细细的水流流向太平洋。夕阳西下，落日的余晖将水流染成金色，如同生命之流，给人一种生生不息的感觉。

讲到这里，我想到了康关于学校起源的一个著名观点，他说：“学校开始于一个站在树下的人，他不知道他是老师，他和其他人一起讨论他的认识，他们也不知道他们是学生，学生们对他们之间的交流做出反应，这取决于那个人表达得多好。他们希望他们的儿子也能听这样的人讲话，很快这个需要的空间就建立起来了，形成了第一所学校，学校的建立是不可避免的，因为它是人类需求的一部分。”[2] 在康看来，学校并不体现在其建筑空间走廊有多宽、教室面积有多大等具体的物质性指标，而是体现在人们以什么空间方式聚集在一起，交流和学习。建筑的起源一如学校的起源，因为这是人类愿望和要求的一部分，不只身体庇护的愿望，也是人类精神交流的愿望。对人类而言，这是必然的，是人类需求的一部分，甚至是存在本身。

古罗马建筑理论家维特鲁威试图从人类对火的观察与反应中，探寻建筑的起源。在对后世影响极为深远，甚至被称为建筑学领域的圣经——《建筑十书》中，他提出，人类原本如野兽般在洞穴与树丛中生活，茹毛饮血，无边的黑暗与风雨交加让人害怕。但是，树枝相互摩擦而起火。当人类偶然学会了生火取暖，感受到火源散

1 [美]约翰·罗贝尔:《静谧与光明: 路易·康的建筑精神》，成寒译，北京: 清华大学出版社，2010 年版，第 62 页。

2 [美]戴维·B. 布朗宁、戴维·G. 德·龙:《路易斯·康: 在建筑的王国中》，马琴译，中国建筑工业出版社，2004 年版，第 137 页。

发出来的光芒与温暖之后，便聚集在一起，环坐在火堆旁，喃喃低语，相互交流，于是便有了语言。正是交流与共同生活，让人类能够超越动物，能够仰望星空，并促使他们想要建房定居。

维特鲁威通过把人类第一座房子的诞生与火的神奇和语言的产生相联系，道出了人类建造的房子和动物的巢穴之间的本质区别。用卡斯腾·哈里斯的话说，那就是——“房子不只是为身体提供庇护，使其免受风雨侵害，而且，还能满足人类的精神需求。不只身体，灵魂也需要一个栖息地。”[1] 人类的身体需要一个抵抗风雨的遮蔽物，人类的精神也需要一个把自己和黑暗隔离开来的栖息地，建筑由此产生。或者可以这样说，人类对庇护所、对作为“存在的立足点”的居所的需要与寻求，正是建筑产生的重要根源。

刚才我提到的建筑师路易斯·康曾用速写的形式，勾勒了他对建筑起源问题的思考。在这幅速写图（参见图 4-2）中，他有一段话：“Architecture comes from The Making of a Room.”，意思是“建筑是从建造房间开始的。”

图 4-2 路易斯 · 康对“房间”（room）探源的速写
（来源：[日] 香山寿夫：《建筑意匠十二讲》，宁晶译，北京：中国建筑工业出版社，2006 年版，第 29 页）

在他绘制的这个有着圆天井及柱子的围合空间草图中，有两个人面向炉火而坐，在他们的座位旁边是能够连接内外世界的窗户，太阳光可以照射进来。这个房间的空间意象，首先让我感受到的是住宅的温暖与安全。周边的文字表达他对房间意义的看法，如“房间是心灵的港湾。”“在小房间里，人们不会说出在大房间里会说的话。”“没有自然光的房间就不是一个房间。”

1 [美] 卡斯腾·哈里斯：《建筑的伦理功能》，申嘉，陈朝晖译，北京：华夏出版社，2001 年版，第 136 页。

住宅之于人类的重要性，如同母亲之于孩子的重要性。人类的住所或家宅，从它最初产生之时，无论多么简陋，都闪耀着母性的光辉。若没有令人感到安定的住宅，人就如同无家可归的野兽一般，感受不到一种安全而宁静的庇护感。法国建筑理论家马克 - 安托万・洛吉耶（Marc-Antoine Laugier）曾绘制过一张意象图“建筑的起源——原始小茅屋”，原始小茅屋虽然简陋，但它对我们来说具有重要象征意义，因为它是建筑、幸福和居住的象征。在 1753 年出版的《论建筑》一书中，他将结构的纯粹与必要作为判断好建筑与坏建筑的基本准则。他对这些建筑一般价值原则的强调，建立在他所描绘的原始小茅屋意象的基础之上。例如，这个原始茅屋简化到只有最必不可少的三种建筑元素：柱、楣部和三角顶（山花）。洛吉耶认为，只有返回最基本的建造逻辑，建筑之美才得以实现，即只有必要的构件才是美的，越纯粹，越高贵，越能打动人。

探讨作为一种基本存在方式的建筑之意义，不得不提及德国著名哲学家海德格尔。1950 年至 1951 年他在德国做了三次有关建筑与栖居的演讲，特别强调定居与家园之于建筑起源的意义，强调真正的建筑为安居赋形。这里我们没有时间详细讨论海德格尔的建筑现象学，大家了解一些重要观点即可。海德格尔认为，可将真正的建筑比拟于诗的语言，因为诗的实质在于使人类的存在具有意义。建筑如同诗一样为人提供了一个“存在的立足点”，从而让人安居。

海德格尔特别欣赏德国诗人荷尔德林的诗，认为他的诗表达了“天空”与“大地”之间的意义，使存在具有另一种显现的可能性。他多次引用荷尔德林《在柔媚的湛蓝中》（*In lieblicher Bläue*）中的一句著名诗句：“充满劳绩，但人诗意地栖居在这片大地上。”人的所作所为，包括建造活动，是人自己劳神费力的成果。然而，所有这些并没有触及在这片大地上栖居的本质。人类栖居的本质是“诗意”。这里“诗意”并非我们日常语言中所表达的类似诗情画意这样一种情感或审美状态，从根本上说，它指的是人类寻求生存根基的活动，是对本源之回溯，为的是让人类无绪的杂念还巢，让精神有一个寄居之地。海德格尔认为，正像不能把“存在”仅仅理解为存在着，我们也必须把定居、栖居区别于建房。“定居”表面上是建造具体的房屋，但实质上暗示着我们必须找到自己的家园，解决人的精神如何安顿的问题。建筑只有充满诗意，即充满让人感觉存在、安居、还乡的特质时，它才能成为真正意义上的建筑。

总之，在所有主要的文化形式、艺术形式中，只有建筑能够实实在在给人提供一种在大地上真实的“存在之家”，或者说“存在的立足点”，让人安居下来，使人类孤独无依的心灵有所安顿，这便是建筑最深刻的伦理功能。

（二）礼仪的力量：建筑的社会调控功能

建筑文化，尤其是中西传统建筑文化，本质上是一种礼仪性的存在。一个国家、一个民族甚至一种文明，往往通过不同的建筑礼仪来展现人和宇宙的本质，并借此作为一种特殊的调控机制，调节人与人、人与神的关系，同时对民众的居住方式、生活方式产生影响。

综观整个中西方建筑文化史，大体上可将建筑礼仪分为三种形态：一是世俗的、人伦的礼仪，以民居为代表；二是君主或政治权力的礼仪，以宫殿为代表；三是宗教的礼仪，以神庙和教堂为代表。

中国传统建筑对礼仪的膜拜极为鲜明，传统建筑成为国家礼制系统的重要组成部分。梁思成说：“古之政治尚典章制度，至儒教兴盛，尤重礼仪。故先秦两汉传记所载建筑，率重其名称方位，部署规制，鲜涉殿堂之结构。嗣后建筑之见于史籍者，多见于五行志及礼仪志中。”[1]例如，前面提到的《营造法式》，在中国古代的书籍分类中并不是被归为工程技术类，而是和礼制、法典、律令等一起被归为“政书”一类。这一点也折射出中国古代建筑的礼仪和政治性因素。

首先，从建筑作为一种调节人伦秩序的礼仪功能这一层面看，中国传统建筑表现得极为典型。在中国古代，建筑与人的原初关系实际上基于一种最基本的遮蔽性需求，即用建筑对抗自然环境之恶劣。古代典籍中有关这方面的论述相当多。《周易·系辞下》中曰：“上古穴居而野处，后世圣人易之以宫室，上栋下宇，以待风雨，盖取诸《大壮》。”《墨子·节用中》曰：“古者人之始生，未有宫室之时，因陵丘堀穴而处焉。圣王虑之，以为堀穴，曰：冬可以辟风寒，逮夏，下润湿上熏

---

1 梁思成：《中国建筑史》，北京：生活·读书·新知三联书店，2011 年，第 10 页。

烝，恐伤民之气，于是作为宫室而利。”简言之，建筑，不过是重要的庇护之物，是先民们为了满足基本的安全需要，应对自然环境和气候的防护之物。

但是，史前文化遗址的考古发掘表明，先民们的建筑活动从一开始就被赋予意义，不仅仅具有通过建造房屋满足人类最基本的遮风避雨、抵抗禽兽需求的实用功能。例如，位于西安市灞桥区的半坡遗址，是一处典型的新石器时代仰韶文化母系氏族聚落遗址。半坡人的村落被一条大围沟分成三部分。沟东是制陶区，北面是集体墓地，大围沟围住的是居住区。在居住区，有一处近似方形、面积约 160 平方米的房屋遗址，初具“前堂后室”的内部空间格局，是整个半坡部落的中心，前面是一片中心广场。这座大房子相当于半坡人的公共建筑，既是他们集会议事和举行仪式的场所，也是最受尊重的半坡人首领及老年人的居所。大房子四周遍布着一系列小型房子，这些小型房子所有房间都朝着大房子开门，由此可见建筑已被注入了较浓厚的血缘认同和族群归属的因素，空间的秩序意识也开始显现。

我们可以说，先民们的建筑营造活动从其产生之初便被视为一种表达社会秩序的工具或标识，显示了建筑、住家所承载的某种调整社会关系的礼仪性功能的雏形，《墨子・辞过》曰：“古之民未知为宫室时，就陵阜而居，穴而处，下润湿伤民，故圣王作为宫室。为宫室之法，曰：室高足以辟润湿，边足以圉风寒，上足以待雪霜雨露，宫墙之高，足以别男女之礼。”意思是上古的人民不知道建造宫室时，就靠近山陵居住，住在洞穴里，地下潮湿，伤害人民，所以圣王开始营造宫室。营造宫室的法则是地基的高度足以避潮湿，四边足以御风寒，屋顶足以防备霜雪雨露，宫墙的高度足以分隔内外，使男女有别。这段话清楚地说明，如果说巢穴还仅仅只是满足人类最基本的遮蔽性需求，那么宫室显然不同于原始巢穴，它还有“足以别男女之礼”的伦理性功能。其实，何止宫墙满足了区分内外、别男女之礼的伦理要求，在传统建筑中，民居住宅的院墙与门除围护和避御风寒之外，也具有独特的分割男女空间的礼仪功能。

例如，典型的北京四合院以房舍之外墙在四边构成院墙，仅在东南隅设一院门，二进院落一般在东西厢房之间建一道隔墙，而内墙则作为住宅内院与外院的空间分割手段。四合院的布局设计，按长幼尊卑规定房屋分配，体现古代社会的宗法礼制。具体按“北屋为尊，两厢次之，倒座为宾，杂屋为附”的位置序列建造。一家之主会居于位置最优越、面积最大的正房，晚辈则住在厢房或耳房，当中以东厢房为尊，一般是家中嫡长子的住处。坐南朝北的房子称为倒座，用作客厅或书房。整个家族按照辈分分配居室，严格体现古代封建社会等级观念、长幼有序的道德伦理思想。

其中，四合院的“中门”具有实用功能之外的礼仪属性，它既是内外空间转换的纽结，也是伦理行为变换的场所，是标示家庭伦理的“阴阳之枢纽”。“大门不出，二门不迈”，是中国古代对妇女的礼仪要求。中门一般是指内院、外院或内室、外室之间的门。对于住在四合院的女性而言，“大门不出”意味着轻易不能举步走出院墙，“二门不迈”意味着轻易不能迈出垂花门到外院，女性只要没有正当理由，从内闱跨出中门到围墙外面的世界，都是违礼之举。司马光在《礼记·内则》所规定的男女两性日常生活举止要求的基础上，特别突出了住宅院落里“中门”的规制意义。他在《居家杂仪》中指出：“凡为宫室，必辨内外。深宫固门，内外不共井，不共浴堂，不共厕。男治外事，女治内事。男子昼无故不处私室，妇人无故不窥中门。男子夜行以烛，妇人有故出中门必拥蔽其面。”

其实，中国古代建筑何止“别男女之礼”！在中国古代，它还担负着要“别君臣之礼”礼仪功能，担负着“养德、辨轻重”伦理功能。《荀子·富国》中有这样一段话：“故为之雕琢、刻镂、黼黻文章，使足以辨贵贱而已，不求其观；为之钟鼓、管磬、琴瑟、竽笙，使足以辨吉凶、合欢、定和而已，不求其余；为之宫室、台榭，使足以避燥湿、养德、辨轻重而已，不求其外。”这段话的大意是，给人们在各种器具上雕刻图案、在礼服上绘出各种彩色花纹，使它们能够用来分辨高贵与卑贱就罢了，并不追求美观；给人们设置了钟、鼓、管、磬、琴、瑟、竽、笙等乐器，使它们能够用来区别吉事凶事、用来一起欢庆而造成和谐的气氛就罢了，并不追求其他；给人们建造了宫室、台、榭，使它们能够用来避免日晒雨淋、修养德性、分辨尊卑就罢了，并无另外的追求。可见，在推崇礼制的荀子看来，建筑等物质生活资料除了原本具有的功能——满足人的生理需求之外，还被赋予一种特殊的社会伦理功能，即“培养德性”与“分辨尊卑”。

《黄帝宅经·序》中有一段特别有名的话，虽说立足于风水理论，但充满了浓郁的礼制伦理色彩，道出了古代中国人对建筑伦理功能的独特理解：“夫宅者，乃是阴阳之枢纽，人伦之轨模，非夫博物明贤，无能悟斯道也。”也就是说，住宅不仅应当是天地阴阳聚集交会的物质生活场所，也是体现人伦关系之行为准则的空间模式，它首先要承担起确立人伦关系即“礼”的秩序的责任。

中国传统建筑不仅重视体现人伦礼仪，还极其重视展现君主礼仪。在中国，宫殿建筑是君主权力的物化象征。中国历史上最著名、最宏伟的建筑都是皇宫，如秦朝阿房宫、汉朝未央宫、唐朝大明宫以及明清时期紫禁城。传统宫殿建筑，以恢宏的气势和高度秩序化、礼仪化的群体布局模式，彰显和强化帝王九五至尊的权力形象。

古代各朝代在兴建国家重要建筑如宫殿的时候，首先要做的事情就是集中很多懂得礼仪制度的礼官、史官来研究和考证过去这类建筑应该是什么样的形制。一个新的王朝建立，要规划建设都城和皇宫，首先就要考证历代关于都城和皇宫的制度和做法，并不是随心所欲地建造。

传统礼制在宫殿建筑上首先体现在从春秋战国时期，就正式确定了王宫规划的左祖右社、前朝后寝和“五门三朝”制度。

“左祖右社”是指皇宫的左边是祭祀祖宗的祖庙，右边是祭祀社稷的社稷坛。“社”是指社神——土地之神，“稷”是指稷神——五谷之神。中国古代重孝道重祖先，列祖列宗在上，保佑江山永固，所以叫“左祖”。而土地与粮食是国之根基，所以为“右社”。需要特别说明一下“左右”，是按照皇帝坐在皇宫中（太和殿龙椅）坐北朝南的方位，即他的左右，中国古建筑所说的“左右”都是这样看的。

“前朝后寝”是指皇宫分为前、后两个区域。前面的区域被称为“朝”，是皇帝朝会群臣、处理政务的场所；后面的区域被称为“寝”，是皇室及宫中人员居住生活的场所。用今天的话说就是“前面是工作区，后面是生活区”。北京故宫就是以乾清门为界线，拉出一条长长的隔墙，把整个紫禁城分割成前后两个区，即“前朝”和“后寝”。

“五门三朝”是中国古代都城宫室规划的重要内容，是从周朝起确立的一项宫殿制度。古代宫殿制度规定皇宫前面要有连续五座门，显示皇权威仪。对应到故宫中的“五门”，在明朝为大明门、承天门（天安门）、端门、午门、奉天门（太和门），在清朝为天安门、端门、午门、太和门和乾清门。“五门”划分出的三个区域称“三朝”，分别是外朝、治朝、燕朝。外朝的主要功能是公布法令、举行大典的礼仪性朝会，治朝的主要功能是处理诸臣奏章的日常议政朝会，燕朝的主要功能是定期朝会。

传统礼制在宫殿建筑上体现为中轴对称、王者居中的布局要求。在传统建筑的空间序列中，中轴线往往是引导礼仪、表达礼制的一个重要建筑特征。建筑群的中轴对称布局对于烘托帝王尊贵地位有重要意义。北京故宫便以中轴线与严格对称的平面布局手法，将封建等级秩序的政治伦理意义表达得淋漓尽致。故宫的布局遵循周代礼制，沿南北轴线布局，主要建筑前朝三大殿（太和殿、中和殿、保和殿）和内廷后三宫（乾清宫、交泰殿、坤宁宫）井然有序又颇富韵律感地排列在中轴线上，建筑空间序列主次分明，尊卑有别（参见图 4-3）。

概言之，中国建筑从殷周开始一直到清代，以其伦理制度化的形态，成为实现宗法伦理价值和礼制等级秩序的制度性构成，形成了迥异于西方建筑的“宫室之制”传统，借由具体而详尽的建筑等级制度，体现的是一种外在的社会控制工具，并由此体现了中国传统建筑文化独特的伦理功能。

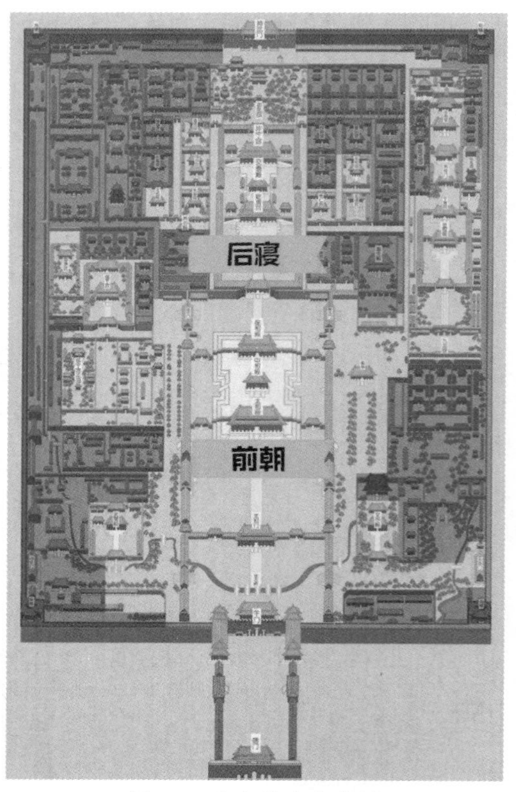

图 4-3 北京故宫布局图

（来源：作者依据北京故宫博物院官网“故宫博物院开放区域图”改动）

与中国传统建筑不同，无论是古希腊、古罗马还是古埃及、古印度，建筑文化主要表达的是宗教礼仪功能。从建筑类型来看，古代西方社会历来是宗教建筑高于一切，最重要的建筑并非宫殿与居所，而是供养神的庙堂。从古希腊、古罗马的神庙到中世纪的教堂，欧洲历史上最著名、最重要的建筑基本上是宗教建筑。在 16 至 17 世纪法国罗浮宫、凡尔赛宫等一批皇宫建筑出现之前，欧洲几乎没有一座特别著名的皇宫，最宏伟的建筑都是宗教建筑，如神庙和教堂。

在古希腊，宗教在早期城市布局

和社会结构方面占主导地位。对于一个新的城邦而言，建立神庙是其首要的任务，而一个城邦的灭亡，也以其神庙被毁为标志。从城市规模上看，希腊城邦不过是一些人口有限、疆域范围不大的蕞尔之邦。因而，无论是从人力还是从财力上看，建造巨大的神庙并不是件容易的事情，往往要耗费几代人的力量，但每个城邦都还要不遗余力地建造神庙。供奉雅典娜女神的帕特农神庙兴建于公元前 5 世纪，它被誉为古希腊建筑的杰出代表，是西方古典建筑的典范。它是雅典城中重要的神庙，因为它是奉祀雅典娜的神庙，而她是这座城市的保护神。

从某种意义上说，古希腊的城邦首先是一个宗教活动场所，它为公民以敬神的名义所举行的各种仪式提供了一个空间，由此带来的共同敬畏与共同崇拜，将团体中不同的人紧密地联系在一起，产生了一种强烈的团体认同感与凝聚力。

中世纪是西方文明承上启下的时代。由于教会力量的强大，城市生活以宗教活动为主，占据城市中心位置的教堂建筑群，往往以宏伟的主教教堂为主体，连同与宗教仪式和宗教庆典相结合的教堂广场，成为城市的象征符号和市民公共生活的主要场所，并制约着城市的整体布局。这些宗教空间不仅是社会生活的中心，还具有强烈的情感归属功能，是市民的情感寄托之地。还不仅如此，实际上宗教建筑显示了其强大的公共性功能，这正是卡斯腾•哈里斯所强调的西方启蒙运动之前建筑所拥有的一种重要的伦理功能。陈志华在《外国古建筑二十讲》一书中，论及哥特主教堂与市民生活的关系时，这样说：

> 哥特主教堂高高耸立在城市的上空，四周匍匐着矮小的市民住宅和店铺，就像一只母鸡把幼雏保护在羽翼之下。市民们出生不久便来到教堂接受洗礼；长大后到教堂聆听教化，在教堂里结婚；星期天在教堂门前会见邻里，闲聊家常，节日里或许还看一场戏；有了什么过失或者心理迷惑，找神父去倾诉；生了病也得向神父讨点药；他们在教堂清亮的钟声下度过宁静而勤劳的一生，便在教堂墙外的墓地里安葬，那里躺着他们的父母兄弟，钟声还将继续安抚他们。除了宗教的信仰，市民们对教堂怀着生活中孕育出来的感情。因此，建造教堂不仅仅是为了崇拜上帝、救赎灵魂，不仅仅是为了荣耀城市，更是为了寄托自己对生活的期望和爱。

总之，中西方古代建筑文化或表现人伦礼仪，或表现君主礼仪，或表现宗教礼仪。以此方式，建筑成为一种调节社会秩序和精神秩序的独特的工具，显示其强大的社会伦理功能。

就第一个问题“我们为何建筑？”我做一个小结：建筑不是简单地盖房子。建筑从一开始就具有精神性要素和功能，如建筑安顿人类的精神，满足人类寻求精神家园的安居需要。人类精神活动的发展，伴随而来的必然有人伦和宗教问题，这种现象也是对建筑的要求。于是，建筑通过对人伦礼仪和宗教礼仪的表达，孕育出人类关于自身、社会和宇宙的种种观念，成为人类文化的重要组成部分。

二、建筑有善恶吗？漫谈建筑美德

如同日常生活中人们往往会对建筑的美与丑做出自己的判断一样，人们也常常会用好与坏、善与恶这样的字眼评价周遭的建筑，以此对建筑做出或赞扬或批评或欣赏或嫌恶的价值评价。价值评价介入建筑，引发人们思考的基本问题是：究竟是什么构成了一座好的建筑？建筑有善恶之分吗？

建筑作为一种造福于人的手段，为人类的居住及其活动服务，它是关系到我们的生活是否安全、健康、幸福和美好的一个权重极大的因素，因此建筑的善与恶就凸显为一个极其重要的问题。巴里·沃瑟曼（Barry Wasserman）等提出：“对于建筑而言，通过设计、建造和景观美化使人的生活得以提升，这便是绝大多数人所赞同的有关建筑之善的一个重要方面。”[1] 我在《建筑伦理学》一书中提出了判断建筑善恶的一个基本原则：凡是改善、提升了人的生活，满足和增进了人的需要和人的幸福的建筑；或者从更抽象的意义上说，凡是运用合乎人性的尺度，对人的尊严与符合人性的生活条件予以肯定，以及对人的存在与发展的状况全面关怀的建筑，都是善的建筑。

---

1 Barry Wasserman, Patrick Sullivan, Gregory Palermo. Ethics and the practice of architecture, John Wiley and Sons, 2000, p4.

建筑美德是建筑善的一部分，它是促进并实现建筑善所必需的品质。因此，我下面主要与大家谈谈建筑美德问题。

（一）建筑美德是什么？

在西方伦理思想史上，美德伦理学的著名代表亚里士多德认为，美德不仅指属人的品质或品性，而且指属物甚至可用于万事万物的品质或品性，是指使人或事物成为完美状态并具有优秀功能的特性和规定。例如亚里士多德说，眼睛的德性，不但要使双目明亮，而且还要让它功能良好，马的德性也是这样，它要使马成为一匹良马，而且善于奔跑、驮着它的骑手冲向敌人。[1]

我们也可以接着亚里士多德的话说，建筑的美德就是一种使建筑给使用者带来幸福，并使其能够出色发挥功能的品质或秉性。进言之，建筑美德是判断建筑精神价值尤其是道德价值的基础，是建筑所表现出来的一种造福于人、让生活更美好的品质。建筑美德是一种物化形态的美德，它是一种通过建造活动展现出来的人为自己造福的重要实现方式，也是人利用人造物来满足生命需求、追求更好生活的外在表征。

因此，建筑美德之所以值得期待，主要是因为它契合了人性需要，可以带来造福于人的价值。作为人类建造过程的产物，建筑的美德不可能是其本身天然具有的优秀特征，它是一种“赋予性品质”，是建筑师、工程师、建筑工人、室内设计师等建筑从业人员通过其实践活动赋予建筑物的品质、特征，是在作为主体的人与作为客体的建筑的互动中形成的，体现了人与建筑之间密不可分的关系。英国学者阿兰•德波顿（Alain de Botton）说：“我们心仪的建筑，说到底就是那些不管以何种方式礼赞我们认可的那些价值的建筑——亦即，要么通过其原材料，要么通过其外形或是颜色，它们能够表现出诸如友善、亲切、微妙、力度以及智慧等等重要的积极品质。”[2] 建筑美德理论所要讨论的基本问题，实际上就是探寻什么样的品格是建筑最值得拥有的。

---

1 [古希腊] 亚里士多德:《尼各马科伦理学》，苗力田译，北京: 中国社会科学出版社，1990 年版，第 32 页。
2 [英] 阿兰・德波顿:《幸福的建筑》，冯涛译，上海: 上海译文出版社，2007 年，第 9 页。

（二）西方建筑史上有关建筑美德的代表性观点

在西方建筑史上，古罗马时期维特鲁威的《建筑十书》是两千多年前唯一幸存下来的建筑学著作，对后世影响极为深远，甚至被称为建筑学领域的圣经。维特鲁威在《建筑十书》中，试图为建筑学建立一套评价标准，而他提出的建筑所应具备的六个要素特征和三个基本原则，是对建筑美德的最早探索。维特鲁威提出建筑的六个要素特征分别是：秩序（ordering）、布置（design）、匀称（shapeliness）、均衡（symmetry）、得体（correctness）和经济（economy）。

所谓“秩序”，指的是建筑物各部分的尺寸要合乎比例，而且部分与总体的比例结构要协调一致。维特鲁威特别指出，秩序的建立是通过量来实现的，量即模数的确定，模数取自建筑物本身的构件。一座建筑作为一个整体被适当地建造起来，其基础便是构件等单个部分。实际上，秩序来自几何的法则和约束。有了模数，就可以直观地量化比例关系。《营造法式》中“凡构屋之制，皆以材为祖，材有八等，度屋之大小，因而用之”，规定了建筑的建造应把“材”作为基本依据，此即为模数之意。《营造法式》把这个标准材的断面规定成 3 ∶ 2，并且把材分成八个等级，用来盖规模大小不等的建筑物。

所谓“布置”，指根据建筑物性质对构件进行安排所取得的优雅效果。布置的种类，维特鲁威讲了三种，分别是平面图法、正视图法（立视图）和配景图法。平面图法就是运用圆规和直尺，按比例在施工现场画出平面图；其次是立视图法，这是一种正面图形，要根据未来建筑的布局按比例画出；至于配景图法，则是一种带有阴影的图，表现建筑的正面与侧面，侧面向后缩小，线条汇聚于一个焦点。

所谓“匀称”，简单说就是“好的形状”“悦人的外观”，指建筑构件的构成具有吸引人的外观和统一的面貌。维特鲁威认为，匀称是一种几何学的比例，如果建筑构件的长、宽、高是合比例的，每个构件的尺寸与整座建筑的总体尺寸是一致的，就实现了匀称。例如，多立克柱式的底径与高度之比为 1 ∶ 6，加上它连续有力的 20 条竖向凹槽，产生了匀称的效果。

所谓“均衡”，是指建筑物各个构件之间比例合适、相互对应，也就是任何一个局部都要与整体的建筑外观相呼应。例如，帕特农神庙首先它的总高和总宽形成一个黄金比，即如果总高是 1，总宽就是 1.618，这样它的正立面就构成了一个黄金分割矩形。帕特农神庙在整体和局部反复使用黄金分割，除了高宽比是黄金分割，它的总高和它的柱子高度之比是黄金分割。不仅如此，上部三角形山花的高度和檐部的高度之比也是黄金分割。这是帕特农神庙带给人一种极为和谐美感的秘密。

以上维特鲁威所述的四种建筑美德，实际上都是从建筑审美上说的，我们可以将其看作建筑的美学品质，属于建筑美的范畴。他所谓“得体”通常指事物要像其应有的样子，要像通过历史进程流传下来的样子。[1]具体包含三个方面，即功能上的得体、传统的得体和自然的得体。功能上的得体主要涉及形式与内容的适当性问题，即形式要适当地表达内容，不同柱式的装饰风格是与其所象征的不同神祇的性别、身份相适应、相匹配的；传统的得体主要指应根据传统惯例来建造房屋，某一类型的建筑特征不能任意挪用到另一类型的建筑之上；自然的得体中的“自然”指的是自然环境，主要涉及建筑选址、朝向等方面是否有利于人的健康等问题。所谓“经济”，也译为配给，第一层含义是指对材料与工地进行有效管理，精打细算，第二层含义是指建筑物的设计与建造方式应做到适合于不同类型、不同身份的人。[2]可见，这一要素也有明显的伦理意蕴，实际上它的第二层含义应归于“得体”要素之下。

上述六个要素特征，揭示了维特鲁威对建筑的品质要求。也正是在总结这六个要素的基础上，维特鲁威提出了好建筑的三个经典原则：“所有建筑都应根据坚固（soundness）、实用（utility）和美观（attractiveness）的原则来建造。”[3]其中，坚固与地基、结构及材料相关。他认为，如果打好建筑物的地基，对建筑材料做出慎重的选择而又不过分节俭，便是遵循了坚固原则。实用则涉及城市中建筑物的位置、空间布局、房屋朝向、私人房屋与公共空间的关联性等问题。他认为，如果空间布局设计得在使用时不出错，无障碍，每种空间类型配置得朝向合适、恰当和舒适，便是遵循了实用的原则。美观则主要体现在建筑物的外观和细部比例之中。他认为，若外观是悦人的、优雅的，构件比例恰当并均衡，便是奉行了美观的原则。

总之，“坚固”主要是对建筑结构、建筑材料、建筑构造的规定；“实用”主

---

1 [古罗马]维特鲁威：《建筑十书》，陈平译，北京：北京大学出版社，2012年版，第205页。此界定来自美国学者T. N. 豪对该书的评注。

2 [古罗马]维特鲁威：《建筑十书》，陈平译，北京：北京大学出版社，2012年版，第67～68页。

3 [古罗马]维特鲁威：《建筑十书》，陈平译，北京：北京大学出版社，2012年版，第68页。

要是对选址、规划、功能、人性化设计、建筑物理环境、建筑经济的要求；而“美观”则是设计要符合美学、审美要求。坚固、实用和美观可以视为维特鲁威提出的三种最基本的建筑美德，在西方建筑理论史上流传甚久，影响巨大。

文艺复兴时期意大利建筑大师阿尔伯蒂（Leon Battista Alberti）写了《建筑论：阿尔伯蒂建筑十书》一书，被誉为除《建筑十书》之外，完全奉献给建筑学的第二本书。在该书中，阿尔伯蒂对维特鲁威的建筑三原则做了进一步的阐发。不同于维特鲁威将“坚固”放在第一位，阿尔伯蒂更重视建筑的功能特性，将“实用”放在优先考虑的位置。也就是说，好的建筑应该首先按照其实用性来评价。

他说：“对于建筑物的每一个方面，如果你正确地对其加以思考，它都是产生于需要的，并且得到了便利的滋养，因其使用而得到了尊严；只有在最后才提供了愉悦，而愉悦本身决不会不去避免对其自身的每一点滥用。”[1] 阿尔伯蒂对建筑实用原则的强调，不仅是从建筑学的基本原理上说的，而且也是从美德的角度加以阐发的。他认为，好的建筑，其每一个部件都应该是在恰当的范围与位置上，即它不应该比实际使用的要求更大，也不应该比保持尊严的需求更小，更不应该是怪异和不相称的，而应该是正确而适当的，如此则再好不过了。对于阿尔伯蒂来说，建筑首先必须满足人的需要，确保其实用功能。然后，表现建筑的实用功能的时候，要恰到好处，要得体，要适当，要适合于它的用途。例如，图 4-4 是新圣母大殿（Basilica di Santa Maria Novella），它是意大利佛罗伦萨的一座罗马天主教教堂。1470 年，阿尔伯蒂设计了黑白相间的大理石的教堂正立面，具有一种得体

图 4-4　意大利佛罗伦萨新圣母大殿（Basilica di Santa Maria Novella）
（来源：维基百科）

1 [意]莱昂·巴蒂斯塔·阿尔伯蒂：《建筑论：阿尔伯蒂建筑十书》，王贵祥译，北京：中国建筑工业出版社，2010 年版，第 19 页。

之美，其对称的外观和上方圆形彩窗的设计，影响了后来巴洛克和哥特式教堂的建筑风格。

作为 19 世纪英国伟大的艺术评论家、艺术与工艺运动的思想先锋，约翰•罗斯金在《建筑的七盏明灯》这部读起来像是一本道德宣传手册的书中，以哥特式建筑为例，提出了建筑的七盏明灯：奉献明灯（the lamp of sacrifice）、真实明灯（the lamp of truth）、力量明灯（the lamp of power）、美之明灯（the lamp of beauty）、生命明灯（the lamp of life）、记忆明灯（the lamp of memory）和遵从明灯（the lamp of obedience）。

在这里，“明灯”是个修辞语，如同《旧约・出埃及记》中犹太教会幕圣所里的七盏金灯台一样，发出耀眼的光芒指引人类走向光明，建筑作为“明灯”，意味着建筑的精神性功能，意味着指引建筑美好价值的法则及美德。

显然，罗斯金想表达的不是建筑的实用功能，而是建筑所具有的精神功能与价值功能。他认为，建筑不是一般意义上的建造之物，建筑作为“明灯”，意味着指引建筑美好价值的原则，它能够帮助人们防范在建筑活动中出现的各种错误。对罗斯金来说，建筑的法则是从人的道德生活中得到验证的，七盏明灯在一定程度上意味着建筑的七种美德，即奉献、真实、力量、优美、生命、记忆和遵从。倘若建筑不拥有这些“无用之用”的精神特征，便不能称之为真正的建筑。

限于时间的关系，我主要给大家讲讲罗斯金所重视的真实美德即诚实。他认为，有美德的建筑应符合良心标准，最主要的表现就是在结构、材料和装饰上的真实与诚实无欺。罗斯金说：“优秀、美丽或者富有创意的建筑，我们或许没有能力想要就可以做得出来，然而只要我们想要，就能做出信实无欺的建筑。资源上的贫乏能够被原谅，效用上的严格要求值得被尊重，然而除了轻蔑之外，卑贱的欺骗还配得到什么？”关于建筑上的诚实美德，他提出的一个基本原则是：“任何造型或任何材料，都不能本于欺骗之目的来加以呈现。”

罗斯金将建筑欺骗行为划分为三大类，分别是结构上的欺骗（structural deceits）、外观上的欺骗（surface deceits）和工艺操作上的欺骗（operative deceits）。[1]结构上的欺骗，首先是指刻意去暗示有别于自身真正风格的构造或支撑形式，其次，结构上的欺骗更为恶劣的表现是，本是装饰构件却企图“冒充”支撑结构的建筑构件。例如，哥特建筑中飞扶壁（flying buttress）作为一种起支撑作用的建筑结构部件，主要用于平衡肋架拱顶对墙面的侧向推力，但在晚期哥特式建筑中，它却被发展成为极度夸张的装饰性构件，有的还在扶拱垛上加装尖塔，目的并非改善平衡的结构支撑功能，而仅仅是因为美观。外观上的欺骗，主要指建筑材料上的欺骗，即企图诱导人们相信使用的是某种材料，但实际上却不是，这种欺骗造假行为，在罗斯金看来，如结构上的欺骗一样皆属卑劣而不能容许。例如，把木材表面漆成大理石质地，滥用镀金装饰手法，或者将装饰表面上的彩绘伪装成浮雕效果，达到以假乱真的不真实效果。罗斯金认为，外观上的欺骗不仅浪费资源，也无法真正提升建筑的美感，反而使建筑的品质降低。罗斯金所谓工艺操作上的欺骗，实际上指的是一种较为特殊的装饰上的欺骗，突出体现出罗斯金对传统手工技艺的偏好和对现代机器制造的反感。他认为凡是由预制铸铁或任何机器制品代替手工制作的装饰材料，非但不是优秀珍贵之作，还是一种不诚实的行为，因为从中我们感受不到如手工制作一般投注于建筑之上的劳力、心力与大量时间，即我们难以寻觅建造者为这幢建筑的奉献与付出的痕迹与过程。这一思想极具罗斯金个人的感情色彩，其思想的局限性也相当明显。

罗斯金在《威尼斯之石》（*Stones of Venice*）一书中提出了三项“建筑的美德”：第一，用起来好（to act well），即以最好的方式建造；第二，表达得好（to speak well），即以最好的语言表达事物；第三，看起来好（to look well），即建筑的外观要赏心悦目，要让人们为它的存在而感到愉悦。[2]罗斯金认为，上述建筑的三项美德中，第二个美德没有普遍的法则要求，因为建筑的表达形式是多种多样的。因而建筑的美德主要体现在第一与第三个，即“我们所称作的力量，或者好的结构；

1 关于罗斯金提出的三种建筑欺骗行为，有不同译法。谷意译本将其分别译为结构方面的欺骗、在表面进行欺骗、在作用上欺骗。张璘译本将其分别译为结构欺骗、表面欺骗、操作欺骗。本文作者认为将其译为结构上的欺骗、外观上的欺骗和工艺技术上的欺骗更为妥当。

2 John Ruskin. The Stones of Venice， Da Capo Press, 2nd, 2003, p. 29.

以及美，或者好的装饰。”而关于究竟什么是好的结构与好的装饰方面，罗斯金表现出了对真实品格的重视。他认为，好的结构要求建筑须恰如其分地达到其基本的实用功能，没必要添加式样来增加成本。而好的装饰则需要满足两个基本要求：“第一，生动而诚实地反映人的情感；第二，这些情感通过正确的事物表达出来。”粗略勾勒西方建筑思想史上有关建筑美德的一些代表性观点，可以发现，维特鲁威的建筑思想影响最大，他提出的三种基本的建筑美德——坚固、实用和美观，蕴含隽永的价值。因此，可以这样说，维特鲁威之后，不同历史时期的建筑师和理论家对维特鲁威以建筑三原则为核心的建筑价值观的认识、评价与发展，折射出西方建筑美德观念的流变。

（三）追寻当代建筑美德

当今时代，对建筑美德之追寻，有特定的时代背景。从 20 世纪 70 年代中期以来，西方建筑界进入了对现代主义建筑运动进行反思的时期，出现了价值标准混乱、建筑的道德使命弱化、城市居住环境恶化、建筑职业伦理缺失等多重危机，促使人们重新思考建筑的伦理问题，思考什么样的建筑才是真正的好建筑。

中国建筑界也出现了一定程度的价值混乱。在以市场为导向的功利主义、强大的商业逻辑、行政权力的干预等背景下，中国建筑业一方面呈现出前所未有的繁荣局面，另一方面也出现了一些令人忧虑的问题。这些建筑表现出忽视实用性、美观性与节俭性的价值取向，这恰恰从一个侧面反映了建筑美德的缺失与建筑价值评价标准的混乱。

追寻当代建筑美德首先不能忘却传统的“基本原理”，尤其是在各种刻意追求视觉需求的新奇建筑层出不穷的时代，更需要服从一些基本原则。英国建筑学者彼得•柯林斯（Peter Collins）说过：“假使我们来看看最传统的良好建筑的定义——即维特鲁威的实用、坚固、美观。那么很清楚，这三个基本要素之中，哪一个也从来不能完全丢弃；因为显然，优良的规划、强固的结构和好看的外观永远不能用别的东西代替。因此，革命性的建筑结果只能基于这三点以外的、增加的概念之上；或是给其中一方面或两方面以特别强调而牺牲第三个方面，或是基于对建筑美观想法含义的变化上。”[1] 我非常认同柯林斯的观点。我们可以说，当代建筑美德不可能丢弃维特鲁威的建筑三原则，只不过是根据时代要求赋予其新的内涵。

当代建筑除了遵守建筑的坚固、实用和美观等传统外，尤其应强调能够协调建筑与环境关系的美德要求。具体而言，表现在三个方面。

第一，当代建筑应强调一种合宜美德。所谓合宜，即合适、适宜、协调，主要是指建筑应体现出与环境和谐、适宜的态度。建筑是在环境中体现差异性的场所，应具有一种尊重周围建筑与环境的“集体主义”精神，协调地嵌入城市环境之中，不刻意追求视觉刺激，不一味标新立异，或以自我为中心，而不顾及周围环境及传统文脉的连续性。与 19 世纪末建筑设计领域最注重的道德诉求是有关诚实或真实的美德不同，建筑是否与周围环境和谐、适宜变得尤为重要。如果大量新建筑，尤其是一些所谓的标志性建筑或“偶像建筑”，不顾及环境的整体协调，与城市空间环境的关系失去平衡，那么，街道和城市景观的连续性就会被一些冷冰冰的高层建筑或大型建筑肆意破坏，城市原有的整体风貌显得支离破碎、杂乱无章，原本聚集人的场所变成拒绝人的场所，人性化的街道空间与城市环境将难以形成。

第二，当代建筑应“有度”。与中国古代“宫室有度”的内涵有所不同，当代建筑不同于封建礼制等级意义上的“有度”，但仍要强调作为一种节制消费和适度与中道原则的“有度”，奢侈浪费、过多装饰、过多耗费自然资源与公共资源的现象，便是“无度”，是应该摈弃的建筑恶习。

第三，当代建筑应强调以尊重和关爱自然为核心的环境美德。在建筑发展、城市化演进与有限的资源承载力、脆弱的自然环境之间的矛盾越来越突出的今天，建筑的生态性要求日益成为现代建筑的一项基本要求。耗费自然资源最多并对生态环境造成巨大影响的建筑业必须走可持续发展之路。与此要求相适应的建筑环境美德，要求人们从对“自然、建筑、人”这个大系统层面思考建筑与人、建筑与环境、建筑与生物共同体的关系，有效地把节能设计和对环境影响最小的材料结合在一起，

---

1 [英] 彼得·柯林斯：《现代建筑设计思想的演变：1750—1950》，英若聪译，北京：中国建筑工业出版社，1987 年版，第 10 页。

使建筑尽可能从设计、建造、使用到废弃的整个过程做到无害化，从而减少建筑对人居环境和自然界的不良影响。从这个意义上说，现在方兴未艾的生态建筑或绿色建筑便是体现了环境美德要求的建筑。

最后，我对今天所谈的建筑美德做一个小结：建筑美德是建筑所表现出来的一种造福于人的精神品质。维特鲁威提出的三个基本建筑美德——坚固、实用和美观，以及中国传统建筑中的尚俭德观念，蕴含隽永的价值。追寻当代建筑美德，除了遵守建筑的传统美德外，尤其应强调能够协调建筑与环境关系的美德要求。

（秦红岭整理并审校）

通识核心课“名家讲堂”

讲座主题 第五讲

从文物到世界遗产

【主讲人】

郭旃

主讲人简介

郭旃，中国文物学会世界遗产研究委员会主任委员，国际古迹遗址理事会前副主席（2005—2014），国际古迹遗址理事会理论委员会前副主席（2017—2020）。1994 年奈良真实性国际会议中国代表；2005 年 ICOMOS《西安宣言》起草组成员；2007 年东亚地区文物建筑保护理念与实践国际研讨会《北京文件》起草组主持人之一。著有《历史文化名城保护与研究》《世界遗产在中国》等论著；主持翻译出版尤嘎·尤基莱托的《建筑保护史》。

主讲概要

2022 年，《保护世界文化和自然遗产公约》诞生 50 周年。世界遗产事业已成为一项不分种族、信仰、地域和国度，为全人类共同关注和支持的事业。回溯 1972 年通过的《保护世界文化和自然遗产公约》及其产生背景，为何世界遗产体系历经风霜，但在当今风云变幻的国际社会中仍有凝聚力和魅力？中国的世界遗产事业始于改革开放初期。世界遗产理念以及相关国际合作的规则、模式为我们提供了基于国际视角的哲学思考和全新的梳理头绪，与中国传统的文物保护体系相结合，产生了促进和提升作用。

从文物到世界遗产这个话题人人皆知，可以说世界遗产就在每个人的身边。这既是一个古老的话题，也是一个当代的话题，且不停地演变着，需要不断地对它进行辨析。我们的讨论是对事、对理，不对人，旨在探寻较合理的理解、路径和准则，也包括不断地修正自己，从而尽可能说对话、出对主意。对待过去和现实的理论和实践，我们需要永远保持一种 critical 的态度。有人将 critical 翻译成“批判”“评判”或者“思辨”甚至“检讨”，我还是觉得译作“思辨”更合适一些。学术上的“批判”实际上是一种平等的、包含了自我反省的共同思辨。理论实践要想进一步发展，就要不停地思辨，不断地检讨。

文化遗产的理论和实践是一个庞大的体系，有着复杂、绵长的演变历史，对此学者们或者有兴趣关注它的人由于接触到的信息不同，感知的角度不同，解读和认同也有所不同。因此我建议大家把这次讲座当作一次研讨活动，而不是要被灌输什么东西。我很欢迎大家提出各种疑问和讨论，如果对一些基本的常识、理念、流派、历史事件、案例等有疑问，不妨核查下原文和出处，看看是不是正确。如果大家想对一些事情、思想和观念寻根究底，也请尽量去查一查原著。总而言之，不能盲从，不能人云亦云。

一、世界遗产概述

2021 年 7 月在中国福州举办了第 44 届世界遗产大会，在这次大会上，中国申报的文化遗产项目“泉州：宋元中国的世界海洋商贸中心”获准列入世界文化遗产名录，由此中国的世界遗产达到了 56 处。此次会议之前，我国和意大利的世界遗产数量是并列全球第一。但在这次大会上，意大利除了单独申报两个项目外，还参加了两处联合申报，联合申报可以不占意大利当年的申报名额，但是可以增加意大利当年的世界遗产项目数量。我们有必要重点关注意大利的文化遗产，包括它的整个发展体系。意大利的遗产保护无论从理论还是实践来说，都更加完善、成熟。

泉州申遗成功实际上经历了一些波折，但无论如何，泉州最终申报成功了。联合国教科文组织世界遗产中心主任德国的梅希蒂尔德·罗斯勒（Mechtild Rössler）

女士给予泉州这样的评价：泉州的这一系列遗产展示了杰出的空间结构，结合了生产、运输、销售以及官方、社会和文化的要素，为泉州在 10 至 14 世纪成为东亚、东南亚繁荣的海上交通枢纽做出了非凡的贡献。这则简短的评价不仅彰显了泉州市遗存的属性特征和意义，还蕴含了很多关于世界遗产的理念、路径和准则。

至 2021 年，世界遗产的统计数目已经达到 1154 处（被除名的 3 处和濒危的 52 处不算在内），其中文化遗产 897 处，自然遗产 218 处，复合遗产（也称为双遗产或混合遗产）39 处。中国目前拥有的世界遗产数量在全球位列第二[1]。

（一）如何理解世界遗产

《实施〈世界遗产公约〉操作指南》在谈到系列遗产的时候有一句名言，其主要意思是，遗产和它的组合一定要浅显易懂，而不是很玄奥的，一说出来好像除了专家们知道，别人都难以理解。但是，与大众沟通为什么要保护遗产也是一种学问，需要特别的技巧。我国很重视遗产保护，国际上也到处都有“遗产热”，大家都关注文化遗产保护。

文化遗产首先是历史的记忆，是不可再生的实物见证，是值得保留和持续传承的历史信息的载体。这种认知是人类在不断摸索的过程当中逐渐形成、不断统一的。理解遗产和保护遗产，功在当代，利在千秋，这些一定要让我们自己明白，让我们身边的亲戚朋友明白，然后找到一个遗产和专业工作者之间的契合点。

1. 世界遗产为什么这么热?

世界遗产热方兴未艾，在不同的民族、不同的国家、不同的社会制度中，大家对遗产都有一种热烈的追求。

世界遗产为什么这么热？其中最容易引起大家关注的是世界遗产带来的旅游效应。《世界遗产公约》发布 40 周年之际（2012 年）在日本举办了庆祝活动，联合国世界旅游组织在会上做了一个世界遗产和可持续旅游的专题汇报。这里的遗产是指不可移动的物质文化遗产，但是每个遗产地都包含着大量的非物质文化遗产。该

---

1 截止到 2023 年 9 月，中国世界遗产数量达到 57 项，其中文化遗产 39 项、自然遗产 14 项、自然与文化双遗产 4 项。——编者注

组织在当年做了一项旅游统计数据汇总，结果表明世界遗产对可持续旅游发展起到了非常显著的促进作用。

可以肯定的是，旅游业为促进各国人民之间的理解和相互尊重做出了重要贡献。文化旅游，特别是文化遗产作为旅游的一部分，也牵连到全球的利益。国际同行们举了一个例子，几乎所有地中海国家都把文化旅游作为经济增长的重要因素。世界遗产的专业咨询机构、文化遗产专业咨询机构是国际古迹遗址理事会（ICOMOS）。ICOMOS 针对不同品类、不同行当的遗产事务成立了不同的科学委员会，其中专门针对文化旅游成立了文化旅游国际科学委员会。包括《国际古迹遗址理事会国际文化遗产旅游宪章》在内，这些都说明了世界遗产为什么这么热，其中旅游业对经济、社会的综合发展起了很大的促进作用。

我曾问一位来自葡萄牙的旅游局长："你作为旅游局长，在遗产保护方面哪些是你的工作职责？哪些是你所关注的？"他说："我们那个城镇不大，但是很优美，很适合人类居住，可是年轻人都觉得外面的世界很精彩，大家都想往外跑，我想把我的家乡保护好，让大家认识到它在历史上的特有的地位、作用和意义，让我们的青年一代知道他们的先祖不愚笨，他们的家乡不是不值得留恋，而是一个全世界都认可的地方，从而增强人们的自豪感，激发他们的自信心和新的创造力。"

我曾接受国际古迹遗址理事会派遣去考察日本奈良的世界遗产申报项目。申报世界遗产时要关注申报遗产地的政府和人民是不是真的拥护把家乡的一些东西申报为世界遗产，从而担负起保护世界遗产的国际责任。针对这个问题，我当时问日本当地民众（比如在街上碰到的买菜的主妇、神庙的僧侣、上学的学生）："你们生活得很好，你们的家乡为什么还要申报世界遗产？"他们几乎都给了我同样的答案，那就是原动力。我马上领悟到，日本民众所讲的这些和葡萄牙的旅游局长所表达的意思是一样的，一个人没有自信就没有前进的勇气和动力，他的能力就会大打折扣。所以如果一个人觉得自己的家乡是丑陋的、自己的先祖是愚笨的，那么这个人本身就是没有力量的、没有精神动力的。如果自己家乡先祖的创造被认为具有人类历史文明进程中特定的纪念意义和记忆价值，人们是会感到骄傲、自豪的，从而产生自信心和原创力。

在以色列，我参观过他们的马萨达遗址，它是以色列第二圣殿末期犹太人反抗罗马人围攻的最后堡垒。当躲在古堡内的犹太人再也抵抗不了罗马人的进攻时，他们决定“集体殉难”，宁为玉碎，不为瓦全。现在以色列把它作为一个遗产地成功申报了世界遗产。我们去的时候可以坐缆车登顶，但当地的民众一般都要沿着山下的盘山路、沿着他们先祖艰难开辟的道路一步步登顶。在山顶上，经常会有以色列的士兵在这里宣誓，新兵入伍宣誓的誓言是“马萨达，永不再陷落”。由此可见，这显然已经不是单纯的旅游效应问题了。在韩国，我们看到，他们也把世界遗产与民族的荣誉、自信和凝聚力紧密连接在一起。在南汉山城刚申遗成功时，韩国就在交通标志上把它展现出来了。在日本也是，随便一个火车站都有他们的世界遗产标志。即便是在历史不那么悠久的美国，他们也认为，一个没有历史感的民族是浅薄的民族，他们既有文化的遗产，也有自然的遗产。在美国的博物馆大道上，在开放时间总是有人排队参观每一家博物馆。

2. 世界遗产的作用和意义

联合国教科文组织前总干事伊琳娜·博科娃（Irina Bokova）说过，世界遗产是一个和平与可持续发展的架构，它能够唤起民众的身份认知和自豪感，是知识的源泉和力量的分享。如果脱离我们身边的遗产，我们会觉得这些说法很抽象，但是泉州、大足等遗产地的人们都能够理解这句话的含义和分量。

通过世界遗产我们认识到了文化遗产的作用和意义。它首先可以保护和传承前人的创造、记忆，让人们有机会欣赏和借鉴历史，还有特别重要的一点，在人类社会的可持续发展中发挥着保障作用，那就是它涉及了一种深化了的大环保理念。一个民族和国家拥有世界遗产的数量，在某种意义上是一个民族和国家对人类文明进步历史做出贡献的实证，也是当代的社会文明素质和综合国力的象征，所以它会影响到遗产地人们的自豪感、自信心、创造力和家国情怀，也会对社会政治、经济、文化起到综合的带动和促进作用。

（二）世界遗产体系

世界遗产体系在目前的国际文化交流、合作当中发挥了重要的媒介作用、旗舰作用和示范效应。

在《世界遗产公约》发布40周年之际，加拿大专家克里斯蒂娜·卡梅伦（Christina Cameron）担纲总结了《世界遗产公约》40年来的发展历程。第一次世界大战和第二次世界大战的教训让大家认识到，那些对全人类有价值的遗产需要国际社会携手共同保护。有些国家可能不具备这样的能力，那就要通过相应的国际合作来推动它、保障它。它的首要目标是抢救和保护遗产。但是，不管是在精神层面还是在物质层面，其所产生的积极效应使得各国都争相去追逐它，反而产生了“抢救和保护”这个目标之外意料不到的效应。这些效应首先不可能回避政治、社会、经济等方面的因素，克里斯蒂娜当时采访了各个国家的主要参与者，最后归纳了《世界遗产公约》40年来的四个基本话题，供大家参考。世界遗产是否为增进和平做出了贡献？世界遗产是不是为遗产地的贫穷民众提供了某种依赖和保障？世界遗产是否促进了对文化多样性的了解和认识？世界遗产是否造福于全球环境的未来？这是一个高屋建瓴、高度概括的总结。对于从事文物保护、文化遗产工作的人来说，还要注意世界遗产事业和与它相关联的文化遗产保护的理念，以促进遗产科学保护政策的制订和实践的发展。

1. 遗产保护理念

在遗产保护理念方面，欧洲有早期的经验，也有先于其他地区所形成的一些国际共识。欧洲也走过弯路，经过反复的实践和思辨，最后形成了当代的保护共识，这对全球的遗产保护都有借鉴意义。

国内有很多同行都喜欢重建，他们认为按照“四原”原则（即原材料、原设计、原形制、原工艺）恢复建筑，就是恢复了原来的文物。这也不是完全没有道理，但是存在一些哲学上的瑕疵。重建的观念存在于我们东方以砖木结构为主的建筑体系当中。其实不只中国同行有这种倾向，国际上其他国家也有，特别是日本。日本的伊势神宫便是一个典型实例。伊势神宫每隔20年会全部拆除重建。最初是把拆除的东西当废料扔掉，后来有所改进，把拆下来的旧构件分给其他的神社使用。现在的宫殿旁留出了空地，每隔20年，人们会用新构件按照原样在这儿重建一次。在遗产保护领域，这样的做法显然与一些国际准则和国际共识相悖。日本在签署了《世界遗产公约》之后，也接受了《世界遗产公约》所规定的遗产真实性的原则。据说现在除了伊势神宫仍然保持古老的传统外，其他的遗产地都接受了真实性原则，而不是采取20年一换的轮换制保护方式。

我曾经和日本同行讨论过遗产保护问题，比如一个历史城区，对它整个的机体，包括它的传统建筑和整体的景观氛围，是要进行整体性保护的。

2. 申报世界遗产的意义

关于申报世界遗产的意义，我这里用一些实例加以说明。

丽江在申报遗产之前，在古建筑维修方面存在资金困难。等到世界遗产申报成功后，到丽江旅游的游客剧增，尤其是节假日。这为保护古建筑、当地传统的民族文化提供了资金保障。

澳门申遗之前，我们曾担心，因为澳门土地窄小，人口增长很快，想要保持遗产地的环境景观完全和谐，可能存在着相当大的困难。我们当时请了一位非常权威的国际专业机构评审顾问亨利博士提参考意见。他说在他去澳门之前，他对澳门的印象只限于博彩，但去了澳门之后，经过一番实地了解，他觉得澳门是一个中西文化的交汇点，完全有潜力申报世界遗产。最后澳门申遗成功了，当时澳门连赌场都挂出了“庆祝本澳申遗成功”的标语，遗产的成功申报改变了澳门的世界形象。从一定程度上说，世界遗产这个身份，对澳门的持久稳定和繁荣也是一个有力的保障。

世界遗产中有一个专项的类别——文化线路。历史上不同区域、不同民族、不同族群，在冲突或者是其他矛盾之外，和平交流，相互促进，对人类文明产生了巨大的促进作用。国际古迹遗址理事会认为，就贸易网络的规模、范围、时长、建筑的多样性和数量而言，已列入《世界遗产名录》的所有线路都不能与丝绸之路相提并论，而正是这些特征证实了丝绸之路的重要性。联合国教科文组织专门为它做了一个十年计划，把它作为东西方文明对话之路。因而，沿线国家都积极参与这个项目。后来发现，丝绸之路整体一次性申遗是不可能的，于是沿线国家按照不同的廊道组合，分阶段进行申遗。第一个申报成功的项目是由中国、哈萨克斯坦和吉尔吉斯斯坦三国共同申报的“丝绸之路：长安-天山廊道的路网”项目。将丝绸之路分成不同的段落申遗，每个段落内部的遗产地之间应该有有机的联系，因为它属于系列申报，系列申报不能拉郎配，一定要有内在的联系，中哈吉三国共同申报的“丝绸之路：长安 - 天山廊道的路网”就有着非常密切的历史背景及其相互联系。

我国的长城也是这样。过去大家可能以为长城只是城墙，但它实际上是一个综合的防御体系。用宿白教授的话说，“阳关以西，继之以烽燧”。意思是说这个体系到了阳关城墙以西基本没有了，但是这个体系并没有断，而是以烽燧断断续续地向着当年的西域、中亚一直延伸。国际同行苏珊·丹尼尔女士说，她去新疆旅游，坐火车穿过河西走廊，沿途看到很多制高点上有一些土墩，不明白这是怎么回事，后来她才知道原来这是长城防御体系的延伸，她立即就理解了“丝绸之路：长安 - 天山廊道的路网”这一项目组合的内在有机关联。有国际同行认为，从一定意义上说，只要丝绸之路在运行，长城就不是一个封闭的体系。

二、遗产保护的意义

什么是遗产？为什么要保护遗产？怎么把保护遗产的道理讲通？在北京故宫里把这些讲通不难，在文化和经济发达的鼓浪屿把这些讲通可能也不难，但是在经济不发达的地方给老百姓讲遗产保护的意义不容易，一定要用平实的语言、浅显的道理去告诉人们为什么要申报世界遗产。2012 年元上都遗址申遗的时候，一位蒙古族汉子骑着马跑过来参加我们的利益相关者座谈会。我当时就问他：“元上都遗址就在你的草场边，你觉得它申遗有什么作用？”他说：“我在县城开了一个小卖店，申遗成功了，来参观的人多了，我的生意就好做嘛。”他说得没错，老百姓当然要关心自己的切身利益。在此基础上，我们还告诉他，当年人类有两大文明，一是游牧文明，一是农耕文明，两大文明在历史上曾经不断融合，它们交汇的历史见证——元上都遗址就坐落在内蒙古蓝旗大草原深处，由此可见它对人类文明进程的见证意义。

（一）文化遗产和遗产保护

1. 什么是文化遗产？

我们今天讨论的遗产叫作不可移动的物质文化遗产。丝绸之路上古代的石路、南方的开平碉楼、运河的瓜洲渡口，以及古桥、长城遗址等，都是不可移动的物质文化遗产。所谓不可移动，我认为有两层含义，一层就是人们不借助现代机械的力量很难用人力去挪动；还有一层更重要的含义，就是一处遗产的产生、发展与当时的环境、气候、经济条件、景致，甚至传统中所说的风水相关，离开了原地，整体的关联性意义和它本身的属性、价值和特征都会受到影响。

我们再来看一看文化遗产和中国的文物保护体系的交织。现行《中华人民共和国文物保护法》第三条指出下列的文物受国家保护：古文化遗址、古墓葬、古建筑、石窟寺、古石刻、古壁画、近代现代重要史迹和代表性建筑等不可移动文物。根据它们的历史、艺术、科学价值，可以分别将其确定为全国重点文物保护单位，省级文物保护单位，设区的市级、县级文物保护单位。

1961 年，国务院核定公布了第一批 180 处全国重点文物保护单位。2019 年 10 月 7 日，国务院正式发布第八批 762 处全国重点文物保护单位，包括古遗址、古建筑、古墓葬、近现代重要史迹及代表性建筑等。截止到 2019 年底，我国已有 5058 处全国重点文物保护单位。

2. 遗产保护的缘起

从国际角度来讲，尤其是从欧洲的遗产保护领域来讲，遗产保护有比较久远的发展历史。公元前 1 世纪维特鲁威在《建筑十书》中提出了著名的建筑三原则——坚固、实用、美观。公元 5 世纪，罗马皇帝给罗马的行政长官下达了一条命令，对“美丽的古代建筑”在罗马被持续破坏予以关注：

> ……所有先人建造的寺庙和其他纪念性建筑，以及那些为公共用途和欲求所造的建筑，都不允许被任何人毁坏。一个竟然裁定（允许）破坏这些建筑的裁判官将会被处以50磅黄金的罚金。
>
> 如果他这样命令时，他的执行官和会计师们竟然都服从于他，没有用自己的建议以任何方式抗拒他，致使本该得到保存的先人的纪念性建筑被亵渎，他们也都会被断去他们的双手。”[1]

1《狄奥多西法典》，1952：553。

由此可以看出欧洲的遗产保护理念起源比较早。最早的遗产地是那种在传统社会中具有特定意义的圣地，它们区别于普通的生活区域，专门用于某些宗教目的或者享受尊崇，是被敬奉的象征物或者代表物。这些应该是被保护的遗产的最早形式，它们在不同的民族当中都有存在。甚至大家会认为，人们的福祉安康都和这些圣地相关，因此这些象征物会受到敬奉。

在文艺复兴早期阶段，“文坛三杰”——但丁、彼特拉克、薄伽丘在这方面都有他们各自的贡献。国内学者对但丁有不同的看法，但是对彼特拉克看法是比较一致的，认为他开创了现代遗产保护理念的先河，在他的论著里会提到要抢救哪些遗址，这些遗址很多是古代的建筑废墟。15 世纪，阿尔伯蒂撰写了《建筑论：阿尔伯蒂建筑十书》，他认为之所以要保护历史性建筑物，是因为它们的内在建筑品质，诸如坚固、美观，以及它们的教育价值和历史价值。

19 世纪的第三次工程师与建筑师代表大会特别提出，历史建筑遗迹不仅适用于建筑研究，还可以被用于撰写重要的研究文献，这里明确提出了遗产的文献价值，文献已经不局限为有文字的书本或者档案，一幢历史建筑，它本身的存在，它的形态、规模和蕴含的信息就是一种实证的历史文献，可以阐明和解释不同时期和不同地区人民生活的方方面面，因此必须得到应有的尊重。我们知道，我们对历史建筑、历史遗留物的任何修改有些时候可能是不得已的，但是任何修改都是对历史的实物“文献”的改变。

意大利的保护哲学和运作体系相对比较成熟。这里涉及一个关键的词——monument，有的翻译成“古迹”，有的翻译成“文物”，都不大贴切，我现在想把它翻译成“史迹”，但好像依然有些问题。意大利的保护哲学和运作体系对 monument 的解释是：“任何建筑物，无论是公共财产还是私有财产，无论始建于任何时代，无论任何遗址，只要它具有明显的重要艺术特征，或存储了重要的历史信息，它就属于史迹范畴。即便是建筑物的某个部分，无论它是可以移动或不可移动的，或者是某些碎片，只要它具备上述特征，同样属于史迹的范畴。”我曾与一位加拿大同行讨论过 monument 一词，我告诉他 monument 在中国的辞典里一般翻译为“纪念碑”。他说，如果父亲去世了，立一块石头，上面刻上纪念父亲的文字，这就是 monument。我们的大运河、长城、丽江古城等都被称作 monument，这个概念实际上已经扩大了，但是又始终没有跳出 monument 的意义，即纪念碑的意义。所以 monumental 界定的尽管不是那些刻着铭文的 monument，但是它们依然是起着文献作用的纪念物、建筑物，甚至是它们的组合。

阿洛伊斯·李格尔（Alois Riegl）提出了两个概念，一个叫作有意造成的纪念物（intended monument），即纪念性的建造物；一个叫作无意而成的纪念物（unintended monument），即历史性建造物。有意造成的纪念物包括罗马的纪功碑、纪功柱，带着拉丁文铭文的纪念某个历史事件、某个重要人物的纪功碑，还包括对先祖的纪念物。还有无意而成的纪念物。例如，一个传统的农业生态体系，现在在中国乃至世界人类文明发展史中，在农业的某一个方面，有着特殊的历史纪念碑性质，当初可能没有人把它当作纪念碑，但是它现在成了一种历史纪念物。狭义的纪念碑是最原始的一种存在，而后来大多是无意而成的纪念物。所以，我们现在面对的很多保护对象是这种具有历史纪念、见证价值和意义的先祖创造物。

（二）如何保护遗产?

1. 风格性修复和反修复运动

有了保护意识以后，如何保护也走过了一段曲折的历程。这里特别要关注的是，19 世纪 30 年代到 19 世纪后期，出现了两种特别重要的流派，即风格性修复和反修复运动，它们之间存在冲突。

国际共识实际上是从反修复运动、保护运动到《雅典宪章》，再到意大利保护体系、布兰迪的修复理论、《威尼斯宪章》，最后到《世界遗产公约》，形成遗产保护的国际共识的脉络。这当中曾经出现过影响至今、随处可见的风格性修复，这是主流的国际体系所摒弃的一种修复。

1839 年，早期古建筑修缮的原则被描绘为：加固胜于修补，修补胜于修复，修复胜于重建，重建胜于装修。在任何情况下，都不允许随意进行添加。最为重要的是，决不能擅自去除任何东西。这个原则遭到了风格性修复激进的颠覆。梅里美（Prosper Mérimée）和迪德龙（A. N. Didron）为“风格性修复”奠定了基础，法国的维奥莱 - 勒 - 迪克（另译为维欧勒 - 勒 - 杜克，Viollet-le-Duc）和英国的乔治·吉尔伯特·斯科特爵士（Sir George Gilbert Scott）成为实践的先驱。风格性修复代表着历史建筑的修复原则已经从19世纪30年代基于严谨的考古学研究基础、提倡“最小干预”的保守式修复理念，发展到了19世纪中期更为大胆的“完全修复”理念。

维奥莱-勒-迪克认为，“风格是建立在一个原则之上的完美展现”，“修复一座建筑，不是保养维护、修理或是重做，而是按照某一个特定的时刻一个从来不曾存在的完整状态对其进行恢复”。他认为要在研究基础上设定一个最初的或者最辉煌时期的完整状态，要按照这个完整状态去修复、恢复，为此就要把一些他认为不恰当的添加或者一些改动统统去掉，按照某一种特定的风格恢复它。这就与后来的对遗产真实性的认知有着原则上的冲突。他认为，这种风格性修复的项目“在原则上允许每个建筑或者建筑的每个部分应该按照其所属的风格进行修复，不仅仅是外表上，还是结构上”，即当年是一种什么风格，就要按照这种风格修复，后来和这种风格不统一的其他东西都被认为是不恰当的，不仅仅在外表上，而且在结构上都要予以去除，这是一种完全按照某一种特定的愿望统一地恢复某一种历史性建筑的修复。

这种观点在当时遭到了很多非议，比如约翰·詹姆斯·斯蒂文森（John James Stevenson）非常震惊，他回忆维奥莱-勒-迪克带他参观巴黎的圣礼拜堂的情景时说，当看到部分彩绘神龛被修复并被重新描绘时，他感到很痛苦也很忧虑，但维奥莱-勒-迪克表现得“兴高采烈”。斯蒂文森认为，这改变了历史的原作，不是恰当的修复。他认为那些被宣称是早期证据的后代仿制文献“不仅无用，反而有害”，这种弄虚作假的做法，会误导参观者。

法国的维奥莱-勒-迪克和英格兰的斯科特虽然尊重最初的原始的作品，但是实际上在他们的实际行动中，完全是按照某一种主观臆测，或者按照某种权威研究结果进行风格性的恢复。所以，到19世纪中期由英国的约翰·拉斯金（John Ruskin）领衔掀起了批评的浪潮，这场批评浪潮到最后被称为一种“反修复”运动。保护理念正是在这场运动推动下诞生的，逐渐成为被世人接受的保护历史建筑和艺术品的现代思想，同时也成为维护保养和保护性修缮政策的主要参照。

拉斯金在其著作《建筑的七盏明灯》中对修复的含义做了系统的阐释，对后代的、现代的国际共识起到很大的作用。其中，他提到building不等于建筑，building仅仅是房子，建筑在这里指具有艺术创造性质的建筑物，还蕴含另外一种意思，即过去不等于历史性的。过去的肯定是历史，但是我们现在说的历史一定是有特定的历史见证意义的。我们有那么多的工业遗产、农业遗产，那些在某个特定方面、特定阶段有着里程碑意义的，才是历史性的，是一种遗产。如果不是，那么它们就是很普通的房子、工厂。他特别强调时光所赋予遗产的魅力，他们用了一个词组叫picturesque style，即如画的风格。老建筑那种古朴沧桑和特定的文化景观联系在一起，是一种无法言喻的、无法取代的韵味。所以修复（restoration）和保护（conservation）不是一个概念。拉斯金认为，对历史建筑的保存必须完全保持历史建筑材料的真实性，只有如此，它才是一个真正的古迹，而非它的现代仿制品或者改造品，才是一个国家真正的遗产，这才是历史的纪念物。因为时光不可以倒转，时光的产品也就不可能复制。你不可能回到那个特定时间，现在所谓的使用同样的原材料，就是指当时用的是木头，现在还用木头，甚至是当年用的是楠木，现在也用楠木，但是现在的楠木与当年的楠木不一样，即便都是同时代的楠木，这种楠木的材料和那个建筑物的材料也不一样，所以，历史纪念物一定要有历史的真实。他认为古代纪念建筑的价值不仅在于它们是建筑史学研究的重要材料，更重要的是它们是解释和呈现各个历史时期不同民族历史多样性的重要文献，因此它们应该被作为珍贵的文献来小心认真对待。

英格兰 1877 年专门成立的古建筑保护协会，坚决反对“风格性修复”。早期会员中，有许多声名显赫的人物。该协会也被人们称作“反对刮除协会”，其指导方针是“保护性修缮”，以及“通过日常维护保养以延缓劣化”，避免不必要的大规模的干预。该协会在整合各方力量对抗臆测式修复、推广提升维护和保护工作方面发挥了重要作用。竭力阻止那些为了风格的统一，把原来一些他们认为与整体风格不协调的也是历史上添加的因素、历史遗留物统统去除的做法。

我们现在也提出了预防性保护，我想预防性保护应该是和这个理念相通的。我们说最小干预，不是说不干预，屋子已经漏水了还不干预，让它继续漏下去，让椽子、望板、柱子统统都腐烂吗？显然不是，而是要采取措施让它别再漏水了。但是解决漏水的问题，一定要知道它是哪个位置出了问题，就把那个位置的问题解决了，不要去改变其他可以不动的东西。有的地方现在把“预防性保护”理解为一种臆测性修复，预先给它加上支撑措施。比如本来什么问题都没有，加一套钢架，把它支起来，这种对预防性保护的理解就走错了路，落脚点可能就不对了。

2. 修复与保护

一位意大利同行佐尔齐（Zorzi Mühlmann）对修复和保护做了区分，他认为保护和修复有特定的语境，并不是说我们反对修复，只是修复有它特定的含义，有它特定的适用范围。在风格性修复和保护运动对立的语境中，佐尔齐的分析是这样的：修复可能需要创新的支持，而保护则完全不需要。古建筑修复不是要让我们发挥聪明才智去设计，而是想办法尽可能地按照现状把它保存好，让它尽可能延年，而不是让它返老还童。佐尔齐还说修复的时候无须注重考古的重要性，而只须注重艺术性。他区分了风格性修复语境下的修复和拉斯金反修复运动语境下的保护两者所体现的精神和理念的不同。

从卡米洛·博伊托（Camillo Boito）所阐述的意大利的保护哲学和运作体系可以看到，原则上要将历史古迹看作不同历史时期成就的叠加，而不是一种统一的风格。一个时代一定有它的史实性，不同时期的历史贡献都应该得到尊重。

1883 年在罗马召开的工程师与建筑师代表大会明确提出：修复是不是应该模仿原始的建筑？添加物和复原物是不是应该明确地标示出来？这些是要关注的问题。这次大会提了七点建议并被教育部采纳，这些建议发展成为意大利现代古迹保护的第一部宪章，并成为所谓的“语言文献式修复”的主要参考标准。

经过反复的博弈、争论，以及长期的检验，当时欧洲同行们认为就古迹保护已经达成了一定的共同原则，以后古迹保护都要遵守这个原则。即对于古迹，如果不能从物质上进行保护的话就进行修补，只有在非常确定的限制性的条件下才能再造那些灭绝的古迹，这是万不得已的一种选择。

大会也关注了修复问题，1904 年的马德里大会就相关的保存和修复准备了一份建议书。这份文件也强烈地反映了风格性修复的原则，但是提出了一些不同的对象，文件提出，那些属于过去文明并且服务于过时目的的史迹为“终止的”（dead）史迹，而继续服务于最初设计目的的史迹为“活态的”（living）史迹。“终止的史迹”，就是它目前不是按照原始设计的功能使用，它的功能终止了，但是它本身还存在，作为一种历史的见证，是纯粹的史迹。继续服务于最初设计目的的史迹是活态的，像目前的很多农业文化遗产、城镇文化遗产，以及一些宗教文化遗产，可能都属于活态的史迹。大会提出前者必须被加固和保存，后者应当被“修复”，以便它们可以继续使用，因为在建筑中，功能是美的基本要素之一。我认为之所以说它还反映了风格性修复的原则，是因为它对加固保存和修复没有明确应该到什么程度，所以还有很多商榷之处。

3. 历史建筑遗迹的文献价值

遗产是一种实物的文献，是一种历史的见证，现在任何的干预对它都是一种改变，所以为了忠实地保存这种实物，对这种历史的文献，就要最小干预。最小干预就是要把修复限制在文物保存所确定的必需范畴里，而不是进行风格性的、完整性的恢复。它具有岁月价值或“老化价值”。一个遗产，从它建成到现在，会留下不同时代岁月的遗痕。对一个传续的文物，无论是馆藏文物还是家传文物，都会有包浆，而在古迹、史迹、古代建筑上，也会留下时代的遗痕，不只是颜色，也包括古代的物质。所以我们应尊重它的岁月价值，以保护其不被无端损坏的原则为导向，这也是最小干预原则应该遵循的。

意大利保护哲学和运作体系里有一个特别著名的人物，那就是古斯塔沃·乔瓦诺尼（Gustavo Giovannoni），他一直强调要把修复作为价值评估的文化问题，以尊重所有有意义的时期为前提来复原历史建筑，他讲的复原指的是保存，而不是把它们重建成理想的形态。他认为维奥莱 - 勒 - 迪克的风格性修复理论是反科学的，会导致伪造和武断干预。他在 1929 年发表的文章《建筑的历史和生命问题》中提出，日常的维护、修理和加固最为重要，在采取这些措施后，若确有必要，也可以接受应用现代技术，但其目的在于构筑物的真实性保存，并尊重史迹完整的“艺术生命”，而不仅仅是其初始阶段。1931 年，乔瓦诺尼在雅典举办的第一届历史纪念物建筑师及技师国际会议上提出了这些原则。意大利的《史迹修复规范》也接受了这些原则，并被古物与艺术品管理局通过，1932 年 1 月在意大利正式发布。这一修复规范是史迹修复的专门导则和手册。

1931 年第一届历史纪念物建筑师及技师国际会议通过的《雅典宪章》是一份关于遗产保护的历史性的、国际共识性的文件，是第一份推动了现代保护政策制订的国际文件，表明了对古代遗产态度的重大转变，凝聚了国际共识，即明确反对风格性修复。按照大会的精神，对雅典卫城的史迹保护提出了一些特别的建议，总的来说就是抛弃风格性修复，尊重所有时期的风格保护，维持史迹原貌。其中也提到了复建的概念，用了一个古老的希腊专业术语 anastylosis，即原物归位，所以一定是原来的东西，而不是所谓的原材料、原工艺，它就是原来的东西，你明确知道它原来在哪儿，它后来掉落了，又被恢复到原来的位置。修复时不得已必须添加的东西，还要做到可识别，就是既要求它整体协调，远看一致，细处又要可识别，让观者知道哪处是改动的。这种真实性、可识别和协调的理念是相互关联的。

4. 布兰迪与现代修复理论

切萨雷·布兰迪（Cesare Brandi）1963 年出版的《修复理论》是近现代权威的遗产保护著作。书中提出了很多保护原则，我择其要点讲一些：修复必须受限于原来的整体，基于艺术作品潜在的统一喻示的东西，即修复的目的应是重建艺术作品潜在的一体性；重视其美学和历史的价值，即这种修复不会造成艺术的或历史的赝品。在这些限度内，布兰迪陈述了以下三条原则。

一是可识别性、协调性原则。它是指任何修复在近距离内都应该很容易被辨认，但同时又不应该违反修复中的统一性。例如，我们参观罗马斗兽场，从远处看它的墙体参差不齐，好像就是残破的原状，但是近看会发现它上面不同程度地加了一层，这一层依然是那种石头的材质，为什么加了一层添加面？因为要防止雨水进一步冲刷它，避免对残存墙体的进一步损坏，这一层添加面就是一层保护层，但是从远处看，斗兽场的质地、颜色差不多，但是近看能看出来哪些是新添的、哪些是原来的，这就是尊重历史原物的真实性。

二是真实性、重原物原则。任何直接影响形象的物质部分都不可替换，因为它们组成了意义而非结构。如果遗产出了结构方面的问题，就要对它做一些改变，否则整个建筑可能会垮塌；如果遗产不是结构方面而是其直接形成形象意义的材料出了问题，则不要轻易地改变它，要珍惜它。

三是可逆性原则。任何修复都不应该成为未来必要干预的障碍，而是应该给它提供便利条件。后代人也许比我们聪明，他们认为应该这样修，不应该那样修，那个时候可以让后代人纠正我们今天的作为，故修复应是可逆的。

此外，布兰迪特别强调建筑以及艺术作品的特异性，甚至提出创作者的真实性。有一次我们到东陵看古建筑构件，当看到一个斗拱时，一位国家级非遗传承大师说，看看这个手法，别的匠师做出来肯定就不一样。由此你可以联想到，如果当年同一位建筑师做出第二件，由于当时的环境、条件变化，可能做出来也会不一样，所以真实性界定不仅涉及它的物质材料的真实性，还涉及创作者的真实性，即创作者当年奇特的、艺术性的构思，以及技术性的操作所形成的历史产品，这是无法取代的，甚至连创作者本人都无法再造。由此可见真实性保护的重要性。每次要修复的时候都需要一个评判的过程，去判断它哪些是原来的、哪些是什么时代添加的，现在影响它稳定的因素是什么，哪些是可以动的、哪些是不可以动的，尽量做到最小干预。

布兰迪的理论可以被视作在保护政策发展历程中在国际层面被认可的典范，是很多专业学校培训课程的基本导则，现在世界遗产领域专门负责培训的国际文物保护与修复研究中心（ICCROM）和世界各国的国际课程都把它列为重要参考内容。在《威尼斯宪章》形成的过程当中，该理论也是一个重要的参考项。

5.《威尼斯宪章》

《威尼斯宪章》共十六条，言简意赅，是一份集大成的文件。实际上该宪章具体的规定很少，提出的都是一些大的原则，如今来看这些大的原则可以结合各自的国情、各自的条件做出某些具体的修正、调整，从原则上来讲，它们都是站得住脚的。比如，它吸收了当时的共识，一个遗产已经不仅仅是某个民族、某个国家、某个区域的。在人类历史文明发展历程当中，比如种稻、种玉米、酿葡萄酒、科学技术的发展、天文学的进步等，不论从哪个方面说，它们都有历史见证和里程碑意义，这就应该是全人类共同的遗产，人类应该共同从中汲取精神和经验，共同借鉴一些要义。所以，将遗产视为人类的共同遗产和历史见证，是《威尼斯宪章》的核心精神和前提。

《威尼斯宪章》提出了真实性的要求。《威尼斯宪章》反对风格统一式修复，强调最小干预。为了真实性要最小干预，为了避免不得已的干预要注意日常维护的重要性。应将日常维护和预防性保护结合起来，而不是把预防性保护理解为给身体健康的人加上一身钢架，即使他肉体不行了，钢架还在那儿立着，恐怕这不是正确的理解。《威尼斯宪章》也强调了修复对科研、学术的高度依赖，强调了修复过程中既要确保和谐又要确保可识别，还特别强调了原物归位（anastylosis）。Anastylosis 并不是反对一切的重修、重建，在某些情况下可以做，但是对那些有历史遗存的历史遗迹、遗痕、遗物来说，最好的保存方式应该还是原物、原位保存。修复措施要可逆，要尽量少用新加的不可逆黏结材料（如水泥、环氧树脂等）。

《威尼斯宪章》强调了遗产与传统环境的统一性和不可分割性，即不可移动遗产一方面是指不借助机械力量难以移动，另一方面是它不应该脱离其原有的环境。《威尼斯宪章》还强调准确记录的原则。准确记录原则为什么重要？因为遗产保护严格来说是和自然规律相抗争，任何事物都有从生到灭的过程。保护的任务就是要尽可能地延缓自然的衰变，避免无谓的、人为的、提前的摧残和破坏。遗产会逐渐地退化，所以把它每个历史时期的状况准确记录下来，最起码可以保证它的形态、非物质的因素能够完整地传下去，让大家以后能够通过其他方式见到它、研究它。

回顾了国内外这些遗产保护理念，我再来讲一讲文化遗产保护的基本道理。只有把握住一些核心要义，我们才有信心去应对所有国内外的遗产项目和争论。大道至简，对遗产的认知和保护，一是把各民族各国历史进程中具有里程碑意义的文化遗存视作全人类的文化遗产，并加以学习、欣赏、借鉴；二是对所有的修缮都要有充分的记录和存档，这实际上也是对真实性的一种尊重和延续；三是尽最大可能保存原物。另外要尊重历史全过程，也就是它的史实性，一件艺术品、一座建筑物，从它的产生到现在，它所有经历的一切变化都会留下痕迹，只要这些痕迹不会造成进一步的损坏，我们就不应该去改变它，这就是最小干预维修原则。

此外，还有可逆性原则、“和谐和可识别”原则，以及慎重对待“重建”的原则。

6.《瓦莱塔原则》与《关于历史性城镇景观的建议书》

国际古迹遗址理事会于2011年批准并颁布的《关于历史城镇和城区维护与管理的瓦莱塔原则》（简称《瓦莱塔原则》），以及2011年联合国教科文组织正式通过的《关于历史性城镇景观的建议书》，两者都是做历史城镇保护人士一定要关注的重要文献。它们把单纯的遗产即纪念碑扩大到更大的、广义的遗产，即有纪念碑意义的人工建造物——城镇。《关于历史性城镇景观的建议书》是一份关于历史性城镇、整个城镇景观保护的建议书。这个建议书开宗明义地提出，历史城镇景观的概念不是要新造一个世界遗产类别，只是提供一种遗产保护思路。因此，想要直接从历史城镇景观的角度去申报世界遗产，可能还会引发争论。

7. 世界遗产公约

《威尼斯宪章》提出："世世代代人民的历史古迹，饱含着过去岁月的信息留存至今，成为人们古老的活的见证。人们越来越意识到人类价值的统一性，并把古代遗迹看作共同的遗产，认识到为后代保护这些古迹的共同责任。将它们真实地、完整地传下去是我们共同的职责。"正是在这一理念的基础上产生了《世界遗产公约》（简称《公约》）。

《公约》延续了世界遗产作为全人类共同遗产的理念。它的诞生，源于从第一次世界大战到第二次世界大战无差别地造成许多国家重大遗产地的损坏，大家日益认识到那不仅是对当事国人民的伤害，而且是对全人类文化的伤害。特别是在1945年以后，国际社会就酝酿要形成一个国际性公约，让大家共同遵守，共同合作，保护那些对全人类有价值的文化遗产或大自然的造化。

《公约》的实施，需要缔约方政府间的合作来实现。这是《公约》得以实施的必要路径和保障。但各国或地区的利益和国际政治关系有时候会影响到《公约》标准和理念的推行。我们要注意维护我们本国的利益，避免对我们不利的世界遗产项目。

中国于1985年12月12日正式加入了《世界遗产公约》。从那以后，中国积极参与世界遗产保护工作，并在国内外开展了一系列相关活动。《公约》的出发点是保护和国际协作。起初把遗产分为文化遗产和自然遗产两个大类，后来发现某些大的自然遗产区域或相关联的区域包含着可以独立构成文化遗产标准体系的文化遗产，于是就有了复合遗产。

其中，还有文化景观，2021年版《实施〈世界遗产公约〉操作指南》对文化景观做了修改，但原有的操作指南里第一条就明确文化景观属于文化遗产，所以文化景观是文化遗产里的一个特殊类别。由此可见，所谓四大类世界遗产目前来看是一种误解。文化景观主要是强调人和大自然的共同创造和融合。例如，西湖申遗的时候我们很骄傲，但是来参观的一位权威的芬兰专家，刚开始时说这样的湖芬兰有很多，到处都可以见到。这位芬兰专家在了解了西湖诸多的文化积淀后，说："加上了这么多的文化元素，它变得与一般的湖不同了。"我们都知道，世界遗产里有对比分析研究，这项对比研究能够识别出申报项目不同的特质、特征。所以，在那么多湖中，他认为西湖是一个有文化内涵的湖，这样它才变得与众不同，从而具有作为世界遗产的特质。

我们有时候需要特别借助世界遗产的哲理概括。比如，川西有藏羌碉楼，我曾经把照片发给国际同行，他们说：“太美了，简直就像我们的圣诞卡片一样。”当地的人世世代代在那里生存着、繁衍着，而且他们还创造了快乐，创造了美，对此一位国际同行给出了评价，说它体现了人类的韧性，人类正是靠着这种韧性才能在千难万险中不断地壮大，繁衍至今，因此碉楼代表着一种物质的创造，体现了人类伟大的精神。

世界遗产是全人类共同的遗产，要保证它的真实性，要保证它具有人类特定历史阶段里程碑的意义，为此制定了一个特殊的标准，即突出的普遍价值，包括符合判断标准、完整性和真实性、保护与管理三个方面的要求，具体设定了六条判断标准，自然遗产另外设定了四条价值标准，符合其中一条就有资格申报世界遗产，但是一定还要符合完整性、真实性要求。文化遗产，特别是历史的真实的原物，对它的保护管理不是文化搭台、经济唱戏，而是要保证它可持续保存和延续，这几方面缺一不可。

世界文化遗产的六条标准如下：

（1）人类创造性智慧的杰作；

（2）一段时间内或文化期内在建筑或技术、艺术、城镇规划或景观设计中代表人类价值的重要转变；

（3）反映一种独有或至少特别的现存或已消失的文化传统或文明；

（4）是描绘出人类历史上一个重大时期的建筑物、建筑风格、科技组合或景观范例；

（5）代表了一种（或多种）文化，特别是在其面临不可逆转的变迁时的传统人类居住或土地利用的突出范例；

（6）直接或明显地与具有突出普遍意义的事件、生活传统、信仰、文学艺术作品相关（通常该项标准不单独作为列入条件）。

世界自然遗产另外设定的四条价值标准如下：

（1）具有最显著的自然现象或具有特殊的天然美景，在美学方面有重要意义，具有突出的美学价值，并包括对维持美景至关重要的区域；

（2）代表地球历史重要阶段，包括生命记录、地形演变过程中所进行的重要地质过程或具有地貌、地形特征的突出范例，并应具有完整性；

（3）代表进化过程中所进行的重要生态和生物过程、陆地、淡水、沿海及海内生态系统以及植物和动物种群发展的突出范例，并应具有足够的规模，包含必要的成分，以展示其所具备的、对长期保存生态系统和生物多样性而言十分重要的过程；

（4）包括在保护生物多样性方面具有重要意义的栖息地，其中应生活着在科学和保护方面具突出普遍价值的濒危物种，并应包括代表该生物地区最大限度的多样性特点的动植物的栖息地及其生态系统和足够大的栖息范围。

一些世界遗产代表符合第一条标准，比如法国凡尔赛宫、西班牙比斯卡亚桥、法国岩画、印度阶梯井。符合第二条标准的，包括亨伯斯通和圣劳拉硝石采石场、莫高窟、丝绸之路、长安 - 天山廊道的路网等，体现了交流和相互影响。第三条标准是具有杰出的“见证”意义，对一种消失了的传统的见证。比如美国弗德台地国家公园、冈比亚和塞内加尔的“塞内冈比亚石圈”以及高句丽王城、王陵和贵族墓葬。符合第四条标准的有杰出的建筑，比如我国的福建土楼、大运河，甚至包括古巴的咖啡种植园，都是在同一类遗产类型里的典范。第五条判断标准就是对土地的典范性利用，体现人和自然的和谐，比如突尼斯的历史名城凯鲁万，还包括一些农业文化景观，比如像墨西哥的龙舌兰景观和古代龙舌兰酒酿造基地等。

第六条判断标准是比较容易产生歧义的。遗产的价值不局限于目前《世界遗产名录》认可的标准和《中华人民共和国文物保护法》列出的三大价值，即历史价值、科学价值和审美价值，其实这三条标准最基本的还是历史价值，因为它是历史的、真实的实物的见证，在此基础上才会衍生出科学价值、艺术价值。文化遗产还有其他的衍生价值，如社会价值。正如有一位同行所说“Same place-different memories”（同样的地点，不同的记忆），这是第六条判断标准容易产生的困惑，也是判断遗产社会价值可能会遇到的一些问题。所以，世界遗产委员会明确第六条价值标准一般情况下不可以单独使用。我国对遗产的认定，应主要基于它最基本的历史见证价值。

三、遗产保护实践

（一）真实性原则

下面我简单说一下遗产的真实性原则。比如，希腊神庙遗址，有的柱子是倾倒的，有的是残破的，整体上被作为一个考古遗址公园来保护。石头建筑耐久性强，而我国的古建筑多是砖木建筑，如果不去修复某个（些）构件，建筑可能会全部倒塌，因此，中西方针对建筑遗产不同的材料、不同的环境，会有不同的保护技术路径。但是，保护的基本原则应该是一样的，就是尽可能保存原物，把历史各个时代叠加的痕迹都忠实地保存下来。对于这种真实性的意义，阿洛伊斯・李格尔认为，历史回顾价值是即使没有受过历史教育的人也会感受到的，也会让大众有所触动。真实性是重建时需要特别注意的问题。例如，阿富汗的巴米扬大佛被炸毁后，负责重建的是一个德国团队，领衔的是 ICOMOS 的前主席。这个项目的重建遇到一些争议，我受世界遗产中心和 ICOMOS 委派去鉴定当时的重建工作时，明确提出这个项目的重建方案和已经实施的部分都不符合世界遗产真实性的要求。世界遗产委员会最终叫停了这个重建项目。

2. 保护遗产周边环境

国际古迹遗址理事会第 15 届大会于 2005 年 10 月 21 日在西安通过《西安宣言》，明确提出保护古建筑、古遗址和历史区域的周边环境。在中国的申遗进程中，这个理念对我们有很多触动和促进。比如运河遗产，法国的米迪运河、比利时拉卢维耶尔和勒罗尔克斯中央运河上的四座船舶吊车，除遗产本体之外，周围整体环境景观是和谐的。但我国大运河申遗时曾遇到一些窘况，主要是周边环境景观不和谐。比如，位于吉林省集安市太王镇的好太王陵，作为高句丽王城、王陵及贵族墓葬的一部分，2004 年 4 月，被列为世界文化遗产，其陵与碑本来应该是一体的和谐景观，却被一些不协调的无序建筑完全隔断，后经过治理才得到恢复。一位斯里兰卡专家曾说，他看过五十多个国家的申报世界遗产项目，没有一个国家像中国这样在环境整治上下这么大的力气，取得这么大的成就。

3. 世界遗产保护管理监测机制

世界遗产体系还有一个监测机制，这意味着申遗不是单纯的“搭台唱戏”的手段和对眼前经济利益的追求，而是在认识世界遗产地的意义以后，要为全人类把它们永续地保存下去。我国已建立起比较完备的世界遗产保护管理监测机制和研究工作体系。

我们来看一下北京颐和园和远处的玉泉山，虽然玉泉山不属于遗产范围，但是中国的古建筑有借景理念，颐和园借景玉泉山和玉泉塔，营造出了完美的景致。首都缺电，要从华北电网把电力引过来，这就意味着要在玉泉山、颐和园墙外面20米建起一排高二三十米的高压电塔。如果说玉泉山和颐和园是一幅美人图，那么这些高压电塔及电线就像美人脸上的一道伤疤，从遗产保护角度看是不能容忍的。因为颐和园是世界遗产，我国花了超过6倍的价钱，把这些高压电线全部埋入地下。这个事例就体现了我国对世界遗产保护的决心。

世界遗产的监测机制是遗产保护的一个很重要的保证。比如，阿曼的阿拉伯大羚羊保护区、德国德累斯顿易北河谷、英国利物浦海上商城等，都是因为与《世界遗产公约》的相关标准和规则逐渐相背离而被移出了《世界遗产名录》。因为加入《世界遗产公约》，就要接受世界遗产所有的理念和规则。“世界遗产热”有一个趋向是重申报，轻管理，因此监测机制是一个非常有力的工具。

4. 无形文化遗产与活态遗产保护理念

《世界遗产公约》有两个相关的主要文件，一个是2003年发布的《保护非物质文化遗产公约》，另一个是2005年发布的《保护和促进文化表现形式多样性公约》。此外，1997年联合国教科文组织在摩洛哥发布了《人类口头及非物质文化遗产代表作宣言》，2001年发布了《世界文化多样性宣言》。无形文化遗产（或称非物质文化遗产）不属于本讲所说的世界遗产范畴，界定无形文化遗产是不是有世界意义很困难，国际同行在每一个专用名词上都非常严谨，把某些遗产表述为人类非物质文化遗产（或称无形文化遗产）代表作，而不称作世界遗产。“人类非物质世界遗产”这个说法是不成立的，只能说代表作，只要具有积极的、典型性的代表意义都可以作为代表作，也可以避免不同种族、不同信仰、不同情感之间人们的一种对立情绪。非物质遗产中蕴含着物质遗产，物质遗产中也隐含着无形遗产，其中有很复杂的辩证关系，有点像世界遗产中可移动文物和不可移动文物之间的关联。比如，甲骨文出土物是可移动的，因而不属于世界遗产范畴，但是离开了甲骨文、青铜器，怎么去证明殷墟遗产的时代属性和价值意义呢？

现在由于自然因素和材料，会出现有形遗产无形化、传统生活表演化、建筑特征符号化、历史体验模拟化等情况。比如，海南昌江黎族的草顶房显然是不可延续的，有的同行提出这样典型的黎族住房能不能用一个大玻璃罩罩起来、保存起来。我认为，保存一个两个可行，但都保存是不可能的。草顶房很脆弱，按照传统的保护方法，技术上肯定会有很大的差异。日本的白川乡佛手房（合掌屋）也是这种草顶，每隔二十年一换。当地对保护的态度特别严谨，每家都专门辟一片地种这种草，每年收割并把它存起来，等到重修的时候再用这些草来修房屋。现在这处世界遗产也是著名的旅游景点，村民的生活已经不是原来的传统生活了。

再比如，云南元阳哈尼梯田的蘑菇房，是哈尼族富有特色的建筑。但现在很难找到这种房顶上使用茅草的房子，但随着人口繁衍、村庄扩展，长这种茅草的地方几乎找不到了。现在为了保持个别蘑菇房的特征，不得不从国外进口茅草，有的只好做替代品来象征茅草顶。这些就是脆弱的活态遗产保护，需要一种新的保护理念。

四、结语

我们重温一下遗产保护的理念：一是对于不可移动的物质文化遗产，对于那些容易破坏的，特别是容易消失的文化遗产，要特别强调修缮，同时不管是修缮，还是维持现状，都要有充分的记录和存档；二是呼吁多学科合作。对于遗产保护，多学科合作是非常重要的。为此我们要付出很多努力，但是我们所做的一切，是要保护一个丰富多彩的人文历史环境和人与自然和谐的生态，让我们的家园像佛罗伦萨、塞纳河两岸、布达佩斯，以及我们的丽江古城一样，把这些美好传给我们的下一代，努力和付出是值得的。

理想与现实的距离，不只是专业问题，还有道德操守问题，我们要严肃地对待我们所担负的使命和职责。著名建筑学家和遗产大师陈志华先生有一个百分论，他说如果《威尼斯宪章》是一种百分制理想，实际工作能达到 70 分就不错了，到 80 分以上就很好；不能要求完全达标，但标准是对的，理想是应该坚持的，起码要保证 60 分吧！我想用陈志华先生的这一段话与大家共勉，谢谢大家。

（因篇幅所限有删节。林青整理，秦红岭审校）

北京建筑大学
人文讲堂
第六讲
长城文化遗产
保护、展示与传承
汤羽扬

主讲人简介

汤羽扬，北京建筑大学教授、博士生导师，北京建筑大学建筑遗产研究院常务副院长，北京长城文化研究院常务副院长，国家一级注册建筑师、文物保护工程责任设计师、国家文物局专家咨询组成员、北京长城文化研究会会长。主要研究方向为中国建筑历史、历史城市保护与更新规划设计、文化遗产保护规划与设计，主持完成多项历史文化名城名村名镇保护研究、规划及设计工作，主持完成各级各类文物保护规划、国家考古遗址公园规划与设计上百项。

主讲概要

本讲座基于多年来对长城文化遗产资源的保护规划与资源调查，通过丰富的图片和翔实的案例，从长城文化遗产的真实面貌、价值与保护、阐释方法、价值的挖掘与传播、长城国家文化公园（北京段）建设保护五个方面，介绍了长城文化遗产的内涵与现状，阐释了长城文化遗产的历史价值、科学价值、艺术价值、社会价值和文化价值，并就长城文化遗产的展示和传承问题分享真知灼见。讲座资料全面、内容翔实，深入浅出，启发大家对保护长城文化遗产、活化文化遗产的思考，以更好地认识长城文化的重要价值与传承意义。

我想与大家分享一下长城文化遗产的保护状况，内容大概包括五个方面。第一，长城文化遗产的真实面貌，也就是长城现在的状况。第二，长城作为文化遗产，它的价值体现在哪些方面，怎样去保护，因为这是一个特别专业的问题，我将重点介绍。第三，国际上阐释文化遗产价值的方法。第四，长城文化遗产价值的挖掘、展示与宣传。第五，长城国家文化公园建设的工作情况。

一、长城文化遗产的真实面貌

随着社会的快速发展，文化遗产的范围变得越来越广。即使是我们过去所认知的文物，其类型也更加多样化。对于文化遗产而言，单一类型增多，同时其组合方式增多，规模也在不断扩大。简单来说，我们有文化遗产和文化与自然遗产两种类型。过去我们仅仅谈论世界文化遗产和世界自然遗产，现在我们也有了文化与自然遗产，同时也在讨论世界文化景观遗产。另外，我们还看到，出现了乡村的聚落遗产、工业遗产、农业遗产以及一些水利遗产。此外还有城市建成遗产、大型文化线路（如长城、大运河）以及现在讨论的 21 世纪建筑遗产。

其实，列这么多名称是想让大家知道，文化遗产就在我们身边，无处不在。对于长城来讲，我们对它的认识和保护也是在不断进步的。在全国第一批文物保护单位里，长城只有三处，叫万里长城 - 八达岭 / 万里长城 - 山海关 / 万里长城 - 嘉峪关，而随着全国文保批次的增加，长城绝大部分都逐渐被确定为全国重点文物保护单位。比如在第五批（2001 年）、第六批（2006 年）、第七批（2013 年）中，长城被确定为全国重点文物保护单位的数量较大。到现在为止，可以看到，北京的长城，包括明代的和北齐的，已经全部被确定为全国重点文物保护单位。另外汉代、魏晋南北朝、唐代、明代等时期的长城，涵盖北京、河北、辽宁、吉林、青海、宁夏回族自治区等省份，很多都被确定为全国重点文物保护单位。

在国家公布的长城保护总体规划里，可以看到长城是我国现存规模最大的文化遗产，是中华民族的精神象征，在中华文明史和中华传统文化发展史上具有不可替代的重要地位。

长城于1987年被列入世界遗产名录。关于长城被列入世界遗产名录，目前存在着争议。在世界遗产网站上，我们可以看到仅标注了八达岭长城、山海关长城、嘉峪关长城等地作为遗产区和缓冲区，但实际上世界遗产名录所列的是中国长城。这引发了我们如何看待除八达岭、山海关和嘉峪关以外的其他长城地段的问题。

（一）持续的建筑年代

长城的建造历时12个朝代，2000多年。我们通常所认知的长城是一道线性的墙，但实际上它是一个立体的军事防御系统，其形态不仅仅是单一的墙体。

从中国整个版图来看，长城遗址分布在从东部到西部的5000余千米范围内。从南到北，长城有3000多千米，从黑龙江一直延伸到淮河，这是长城遗址的范围。因此，通常将长城简单视为一道墙的概念是错误的。从长城在中国版图上的分布情况看，其规模之大无与伦比，其历史也极为悠久。长城遗址的最西端分布着一些点，其实是新疆的烽燧遗址。这些土台子，虽然看起来是点状的，但实际上是连成线的。这些墩台实际上是丝绸之路的一部分，用来守护这条古代贸易路线。这些墩台出土了许多带有文字的珍贵文物，可以帮助我们了解当时的历史。对修建于金代的金界壕[1]是否算作长城，目前仍存在争议，但经过学者们研究后，它被纳入了长城的遗址范围。金界壕通常修建在平坦的地形上，比如草原，通过挖掘土坡并在另一侧形成土墙来构建。

因此，长城不仅是一道墙，还是一个非常丰富的文化遗产。对长城的研究仍在继续，特别是在评估其价值方面。由于长城历经不同的时代和政权，承载着各种不同的功能，因此我们通常会从历史价值、科学价值、艺术价值、社会价值和文化价值等多个角度，探讨其价值。长城在不同的时代和形态下呈现出不同的特点。例如，战国至秦代时期的长城多为土墙构造，如固原长城的土墙至今仍然保存完好，其底部经历多次坍塌后也变得较为宽广，显示出其修建的历史较为悠久（参见图6-1）。

---

1 金界壕又称金长城、兀术长城，在《金史》中，对金长城这项工程有界壕、壕堑、壕垒、垣垒、垒堑、壕障、濠墙、界墙、边堡等称谓。始建于金太宗天会年间，从公元1123年开始修建，直到1198年前后才最终成形，是规模宏大的古代军事防御工程。金界壕遗址于2001年6月被公布为第五批全国重点文物保护单位。——编者注

由图 6-1 的左下方，可以观察到秦长城采用了不同的建造材料，明代长城使用的是灰浆和砖块，秦代长城则是用石块堆砌而成的，完全没有使用灰浆。图 6-1 右下方展示的是北京段的明代长城，它采用了砖石砌筑。这些不同类型的长城反映了不同地域、不同时代的特点，以及不同的建造风格。

图 6-1　长城的不同段落
（来源：汤羽扬讲座 PPT）

（二）多样的功能类型

长城的功能和类型也非常丰富。国家对长城资源的认定包括多种元素。除了墙体本身，还包括一些敌台和烽火台、一些用于守卫长城或军事目的的城堡及与长城墙体相连的关城。长城以外，还有一些独立的城堡，用于驻扎军队。此外，还包括大量的窑址、砖窑和龟窑，虽然这些未被列入国家遗产范围，但它们也是长城遗产的重要组成部分。在明代修筑长城墙体时，附近常有许多砖窑和龟窑，在北京周边的一些村庄也可以找到带有窑址的村落。此外，还有壕沟和挡马墙。为了防止马匹快速穿越墙体，一些短的挡马墙会被设置在墙体外围。为了阻止马匹快速通过，在长城外侧还会挖掘一些品字形的坑。多样的设施共同构成了长城军事防御体系的一部分。

（三）丰富的材料和工艺

长城的建造材料和工艺特别丰富，不论是哪个地方的长城，其最大的建造原则就是就地取材。在西北黄土高原，使用最多的材料是土；在山地，如河北、北京一带，使用了很多石材，也使用了土草混合。长城的维修也有很大的困难，没有一种官式的做法，不像古建筑的柱、梁、枋、斗拱可以总结出一些官式的经验，不过维修的过程当中也使用了很多传统的工艺。

（四）多样的气候和地貌特征

长城之所以吸引人，主要是因为其与自然的紧密联系。从东到西、从南到北，长城横跨中国大地的地貌单元，变化丰富。在山地地区，特别是在明代时期的北京和河北山地地区，我们可以看到山峦起伏。而在草原上的金界壕地区，我们可以看到广阔的开阔地带，墙体采用一边挖土一边堆积的方式建成。内蒙古居延长城所在地区是干旱荒漠地带，沙漠化现象严重，墙体以土为主，已经严重损毁。

长城的多样气候和地貌特征赋予了它美感，能够触动人心。总的来说，长城所用的土石木草等材料虽然简单，但所处的地貌和气候环境十分复杂，同时长城建造技艺的年代性和地方性也非常强。

（五）长城的保护现状

由于长城的广泛分布和长期延续，加之采用就地取材的方式建造，长城长期以来遭受了自然力和人为活动的影响，破坏较为严重。可以说，早期的长城基本上处于坍塌状态，如我们之前看到的一些石头或土垒起的长城，经过上千年的自然影响，已经不再是原本的状态。明代长城存在几百年的时间，很多部分也处于濒危状态。如山西山阴县广武长城的月亮门，在 2016 年整体就坍塌了。2020 年，当地按照原貌对月亮门进行了展示性复原，尽管存在争议，但这样做唤起了公众对月亮门的记忆。

图6-2展示了北京长城的一些情况，特别是那些用砖砌成的敌台，由于内部空洞，受到水侵蚀，坍塌严重。图6-2右侧的两图中，一张是2007年长城资源调查时司马台顶部的仙女楼情况，另一张是2019年时的情况。近年来暴雨频发，导致墙顶的砖墙被雷击破坏，部分损毁。很快，对其进行了修复，但人们担心修复后仍会受到雷击，因此在外部进行了钢箍加固，添加了三道箍。然而，这样的加固引发了另一个问题，即如何防止雷击。目前在北京长城的一些墙上可以看到立着的避雷针，用于预防雷电的袭击。又如，河北省的万全右卫城是目前国内仅存的卫所之一。前些年墙体塌得非常严重，与这几年的雨水和周边的建设活动其实都有一定的关系。已对此进行修缮。

图6-2 北京部分长城段落现状
（来源：汤羽扬讲座PPT）

在国家长城保护总体规划中，明确规定长城主要以遗址形态存在，与古建筑共存，这一概念近年来逐渐为人们所认知。为何古遗址与古建筑不同？长城在许多人心目中，被视为八达岭长城那样完整的建筑形态存在。因此，在最初将长城列为全国重点文物保护单位时，将其归类为古建筑。然而，经过多年的认识，现在人们认为长城的大部分已经坍塌，成为遗址形态，这意味着我们对其保护措施要有所区别。对于古建筑和古遗址，我们采取了不同的保护措施。

有一句经典的话："长城是古建筑与古遗址两种遗存形态并存、以古遗址遗存形态为主的文化遗产，并具有突出的文化景观特征。"长城作为这种独特的遗存形态，在历经2000多年不间断的历史演进中，受到了人类活动与自然侵蚀的共同影响，其保存的历史状态也反映了现实情况。我们必须承认，这种历史所带来的状态以及它当前的存在状态。这牵涉到对长城保护的许多争议，以及我们应采取何种保护措施。因此，通过这句话，我们实际上对长城的保存状态进行了评估，以认识其当前的状态。从国内长城资源的整体情况来看，其大致分为完整的、部分完整的、残缺的，以及遗址这几类，甚至有相当一部分已经消失了。

对于已经消失的部分如何处理，实际上也存在着很多争议。例如，在确定长城保护范围的过程中，一些段落已经消失，有人认为不必予以确定。然而，也有一些建设项目正是建在消失的段落上，因此也引发了一些争议。承认长城的某些部分已经消失，意味着我们认识到它曾经存在，只是现在已经不复存在，或许部分仍然存在于地下。因此，我们应该采取一种态度，不是视其为已经消失，而是按照其地面消失的方式对待。对于较为完整的形态，实际上我们所见到的大部分，已经是后期按照原貌复建的。例如，居庸关的照片显示了其雄伟壮观的景象，周边山上还建有许多亭子等设施。然而，需要说明的是，居庸关并不是全部建筑都被列入全国重点文物保护单位的范畴。当然对于一般公众来讲，这就是非常完整的形象，但是它本身文物的历史和遗存的价值是存在争议的。当然也存在长城的遗址形态。例如，张家口崇礼段的长城就是以遗址状态存在的，正好位于冬奥会赛场边上。后来，我们将坍塌的石块进行了堆砌，并安装了钢丝和钢网，网上还安装了灯具，晚上可以看到山上的一条亮龙。这表明长城已经残毁，底下还有许多遗址遗迹。

此外，面对大部分长城成为遗址的现状，如何让公众了解其病害化情况，并合理开展旅游或展示活动，是我们需要深思的问题。近几年，有一个团队进行长城研究性修缮的试点工作，讨论的议题包括长城国家文化公园的修编和北京长城的保护管理办法。其中涉及是否允许游客攀登未经修缮和保护的长城。从情理上来说，人们可能会赞成，但从实际情况来看，由于游客众多，未经修缮的部分长城也受到了相当严重的踩踏和破坏。因此，这是一个矛盾的问题，也是我们未来需要解决的问题。需要认识到的是，我们所了解的长城大部分已经处于破坏的边缘，需要我们精心呵护。

二、长城文化遗产的价值与保护

在国际社会中，对于所有文化遗产的核心概念在于确定何者值得保护。目前，人们普遍认可的是要保护遗产的价值。而关于“价值”究竟指的是什么，则需要进行更深入、分地区、分类型的研究。长城的价值也是如此。如何保护长城和延续其价值，是我们在所有遗产保护工作中都要面对的一个重要问题。此外，近年来，我国在国际文化遗产领域也强调不仅要保护，还要活化利用。这个概念，不论是在文化遗产保护还是在建筑方面，都被广泛认识。将文化遗产的传播、推广、展示和阐释作为保护工作的必要组成部分开展。这意味着我们进行保护，是为了传承和延续。我们之所以强调保护历史信息，而不是完全凭想象进行创作，是因为仅凭想象创作的作品难以承载传承的内涵。

在文化遗产保护中，有几个核心概念。第一是保护，第二是保护的是其价值，第三是要让这个价值得以延续。这三者应构成文化遗产保护的核心内容。实际上这也涉及了我们如何来干预。讨论价值实际上是一个哲学问题。仅“价值”这两个字是没有内容的，不同的对象，不同的人对不同的事情，其价值取向是不一样的。对价值的思考和选择，实际上反映了人类对除其之外所有事物的一个评判，需要什么，要留什么，其实是一种选择。通常文物包括三大价值，即历史价值、艺术价值和科学价值。2015 年，《中国文物古迹保护准则》在历史价值、艺术价值和科学价值的基础上，新增了文化价值和社会价值。然而，国家发布的文化遗产文件中，除了提及艺术价值、科学价值、历史价值、社会价值和文化价值外，还额外强调了审美价值或美学价值。这表明文化遗产具有多种补充价值，如情感价值、文献价值、考古价值、美学象征价值、功能价值、经济价值和政治价值等。因此，对文化遗产的研究和挖掘可以从不同的视角出发。

（一）历史价值

总的来说，历史价值是从时间的角度来评估和分析社会行为和社会现象的，它主要指遗产所具有的时间属性赋予的最基本的价值。图 6-3 的两张图片是我在北京平谷地区和河北、天津的交界处拍摄的长城。第一次拍摄的照片（上图）显示了长城未修复前的状态，第二次显示的是经过修复的长城（下图），与之前的状态相比有着显著的不同。然而，修复后的长城公众反响并不理想。这引发了一个问题，即长城的修复如何平衡时间和历史的价值。

图 6-3　一段修复前后的长城
（来源：汤羽扬讲座 PPT）

观察图 6-3 上图，长城本身已经严重损坏。我们想要进行修复，以防止进一步的破坏，但我们采取的干预措施应该达到什么程度，目前还没有一个标准的衡量尺度。每个地段、每一段长城、每座敌楼、敌台，由于位置不同、破坏程度不同，都呈现出各种差异。这需要遗产保护工作者以及管理人员，包括政府，对待历史价值持正确的态度。我们希望无论是维修还是后续的保护工作，都能够体现出对历史的尊重。时间的属性并非固定在某一点上，以长城为例，它经历了北齐和明代的修建。如果在同一段长城上发现了北齐和明代的信息，我们应该如何处理？是将其恢复成北齐时期的长城，还是保留明代时期的长城？历史信息的处理也具有时间属性，更加需要进行基于现场、清晰的选择。

（二）艺术价值

艺术价值实际上是过去时代审美情趣的记录，反映了当时的审美情感和美学创造思想。当我们探索长城时，会发现其艺术美感的最突出表现是人造物与自然环境的完美结合。此外，在长城的建造方式中，我们也可以发现一些审美追求。例如，在山西的长城上，许多敌台和墙体门都有砖雕，即使是简单的长城敌台，也能在石材上看到工匠们雕刻的纹饰，他们希望在建造过程中留下一些审美的痕迹（参见图 6-4）。这种工匠们的审美追求也非常重要，以前可能并未受到足够的重视，因此，我们也在思考如何传承这种艺术美学的情感和属性。另外，我们还在探讨如何在长城的保护中展现现代审美追求，如何表达当代人的审美理念。

图 6-4　长城上带有纹饰的砖雕
（来源：汤羽扬讲座 PPT）

（三）科学价值

科学价值容易被理解，长城主要反映了社会的知识水平和科学发展状况。在长城的选址和布局中，融入了许多军事需要和地理环境的考量。此外，在考古过程中也发现了长城的结构特点。比如，一些敌台基础是劈山建造的，墙体基础建在山上的坑里。这些发现展示了当时人们为解决安全问题而采取的各种结构措施。

（四）文化价值

文化价值主要体现了一个民族地区文化和宗教的多样性。由于长城位于农牧交错地带，汉族区域以农业为主，少数民族区域以牧业为主，长城正好就在这样一个交错带上摆动。沿线地区的建造反映了多种民族文化元素。此外，长城沿线的景观是在人类自然环境活动中形成的，也具有丰富的文化价值。例如，国家级非物质遗产八达岭长城传说就是活态的文化景观，反映了长城沿线的文化内涵。又如，许多学校志愿者参与采集沿长城边的抗战文化故事，这些活动不仅是对长城墙体的文化价值的体现，更是对区域文化的呈现。长城不仅提供了一个文化体验的场所，还能激发人们的情感共鸣。

（五）社会价值

社会价值主要是强调文化遗产本身的一个公共属性和社会效益，它是站在一个时空的角度来解释和评判一些社会现象、社会结构和社会发展的过程，考量对社会的推动作用。

在讨论长城时，建筑学角度更多关注其物质遗存，但实际上长城被视为中华民族精神的象征，主要是基于其文化和社会作用。长城在历史上不仅是军事防御工程，也是维护和平、规范秩序以及促进区域交流的象征。因此，现今我们不仅讨论其军事目的，也强调其在维护和平、规范秩序以及促进区域交流等方面的作用。

在长城沿线，各民族时常进行贸易活动，其中马市是一个非常著名的例子。这表明在没有战争发生的时候，长城沿线也是一个文化交流的热点地区。尽管长城已经失去了其军事防御功能，但它仍然具有文化传播的作用。一个常用的俗语是"言中国必言长城，言长城必言八达岭"，这表明长城已经成为中国的象征，对于凝聚中华民族精神有着强大的推动力。

（六）联合国教科文组织对长城价值的判断

长城作为联合国教科文组织认定的世界文化遗产，需要符合特定的标准。这些标准共有六条，具体包括：

① 创造精神的代表作；

② 在一段时期内或世界某一文化区域内，对建筑、技术、古迹艺术、城镇规划或景观设计的发展产生过重大影响；

③ 能为已消逝的文明或文化传统提供独特的或至少是特殊的见证；

④ 一种建筑、建筑整体、技术整体及景观的杰出范例，展现历史上一个（或几个）重要阶段；

⑤ 传统人类居住地、土地使用或海洋开发的杰出范例，代表一种（或几种）文化或者人类与环境的相互作用，特别是由于不可逆变化的影响下变得易于损坏；

⑥ 与具有突出的普遍意义的事件、活传统、观点、信仰、艺术作品或文学作品有直接或实质的联系。

长城符合联合国教科文组织所规定的五条标准，这表明长城所具有的价值和文化内涵非常丰富。其历史内涵以及对不同文化的包容和促进作用，都使其在世界文化遗产中具有重要地位。

标准Ⅰ 明长城是绝对的杰作，不仅因为它体现的军事战略思想，也因为它是完美建筑。作为从月球上能看到的唯一人工建造物，长城分布于辽阔的大陆上，是建筑融入景观的完美范例。（文化景观）

标准Ⅱ 春秋时期，中国人运用建造理念和空间组织模式，在北部边境修筑了防御工程，为修筑长城而进行的人口迁移使民俗文化得以传播。（区域生业与区域文化）

标准Ⅲ 保存在甘肃修筑于西汉时期的夯土墙和明代令人赞叹及闻名于世的砖砌城墙同样是中国古代文明的独特见证。（建造工艺技术）

标准Ⅳ 这个复杂的文化遗产是军事建筑群的突出、独特范例，它在 2000 多年中服务于单一的战略用途，同时它的建造史表明了防御技术的持续发展和对政治背景变化的适应性。（古代军事体系与政治）

标准Ⅴ 长城在中国历史上有着无与伦比的象征意义。它防御了外来入侵，保留了长城内的文化，且其修造艰难，成为中国古代文学中的重要题材。（非物质文化）

（七）长城该如何保护

长城的保护涉及许多方面，其中安全性和美感是两个重要的考量因素。我们需要在保护长城的过程中找到一个平衡点：一方面要确保长城的安全性，以防范任何可能的安全隐患；另一方面，也需要考虑如何保留长城的历史沧桑感和美感，以便能够打动人心。

对于长城的保护，有一些常见的理念和原则，但实际执行起来可能并不容易。其中之一是真实性原则，指的是保留长城的历史原貌和物质遗存，以便人们能够了解其历史和文化价值。在进行长城的修复和保护时，我们需要考虑其样式、材料、工艺以及周围环境等因素的真实性。长城的真实性体现在其原始材料、当前形态以及周围环境的保留上。保护长城意味着要保留其最初的材料和结构，同时也要保持其当前的形态和周围的自然环境。遗产的环境也是至关重要的，岁月留下的痕迹和环境的变化都是长城历史的一部分。人们希望看到的是悠长的岁月留下的斑驳痕迹，而不是过度修补所带来的不自然感。

另一个重要的原则是完整性，即保护长城的整体完整性。这意味着长城应该被视为一个整体，而不仅仅是零散的建筑物。长城的每一段都应该被视为不可分割的一部分，以便更好地保护其历史和文化价值。对于完整性的讨论确实没有一个标准答案。完整性可能指长城的形态完整性，也可能指整体的安全性。此外，完整性还可能指长城遗址本身的完整性，即你当下所看到的东西是否完整。因此，完整性是一个相对而言的概念，没有一个固定的标准答案。

美感也是长城保护中的一个考量因素。修复后的长城不仅应该是安全的，还应该具有美感，能够打动人心。因此，在进行修复和保护工作时，我们需要考虑如何保留长城的原有美感，并尽可能使其与周围环境和谐统一。在实际的保护工作中，我们需要综合考虑这些因素，并努力找到一个平衡点，以确保长城能够得到有效的保护和传承。

还有一个原则是最小干预。这意味着尽可能地减少对长城的干预，只做必要的动作以确保其安全性。任何形式的干预都会对长城原貌产生影响，无论干预的大小。因此，我们需要讨论干预的程度，以及人们对这种变化的接受程度。

此外，可识别性也是一个重要的原则。在国内并不是特别强调这个原则，但其实它也是一个重要考虑因素。可识别性意味着在干预长城的过程中，新添加的部分应该能够与原有部分清晰区分开来，让人们能够识别出哪些是历史遗留的，哪些是后期添加的。因此，可识别性和最小干预原则是密切相关的，我们的干预应该是能够让人们识别的，同时又不过度干预长城原貌。所有工作都指向一个目的——价值的整体保留。

长城之所以能够持续吸引人们并引发情感共鸣，部分是因为它的真实性和历史沧桑感。长城作为一个真实而又沧桑壮美的物质存在，能够唤起人们与过去的联系。它所展现的衰落和历史的真实性，让人们感受到时间的流逝和历史的沉淀，这种感受常常被描述为“令人愉快的衰落”。在长城的保护与维修中，重要的是保持其真实性和历史的沧桑感，让人们能够感受到它的历史底蕴和真实性。即使长城已经失去了最初的防御功能，但它作为历史的见证，仍然具有深厚的文化内涵和价值。因此，保护长城不仅是为了保护其物质遗产，更是为了保护其所代表的历史、文化和精神的价值。

（八）最小干预的“度”如何把握?

在保护长城时，需要谨慎考虑干预的程度，以保持其真实性和历史感。图 6-5 左边的图中过度干预的墙面修复给人的感觉是不自然的，与长城的历史氛围不相符。图 6-5 中间的图展示了修复较为成功地保留了长城的历史感，使其具有沧桑美感，同时确保了安全。然而，在长城遭受坍塌威胁的情况下，修复长城是必要的，但过度的修复可能会破坏其历史感和真实性。

图 6-5　长城的不同干预程度
（来源：汤羽扬讲座 PPT）

因此，如何在修复过程中把握度是非常重要的。“度”可以理解为尺度、界限、法则，它是指在修复长城时需要考虑的一种平衡和准则。修复长城需要尊重其历史和文化，同时确保安全和稳固。为达到这种平衡，需要综合考虑各种因素，包括长城的特点、修复的技术手段以及公众的期待。

对于文化遗产的保护和修复需要谨慎，应该综合考虑各种因素，以尽量减少对文化遗产的干扰和破坏。图 6-6 是摄影师杨东拍摄的照片，照片展示了长城的残存状态，既不是完整的，也不是严重破损的。这说明长城的保护工作在一定程度上取得了成功，同时也提醒我们在长城的保护过程中需要继续努力，以保留其历史文化价值。

长城的保护方法有多种可供选择，其中的一种方法是保持原有形态，采用其他支撑方法来保护。然而，这种方法也引发了争议，因为在保留原有形态的同时进行修复，可能会给人一种不自然的感觉。尽管墙体恢复了直立，但周边的一些元素可能会对人们产生干扰。因此，对于修复，人们正在探讨如何使长城更加稳固，同时尽量减少干预，以避免让人产生过度修复之感。

图 6-6　长城的修复状态
（来源：汤羽扬讲座 PPT）

三、文化遗产价值阐释的方法

长城作为大型线性的遗产，具有多重的价值，而选择保护什么、如何保护，以及如何向公众展示，则体现了不同时期社会对遗产的不同理解和选择。《文化遗产阐释与展示宪章》（国际古迹遗址理事会 2008 年加拿大魁北克第 16 届大会）提出了文化遗产保护与公众理解的几个核心问题：

——关于文化遗产阐释与展示的公认的、可接受的目标是什么？

——哪些原则有助于确定什么样的技术方式和方法适用于特定的文化和遗产背景？

——哪些标准和专业的方法有助于选择一种特定形式和技术进行阐释与展示？

通过对这些问题的思考和回答，可以为文化遗产的阐释与展示提供更为清晰和合适的指导，从而促进对文化遗产的有效传承和保护。

选择展示文化遗产的方式和内容以及采用何种手段进行展示是一项重要的决策。阐释与展示遗产之间的关系可以用一句经典的格言来概括：通过解说我们才得以了解，通过了解我们才懂得欣赏，通过欣赏我们才能加以保护。这句话强调了阐释与展示在文化遗产传承和保护中的重要性。只有经过解说，人们才能真正理解文化遗产的历史、意义和价值；只有理解了，人们才能真正欣赏文化遗产所蕴含的美丽与独特之处；而只有真正欣赏了，人们才会愿意加以保护和珍惜。

在对古北口长城的标识系统设计中，发现很少有深入解释和说明长城的标识。例如，在将军楼上的日军炸弹坑处，缺乏相关标识来说明其历史背景。这种情况导致公众在观赏长城时缺乏深入理解，往往只是匆匆路过，错失了了解长城背后丰富的故事和意义的机会。所以，对遗产价值进行阐释和展示非常重要，因为它能唤起公众对真实历史的认识和保护遗产的意识，也是一种保护和教育手段。保护也是遗产阐释与展示的最终目的，而阐释则包括一切旨在提高公众意识、增进对文化遗产了解的活动，可以通过各种方式对遗址进行解说。阐释不应该仅是一种单向的表达，而应该是一种与公众的互动，能够引起双方的沟通和交流，从而实现双方的理解和回应。

在国际上，有许多不同的方法来进行阐释。国际上提出了阐释与展示的七条基本原则，包括：（1）接触渠道和理解，即必须确保观众能够理解阐释内容；（2）保证信息源的准确性和可靠性；（3）重视背景环境和文脉，即将遗产放置在其历史和文化背景中进行阐释与展示。因此，为了更好地阐释与展示文化遗产，需要加强对历史和文化的深入挖掘，设计出更具教育性和启发性的标识系统和解说文案，让公众能够更好地理解、欣赏和保护这些珍贵的遗产；（4）保持真实性，保护需要真实性，阐释也需要真实性；（5）可持续性规划，阐释能够可持续；（6）涵盖和包容；（7）研究培训和评估，还有后评估，根据评估再修正。

展示遗产的过程确实是一个复杂的过程，涉及如何通过技术手段传达遗产信息以及如何展现出来的问题。展示可以理解为对阐释的一种技术性表现，即将遗产内容挖掘并呈现出来的过程，而展示方式则包括各种手段，比如图片、模型、实物陈列、游线、讲解、电子数字化媒体等。

（一）印刷品

国际上通常会提出几种常用的展示方式，其中最常见的就是印刷品。在国外旅游时，你会发现各种旅游点和遗产点提供了丰富的资料，你可以随手拿取，而且通常是免费的。这种方式实际上也是一种阐释和展示的方法，旨在让更多人了解这些地方的历史和文化。这些资料包括学术性的内容，也包括简单易懂的路线指引，甚至有专门针对不同年龄段的儿童提供的解说或印刷品。这种多样化的传播方式旨在满足不同人群的需求，是一种最基本的阐释方法，而不局限于某一种形式。此外，出版物在国际上仍然扮演着重要角色，特别是电子出版物的兴起。如果你查找英国的哈德良长城，你会发现大量的信息和解说的内容可供参考。

（二）展览

博物馆和遗址的结合非常重要。博物馆可以在脱离遗址现场的情况下，通过各种方式向公众展示和解释遗产。这些展览可以采用各种形式，包括触摸型、非触摸型和互动型的方式。国际上对博物馆的重视程度很高，对于博物馆的定义也经过多次修订，以适应不断变化的需求和环境。

国际上一些遗产地的博物馆，这些博物馆的形式和功能可能与我们通常理解的博物馆有所不同。相对于传统的大型博物馆，国际上的遗产地博物馆可能会有多样化的形式，包括一些专题性的小型博物馆，比如英国的哈德良长城，附近可能有一些专门展示古罗马文物的小型博物馆，这些博物馆专注于特定的主题或历史时期，为公众提供更深入了解和体验的机会。另一个例子是雅典卫城的博物馆，它位于山下，与卫城和帕特农神庙遗址相邻。这座博物馆拥有独特的设计，地下部分展示着考古发掘的遗址，而地面上则呈现着卫城和帕特农神庙的文物和历史，通过廊柱式的设计和开放式的空间，使游客可以在博物馆内欣赏遗址地的景观。这些例子表明，国际上对于遗产地博物馆的设计和功能考虑更加灵活，以满足公众对于文化遗产多样化的需求。

（三）解说系统

解说系统在帮助公众了解遗产信息方面起着至关重要的作用，是一种非常普遍的方式。例如，英国的哈德良长城解说系统就比较完善（参见图 6-7），每个建筑遗址都配有历史解说。解说的形式可以是展示牌，也可以是随身携带的语音解说设备。我曾去过英国大英博物馆，深受其解说系统的启发。博物馆提供了一种很好的耳麦设备，解说内容分层次设置。比如，当你看到一个展品时，你可以按一下编号，比如按 1，然后你就会收听到对应的解说。如果你是专业人士，还可以选择更深层

图 6-7　英国哈德良长城遗址解说牌
（来　源：https://www.mummytravels.com/hadrians-wall-for-kids-northumberland/）

次的解说，如按 2。这种分层次的解说系统能够满足不同人群、不同文化水平人群的需求。解说系统的作用在于帮助人们更深入地理解遗产信息。因为仅仅看是不够的，只有经过专业的解说你才能更深入地理解。

解说有 6 个原则，这些原则对于解释和描述国家公园等遗产场所非常具有指导性。这些原则包括：

（1）与观众体验或个性产生关联：解说必须与公众的体验和个性产生联系，这样才能引起他们的兴趣和共鸣。

（2）揭示而非简单提供信息：解说不仅仅是提供信息，而是在信息的基础上进行揭示和阐释，以便听者更深入地理解遗产场所。

（3）解说是一种艺术：解说接受多种艺术形式，包括科学、历史等，并注重其教育意义，以各种方式激发公众的情感和兴趣。

（4）激发兴趣而非简单授课：解说的目标是激发观众的情感和兴趣，而不是简单地传授知识，以使他们更加深入地了解和关注遗产场所。

（5）呈现整体而非局部：解说应该关注整体而不是局部，让观众了解事物的全貌，而不仅仅是其中的一部分。

（6）面向儿童的解说：面向儿童的解说不应简单地简化为成人版本，而是应该采用完全不同的方式和设计，使儿童能够理解并能够引起他们的兴趣。

这些原则在设计解说系统时可以提供有益的指导，特别是对于中小学生的解说，需要更加贴近他们的理解和兴趣点。

（四）参观游览步道

参观游览步道是解释遗产的一种方法，它在中国长城国家公园中也受到了推崇。目前，中国长城的步道主要限于登长城的道路，但是国家长城公园和国家文化公园已经在讨论将其称为长城风景道，这意味着步道不一定局限于长城的顶部登城道，这样的概念有较大的探讨空间。

在英国哈德良长城的例子中，建设长城步道引发了很大的争议。尽管英国哈德良长城人流量不及中国长城那么大，但最终建成后，人们对其效果还是比较认可的。这样的步道让游客能够更近距离地欣赏长城，而不一定需要登上长城。

（五）情景再现和浸入式

情景再现是一种嵌入式的展示方式，通过表演将历史知识变成一种生动的表演形式，让公众能够更好地理解。这种方式在许多景区已经得到广泛应用，其中一些表演包括历史场景的再现。在国内，有一些园林和景区也采用了情景再现的方式。例如，在苏州的一些园林中，晚上会有古典文学作品《浮生六记》的昆曲表演，游客可以在园林里漫步，欣赏这些表演。

对于长城来说，采用情景再现可能比较困难。有一家公司在八达岭长城附近策划了一场情景再现表演，但最终因为长城本身的安全问题以及其他问题未能实现。因此，对于长城来说，选择合适的展示方式需要仔细考虑。

（六）教育与研学活动

现在遗产地越来越倾向于开展教育和研学活动，针对不同的观众进行解释和展示变得越来越重要。长城作为一种广泛的遗产类型，吸引了不同类型的人群，因此如何进行差异化的阐释和展示至关重要。

图 6-8　不同类型的游客
（来源：汤羽扬讲座 PPT）

图 6-8 是英国哈德良长城研究游客时提出的一些提示，用以划分游客的心理追求和偏好。他们认为，游客可能包括精英型、寻找刺激型、表现型、自我认同型、释放型、成熟稳重型等不同类型

的人。这些游客在遗产地的心理需求和期望可能不同，因此需要根据这些心理因素来划分游客类型，并采取相应的阐释和展示方法，以满足不同类型游客的需求。

（七）反常规的阐释方式

反常规的阐释方式旨在吸引更多的人关注长城。举例来说，在哈德良长城上，有艺术家将地铁站的指示牌制作成一张地图，将哈德良长城与道路连接起来，通过引入现代概念和其他方法，而不是简单地贴上解释性图片，来吸引游客的想象力。腾讯和清华大学美院等机构都开展过许多创新活动，包括推出关于长城等历史文化的小程序、小游戏以及文创产品等。这些创新活动往往采用了模拟化、拟人化等反常规的方式，吸引了年轻人的关注和参与。清华大学美院的年轻团队在八达岭甚至开了一个店，专门销售他们设计的文创产品，其包括盲盒等形式的产品。这些文创产品的反应效果良好。这种方式在国内使用较为普遍。

（八）重建

重建的方式即以更直观的形式呈现对象，而不是深奥的解释。这种方式可能更适合普通公众，他们希望以直观的方式来了解和欣赏文化遗产，而不是被过于专业的解释困扰。对于遗址复建的做法，存在着一些争议和不同的观点。比如在居庸关等地，整个关城区域都进行了复建，包括门楼等景区。然而，对于这种做法，从文物保护的角度来看，很多人持反对态度。他们认为在原遗址上进行复建是不可取的，因为这会破坏原有的历史遗迹，并且不符合文物保护的原则。然而，在旁边建立模拟的台子或者其他结构，而不是影响原遗址，这种做法可能更容易被接受。比如在英国的哈德良长城边上建立模拟的台子，这种做法能让公众更容易理解原来的遗址形态和历史。

四、长城文化遗产价值挖掘、展示与宣传

对于长城文化价值展现，可以从几个层面考虑，即价值挖掘、价值展示、价值宣传。

（一）价值挖掘

对长城价值的挖掘是非常有必要的。尽管长城是一个广为人知的历史遗迹，但仍然存在许多尚未被充分了解的地方。例如，对于北京周边的长城，人们对八达岭等知名景点可能比较熟悉，但对于古北口这样的地方了解相对较少。我曾带领新华社的一些记者前往古北口长城，他们登上了长城后才意识到，原来长城不局限于八达岭等地。事实上，古北口也是北京通往北方塞外的重要通道之一，但许多人对此知之甚少。

因此，长城的价值和特点远远不止人们目前所了解的那些。通过深入挖掘和研究，我们可以更好地认识长城的历史意义、文化价值以及它在中国历史和文化中的地位，从而更好地保护和传承这一宝贵的文化遗产。

我们团队在如何挖掘八达岭长城的历史价值方面进行了探索。首先，通过深入的文献研究和资料搜集，了解八达岭长城在北京历史上的重要地位，从边疆之城到国家中心再到王朝都城的演变历程。在这个过程中，收集了大量的历史资料，包括明信片和照片等，其中一位热爱八达岭历史的延庆区工作人员提供了宝贵的历史资料。其次，通过研究北京城市发展与八达岭长城的关系，进一步理解了八达岭长城及关沟、居庸关在北京历史和城市发展中的重要价值。这种研究方法从历史脉络出发，将八达岭长城与北京城市的发展联系起来，使得我们能够更全面地了解其历史和文化意义。

此外，我们还研究了八达岭长城地貌历史和景观环境的特点。首先，八达岭所在的关沟是燕山山脉和太行山山脉的交界处，具有沟谷地貌特征。这个地形特点使得八达岭成为古代通行的要冲，连接了塞外与华北平原，具有重要的地理位置。八达岭区域景观环境独特，四季变化丰富，其中居庸叠翠是北京八景之一，同时还拥有 72 座水井，这些井的挖掘历史和研究对于理解八达岭长城区域的重要性具有重

要意义。其次，研究团队对八达岭长城周边的古代通道进行了研究。除了八达岭长城沿线的 20 多千米长的关沟外，还有向北京城和张家口方向延伸的古代御道，这些道路在古代具有重要的交通意义。通过对这些通道的研究，可以更好地理解八达岭长城在古代的地理位置和战略地位。通过对古代道路的研究，我们可以发现更多位于该区域的历史遗迹。这些道路在古代是文化和经济交流的重要通道，连接着北京城和周边地区，同时也与承德等地相连。沿途可能会发现古代的行宫等遗迹，以及与重大历史事件相关的遗迹，如南口八达岭长城区域在抗战时期发挥重要作用。据记载，该地区曾是抗战时期的战场，山上留有许多弹壳等遗迹，这些遗迹见证了当时的历史事件和人们的抗战精神。通过对这些遗迹的研究和挖掘，可以更深入地了解该地区的历史，以及其中发生的重要事件，同时可以把它向公众进行阐释和展示。

综上所述，通过对八达岭长城区域的地貌历史、景观环境以及古代通道的研究，可以深入挖掘其在历史上的重要价值，并且为今后的文化保护和传承提供重要参考。

（二）价值展示

价值展示可以通过前述的方法进行展现和表达，其中以丰富多彩的互动式的活动为佳。举个例子，八达岭除了长城城墙以外，在长城以内，平原山区和平原交界的地方有非常多的口子，这些口子以前没有人关注过。我们经过研究，利用现有的道路把这些口子联合起来，形成一条新的文化线路，并且添加了解说系统，让这些遗产的展示丰富起来。再一个是八达岭旁边的岔道城，以前没有人说它的故事，经过这两年的考古，我们看到城的周边有好几个墩台守护，墩台经过考古以后呈现出非常好的遗址面貌，就变成了我们可以展示的内容。

例如，火焰山营盘遗址这座驻兵城经过考古发掘后，里面的建筑遗址形态非常清晰。从较高的视角观看，整个城市的形状非常完整，其中包括长官的住所、庙宇以及一般的民居，甚至城门等建筑都清晰可见，展现了这座古城的特色和历史面貌。这些考古遗址的保护和展示，可以让公众更加直观地了解古代长城沿线的军事设施和城市生活状态，进一步加深对长城文化的认识和理解。

（三）价值宣传

价值宣传目前做得不是特别好。相关工作包括举办长城文化节，以及举办一些国际交流活动、推出文创产品。现在已经有了长城绘本图书，可以给孩子们讲长城的故事。还有个网站叫长城小兵，做了不少向公众解释长城价值的工作。

长城的价值可能不仅是供登城，还要把周边村镇及相关的军事文化向公众进行展示。比如古北口完成了一条“胜利之路”探访线路，这个探访线路和相关标识的设计不仅帮助游客更好地了解周边地区的文化和历史，还将长城沿线的遗存串联起来，使其成为一个整体的文化景观。“胜利之路”非常有意义，因为古北口是北京唯一一个八路军和苏联红军接受日军投降的受降地。这样的历史事件为当地增添了独特的文化底蕴，也为游客提供了更深层次的体验和认知。为此，古北口在当地举办了一个八路军和苏联红军共同接受日军投降的授奖活动。因为周边有些广场和地方是空着的，我们建议利用这些绿地打造一个可以举办活动的空间。我们的学生和老师们与中国建筑协会的专家一起设计了展示牌。我们还进行了第二期的工作，进一步挖掘周边其他历史事件和故事，让其得到更好的展示和传承。古北口地方政府对这些工作非常支持，并希望我们能够制作一本宣传册，提供一张线路图，方便游客了解在这里能够观赏到什么。因此，长城文化的宣传不应该局限在长城本身，而应该辐射到整个长城周边，让更多人了解长城文化的价值。

五、长城国家文化公园建设

（一）北京长城国家文化公园资源构成

北京位于华北平原的边缘，被太行山和燕山环绕。这个地区东面向渤海，而北京的长城呈现出一种井字形的格局，但是尾巴部分延伸出几条分支，这也说明了长城并不是一条单一的线路。北京著名的箭扣长城，大致位于长城中部，这里有三条城墙交会，形成了一个北京长城的结。八达岭长城已经不是内线长城，而是向北延伸至张家口的外线长城。如果要打造长城国家文化公园，首先需要了解资源情况，包括长城本身的资源、相关的文化资源以及自然资源。在规划公园或者其他项目时，必须清楚自己拥有什么资源，这样才能有针对性地进行规划和开发。

据统计，目前长城共有 2409 个资源点，面积是 4000 多平方千米，占整个北京市域范围的 1/4 还多。

（二）长城空间地形地貌特点

长城最显著的特点之一是与自然地形的结合，长城的布局充分利用了自然地形。总结北京长城的地形特点，它主要包括两座山（太行山脉和燕山山脉）、四条水（指北京主要的四条河流）以及十八条沟。这些沟是长城的重要关口，因为沟地势易守难攻，与军事设施有密切的联系。另外，我们还对北京的旅游客源进行了调查，我们必须考虑如何吸引年轻人参观。

另外，长城基本上分布在北京的生态保护区域内，因此长城国家公园不仅是一个文化公园，也是一个自然生态公园，必须遵守文化和自然生态管理的所有规定和规则。

我们经过多方研究并向北京市政府汇报后，决定将北京长城定位为中国长城国家文化公园保护和建设的先行区，此外，我们也希望将其定位为国家对外开放的文化名片。正如我之前提到的，沿着长城游览，特别是在八达岭，可以看到它是国家的礼宾接待地。自改革开放以来，八达岭已经接待了 8000 多位外国官员和 500 多位外国首脑，这清楚地表明其作为国家礼宾地的重要性。

（三）北京长城整体空间结构布局

对于北京长城国家文化公园，我们希望它成为一个能够完整叙述长城历史的“史册”，并且能够带动周边村镇和整个地区的发展。

这里可以总结出北京长城的主要构架，其中包括 5 个重点区域。这 5 个重点区域是未来北京长城国家文化公园建设的重点关注区域。

（1）马兰路：位于北京、天津、河北交界的地方，是一处历史上非常重要的地区，被称为一脚踏三省的地方。

（2）古北口：是北京历史上重要的出水口，也是密云水库的上游，潮河从这里流入，是北京重要的生态水源地。

（3）黄花路：箭扣长城近年来非常热门，成为一个热门的打卡地。

（4）居庸路：居庸关和八达岭是重要景点。

（5）沿河城：位于门头沟内，明长城沿字号敌台黄草梁段为国家级重要点段。

古北口、黄花路、居庸路以及沿河城等区域展示了北京长城国家文化公园的多样性。特别是沿河城，因为沿河城和长城背靠永定河，永定河被誉为北京的母亲河，近年来每年都有补水工程实施。我曾经有幸目睹了永定河放水的壮观景象，当时平昌河已经干涸，而永定河的宽阔水面令人印象深刻，景观十分优美。长城国家文化公园是国家级项目，覆盖了长城、大运河等重要文化遗产，甚至包括黄河和长江。这是国家战略上的文化战略，旨在将这些历史悠久、文化深厚、时间跨度长的线性文化区域作为文化公园，发挥文化辐射作用。

（四）北京长城文化公园规划建设

长城国家文化公园在国家级项目中占据重要地位。北京有三个国家级的项目，涉及箭扣长城的保护修缮基地、中国长城博物馆、长城国家文化宫和北京长城文化节等。第一是箭扣长城的保护修缮基地，作为国内长城维修的样板，这个项目是北京建筑大学参与挂牌的，旨在在国内建立一个长城维修的示范基地。第二是中国长城博物馆，这个项目经过大量前期研究，正在实施过程之中。第三个是长城国家文化宫和北京长城文化节。长城文化节是一个涉及各地组织的松散型活动，北京建筑大学通过各种学生活动来参与其中，推动长城文化的传播。此外，还有一个重要项目是长城风景道，它是国家级的长城风景道项目，将车道、人道、步行道、登山道等多种类型的道路相结合。

（周坤朋整理，秦红岭审校）

第二部分

人文与传统文化

第七讲

为自我出征

一个关于理想的道德叙事

曹刚

主讲人简介

曹刚，山西大学特聘教授，中国人民大学哲学院教授，博士生导师。主要研究领域为伦理学、应用伦理学、伦理学原理。任教育部人文社会科学重点研究基地“伦理学与道德建设研究中心”主任、中国伦理学会副会长。2011 年入选“首届中国伦理学十大杰出青年学者”，2013 年度中国人民大学“十大教学标兵”。

主讲概要

本讲座以美国作家罗伯特·费希尔的著名心理寓言小说《盔甲骑士》为线索和框架，通过沉默之堡、知识之堡和志勇之堡的情境设计，阐释了伦理学应有的目的论立场和实现理想的伦理之路。通过“沉默之堡”获得的是正确的自我认知，这是人生的起点，也是伦理学的逻辑起点。通过“知识之堡”获得的是道德智慧，主要体现在三个层次，即己所不欲，勿施于人；人人为我，我为人人；仁者自爱，只有爱自己，才能爱他人。通过“志勇之堡”获得的是明智和勇气，这是知行合一的保障。骑士通过打开沉默之堡、知识之堡、志勇之堡的大门，逐渐认识到“自然我”“功利我”“道德我”“审美我”，一步步战胜自我，最终实现自我的本质升华，卸下了束缚自身的盔甲。

我这里讲的题目是“为自我出征：一个关于理想的道德叙事”。所谓叙事，就是讲故事，所以我们就以《盔甲骑士》这样一个寓言为线索，从道德的角度来谈谈人生理想问题，所以叫作关于理想的一个道德叙事。我选的寓言是罗伯特·费希尔（Robert Fisher）的《盔甲骑士》（*The Knight in Rusty Armor*），它的另外一个译名是《为自己出征》（参见图 7-1），这个寓言被誉为是探索生命本质的钻石般杰作。

寓言的主人公是一个盔甲骑士，盔甲骑士所在的城堡旁有很多无恶不作的恶龙，骑士英勇善战，为民除害，战胜恶龙，拯救为恶龙所俘虏的少女。我这里讲述的重点是盔甲骑士因为英勇善战，皇帝奖励给他一套黄金盔甲，骑士非常享受这套金光闪闪的盔甲所带来的一切，包括荣誉、金钱、权力等，所以他整天穿着盔甲，号称准备随时出征，实际上是怕失去盔甲所象征着的这一切。直到有一天他的儿子问妈妈：“我爸爸长什么样？”他的妻子一想，实际上她也很久没有看到丈夫的真实面目了，因为他的盔甲也包括面盔和头盔，所以就与儿子说：“你看看墙上的照片，那就是你爸爸的样子。”当天晚上，妻子与她的丈夫也就是盔甲骑士摊牌了：“你已经不爱我了。”盔甲骑士说：“没有，我非常爱你，况且你还是我从恶龙手上拯救出来的少女。”但他的妻子却说没有感受到爱，她感受到的是冷冰冰的盔甲。“如果你觉得是爱我的，那就脱掉你的盔甲，证明你对妻儿的爱，否则我就会离家出走，带着孩子回娘家了。”盔甲骑士这才意识到问题的严重性，他决定脱掉他的盔甲，证明他对妻儿的爱，但奇怪的是，他穷尽所有办法也没能卸下盔甲。他用火烤，用力摔，请城堡里最有力气的铁匠使劲敲，但都没能让他脱下盔甲，脱不下盔甲，当然就不能证明他对妻儿的爱，那怎么办呢？

图 7-1 罗伯特·费希尔的《为自己出征》中文版封面（南海出版公司，2009 年版，郭伟刚译）

盔甲骑士为了重新证明他对妻儿的爱，重新获得妻儿对他的爱，他决定出远门，去到遥远的森林里，找一位叫作梅林法师的人帮忙。梅林法师在当时是非常有名的，当然，这个指点他的人在寓言里有很多细节描写，其实是一个城堡的看门人。在森林的深处，他找到了梅林法师，这时他又饿又乏，一下子晕倒了。醒来的时候，梅林法师以及梅林法师所带的小鸽子、小松鼠正在给他喂“生命之汁”。等恢复体力后，盔甲骑士特别想念自己的妻儿，所以就与梅林法师说想回家了，这个时候梅林法师将他带到一个路口说：“这里有两条路，你可以自己选择。一条路是回家的路，但是如果你回家了，你还是穿着一套黄金盔甲。”其实黄金盔甲是有寓意的，就像我们前面所讲的一样，它象征着权力、荣誉、财富等诸如此类的一种对人的外在的一种束缚。“另外一条路是往前走，这条路陡峭狭窄，充满了艰辛，但是它通往的是真理之巅，在那里骑士可以脱掉盔甲，找回真爱，实现真我。”那么在这里我们可以看到，梅林法师确实是先知，先知和智者在根本上是不同的，最大的不同就在于先知不代替他人来做选择，而是要你自己选择，并且为自己的选择承担责任。听了法师的指点后，骑士决定不走回头路，而是向前走，走上那条看似陡峭狭窄，但是有可能实现人生理想的康庄大道。这个时候法师掏出三把金钥匙给骑士，对他说，“如果你选择了往前走的路，那么必须经过三个城堡，它们分别是沉默之堡、知识之堡和志勇之堡。只有通过三个城堡，并且分别在三个城堡里得到了你应得到的东西后，才能真正地达到你的终极目的，实现自己的理想，实现真正的自我。”接着梅林法师又把小鸽子和小松鼠喊过来，让小鸽子和小松鼠陪着盔甲骑士上路。自此，盔甲骑士就在小鸽子和小松鼠的陪伴之下，第一次为自我出征，踏上了实现自己理想的道路。

一、沉默之堡里的自我认知

（一）为什么骑士要通过的第一座城堡是沉默之堡？

我这里首先要涉及的是沉默之堡中的自我认知。为什么骑士在实现自我理想的道路上要通过的第一座城堡叫作沉默之堡呢？他需要在沉默之堡里得到什么才能通过呢？因为，在沉默之堡里面得到的东西肯定是他的人生的一个起点，那么人生的起点是什么呢？

老子曰：“知人者智，自知者明；胜人者有力，自胜者强。”换言之，人是一种有意识的、历史的存在，能够对过去不断反思，对未来不断筹划，而不仅仅满足于对现在的享受。也就是说，人需要通过各种方式为自己树立一个毕生追求的理想的目标、一种生活的目的。如德国哲学家海德格尔在《存在与时间》中所说的“人的本真状态与非本真状态”，我们总是使我们的设计超超我们自己，然后用现实来填满这种设计，但是所有的这一切有一个根本的起点，这个起点就是自我认知。那么，在沉默之堡里面，他要获得的是什么呢？其实是一种合理的、正确的自我认知。因为在认清自我之前，自己的所谓的理想是说不清楚的。俗话说，“人贵有自知之明”，自知之明是可贵的，而且是第一可贵的。因此，沉默之堡是我们整个寓言中所要经过的第一个城堡，因为这是人实现人生理想的一个起点，但认识自我其实是不容易的。我们说“知人难，知己更难”，为什么？因为难在这是自己对自己的一种认知，也就是说，自己把自己当作一个观察的对象，自己既是主体又是客体，主体意识和客体意识在这里是彼此纠缠的，自我的感受、情感和欲望混杂其中，各种纠结远胜于对外在对象的认知。所以自知是很难的，但是难并不意味着无法做到，办法是什么呢？

（二）为什么沉默之堡是寂静的且只能独自通过？

其实在沉默之堡里面有一种特殊的设计，这种特殊的设计就是告诉我们如何进行正确的自我认知。那么这个城堡里面的特殊设计是什么呢？

小鸽子和小松鼠陪着骑士前行，途中小鸽子负责瞭望，小松鼠负责给盔甲骑士补充能量。这时，小鸽子回来告诉盔甲骑士看到了城堡，城堡外面写着“沉默之堡”四个大字。当盔甲骑士用钥匙打开沉默之堡的大门进去的时候，他突然发现，小鸽子和小松鼠站在门外，不愿随他一起进去，原来沉默之堡只允许一个人通过。进门后他发现，城堡一片寂静，哪怕大厅的壁炉燃着熊熊烈火，也没有发出噼噼啪啪的声音。除去寂静之外，看不到任何通向外界的门，只是一个大厅。这时突然有一个人出现了，这个人是原来所在国家的国王，他高兴坏了，以为可以和国王做伴一起通过城堡。国王和小鸽子、小松鼠说的话是一样的，城堡只能一个人才能通过，说完国王就消失了。

那么我们思考一下，为什么沉默之堡会有这样一种特殊的设计呢？第一，为什么只能独自一个人通过城堡，而不能有伴侣？第二，为什么城堡里面是一片寂静？第三，为什么城堡没有通向外面的门，那么要怎样走出城堡呢？

第一，为什么只能独自一个人通过城堡？城堡里面所要获得的最宝贵的东西其实是一种自我认知。也就是说，是面对自我，是一个自己和自己相处的过程。我看过一篇好像是叫虫非虫写的公众号文章，题目是《熬夜是为了和自己多待一会儿》，我有的时候想这个题目其实取得挺好。这里面讲，“我在每个不睡的深夜里面，我都拥抱着自己”，实际上在这里他说的只是拥抱，我在这里说的不只是拥抱，实际上是把自己作为对象来认识。也就是说这个时候，人的根本特性在于人是有自我意识的，人的眼睛是可以向内看的。而所有的动物，例如猫、狗等，它们的眼睛只能看到外在的世界。换言之，它们不会把自己作为对象来认知，而人不一样。所以当我们说在城堡里面，你要获得一种合理的自我认知的话，首先认知的主体是自己，认知的客体是自己。所以，只能独自通过的设计就在于这是一个自我相处、自我认知的过程。

第二，为什么城堡里面是一片寂静？实际上，自我认知的过程也是一个自我追问的过程，一切外在喧嚣的声音，都无益于聆听自己内心的声音。我们常常会问自己：我是谁？我正在做什么？我这样做对吗？我应该这样做吗？如果在卡拉 OK 厅里面，在各种各样的酒桌上，或者在各种各样的攀谈中，我们是听不到这种自我追问的，所以这种寂静，它其实是假设了这种情境，在这种情境中，自我在交流回答。苏格拉底就曾经公开承认，从幼年开始就不断有精灵在重要时刻与他对话，无论事情大小，只要是不该做的，精灵就会出来。我非常喜欢黎巴嫩诗人纪伯伦在《雨之歌》里的一句诗：“在寂静中，我用纤细的手指轻轻地敲击着窗户上的玻璃，于是那敲击声构成一种乐曲，启迪那些敏感的心扉。”[1] 实际上在这里，这个城堡为什么是一片寂静呢？因为只有在自我追问中，这个时候的“我”已经分化为两个“我”了，一个是追问者，一个是被追问者，被追问者他是需要去回应的。而在现实生活

---

1 余振业，王怀安 . 20 世纪世界文学精品 散文诗卷 [M]. 南昌：百花洲文艺出版社，1997：93-94.——编者注

中我们会发现，为什么我们很多时候无法忍受安静，一个最简单的理由就是不愿意去面对自我，害怕听到内在的声音，这是第二点。

第三，为什么城堡没有通往外面的门？也就是说，通关的秘籍在哪里？它是独自才能通过的、一片寂静的，但无论怎样，走出城堡必须有门，但是沉默之堡的设计恰恰是没有门的。实际上这想告诉我们的是什么？是这个门是在自己心里的。我们常常说心扉，打开心房，实际上自我认知的过程就像前面说独自通过内在的追问一样，它是往里的，所以这个门不是一个物理意义上的门，而是心扉，只有一扇扇地打开自己的心扉，才能够通过城堡，这就是一个自我认知的过程。

（三）沉默之堡里的三个自我是什么？

1.“自然我”

盔甲骑士想到这里就安静下来了，开始把自己作为自己认知的对象，开始通过反思自身慢慢打开自己的心扉。当他打开心扉的时候就进入了第一个房间，他看到了一个“我”，我把它称为“自然我”。

为什么叫作“自然我”呢？我用一篇小说来说明这一点。我们都知道著名作家列夫・托尔斯泰，《战争与和平》《安娜・卡列尼娜》都是他的经典著作。他有一篇名为《一个人需要多少土地》的中篇小说，这个小说的主人公是个农民，农民的理想就是成为地主，就是拥有大量的土地。有一天，镇子上来了一个外地人，农民听外地人说在一个遥远的部落有大量肥沃且廉价的土地出售，农民一听，那不就有机会实现他的理想了吗？所以农民卖掉了他的那几分薄地和所有的家产，拿上所有的钱开始上路。终于走到传说中那个遥远的部落，问部落酋长这里的地是多少钱一亩，酋长告诉他，部落的地不论亩卖，是论天卖。农民就觉得很奇怪，买卖的度量标准都变了，怎么卖呢？酋长告诉他：“你给我 1000 卢布作为押金，从太阳出山的时候出发，到太阳落山的时候回到你的出发点，你所走过的圈到的所有的土地都将是你的。但是如果在日落的时候没有回到出发点，那么这 1000 卢布就属于我了，所以叫作 1000 卢布一天。”农民一想，好啊，所以他准备了充足的干粮，第二天早上太阳刚刚出山就出发了。他由一开始正常走路，到快走，再到跑，因为只有越来越快，才能圈到更多的土地。当他觉得应该要回去时，又看到一个水草肥美的地方，他又舍不得回去，于是他想着再加快跑一下，当他觉得自己不得不往回跑的时候，拼了命地往回跑。终于，在日落的前一刻跑回了出发点，但是他却摔在地上死了。其实我想，托尔斯泰在这里问一个人究竟需要多少土地，就像我们传统文化中经常所说的“一抔黄土”。在这里我讲这个故事的寓意是什么呢？其实我想说的是，农民的“我”只不过是一种“自然我”，这种“自然我”是没有理性的，是被欲望驱使着的，与动物相比没有根本的区别，就像他的奔跑一样，他的一生都是被欲望驱使的，去追逐他所谓的目标、理想，但问题是他没有理性。在这里一个最基本的命题可以说是“我欲故我在”，所以这种“我”肯定不是“真我”。人作为一个自然的存在，是有自然的欲望的，但是我们作为人肯定不只是受自然的欲望驱使，那样我们是没有理想的，我们不过是在因果循环中间从生到死而已，它符合一个自然的规律。

所以，当盔甲骑士通过反思打开了第一道心房，看到了“自然我”的时候，他意识到“自然我”虽然说是人存在的一个前提，但肯定不是“真我”，他想到了这里，第二道门打开了。

2.“功利我”

在第二个房间里面，骑士又看到了一个“我”，我把它称为“功利我”，什么叫作“功利我”？其实它就是一种理性的、自利的人格化，也就是说是一个理性的、自利的人，但是这种理性只是一种工具理性。什么叫作工具理性？这个时候它和第一个环境的“自然我”不一样了，“自然我”不知道在什么意义上能够更好、更有效地去获得这片土地，所以才要去规划速度和时间，要去争取在太阳落山之前到达目的地，进而获得更好的生活。“自然我”意识不到这一点，它只是被欲望驱使，最后在终点丧命。但是理性的“我”不一样，它知道怎么样去精打细算，能够为了达到目的而去寻求一种多快好省的途径、方法和手段。但是，那只不过是在对自己的途径、手段和方法的选择上极富理性，对于自己所要达到的目的本身是缺乏反思的，或者是说要达到的目的只不过是自己个人的利益。所以，我们说功利的“我”是一个理性且自利的人，理性就是一种工具理性，目的就是一种个人的利益。

如果是这样，盔甲骑士就反思，我是不是就是一个功利的“我”呢？实际上有可能是的，为什么？因为如果我们只有工具理性的话，那么工具理性本身就像骑士穿着那套盔甲一样的，他所有的征战都不过是为了获得利益、权利以及一些类似于此的东西，所以这样一种对工具理性的选择，使得他呈现出一种像盔甲一样冷冰冰的东西。前面我们讲到，盔甲骑士的妻子没有感受到爱，感受到的只是冷冰冰的盔甲，其实不只是他的妻子感受到了，还有其他人。例如，他曾经去找铁匠敲碎盔甲的时候，他的脚重重地踩到了别人的脚，把别人疼得要命，但他是感觉不到的，所以骑士这个盔甲的寓意非常丰富。如果一个人的思维只有工具理性，任何一种偶然的、不确定性的情感的东西都会扰乱他的精打细算。所以有的时候人与人相处，若你说与这个人相处太没意思，你说的其实是一种工具理性，即太功利，他只讲效用，所以没意思。当盔甲骑士反思到这一点的时候，他觉得在第二个房间里面，这个功利的“我”也不应该是“真我”，当然每个人都是一个自利的人，但是一个完整的、真实的“我”不应该仅仅是一个自利的人，他应该还有一个更高级别的“我”。所以，当盔甲骑士反思到这个程度的时候，第三道门打开了。

3.“道德我”

在第三个房间里，他看到了第三个“我”，就是“道德我”。“道德我”是什么？它也是理性的，但是这种理性不再是工具理性了，而是一种实践理性。当然此时的“我”也需要去获得自己的利益，但是这个时候已不再是去考虑自己的利益，而是考虑到自己的行为有可能涉及他人和社会的利益了，所以这个时候的“道德我”已经开始把自己看成生命共同体中的一员了。当他开始在反思自我的时候，他觉得实际上就像莎士比亚在《皆大欢喜》中所说的一句台词一样，“全世界是个舞台，所有的男男女女不过是一些演员，他们都有下场的时候，也都有上场的时候，一个人的一生中扮演着好几个角色”。

角色肯定是社会性角色，它有着最基本的特点。第一，它是在关系中确定角色的。比如说我是一个父亲，只有当我有孩子的时候，在父子、父女关系中才能确认我作为一个父亲的角色，如果我都没有结婚，没有孩子，我怎么能说我是一个父亲，当然如果你认了一个干儿子，也可以说你是一个父亲，但是干儿子他也是儿子，也是一种父子关系，所以角色只能在一种社会关系中被确认。第二，角色实际上是社会分工的产物，它承担了社会的某一种功能。比如说我是一名教师，在遥远的社会分工还没有那么细的社会里面，知识的传授是可以通过父母来进行的，所以那个时候也许没有学校，当然也没有教师，但随着社会的发展和社会分工的细化，专门成立了学校，就有一批叫作教师的人，他们专门承担着的某一种社会功能，就是传授知识、教书育人，此时，承担和实现这种功能的这样一种角色就出现了，所以任何一种角色都是社会分工中某一种功能的承担者。第三，角色是有规范性的。我们前面已经谈到，在社会舞台上我们扮演着各种各样的角色，而社会对各角色的扮演者应该如何实现社会分工所带来的社会功能，是有期待的，这样一种普遍的期待就会形成一种角色的规范。

所以"道德我"是什么意思呢？这个时候存在理性，但此时的理性不只是一种工具理性，不只是一种为了实现自身利益最大化的精打细算。此时的"我"知道自己是社会的某一个角色，是社会的一员，所以应该要用这个角色的规范，这样一种社会关系中的人伦来约束自己，要求自己，可见这是一种实践理性。也就是说在这个时候，在采取最有效率的手段、途径和方法去实现自我利益的时候，我想一想我违反了这个社会的道德规范了吗，这个社会角色带给我某种职责和义务了吗；如果这么想他是有理性的，但是这样一种理性是一种道德理性，或者是一种实践理性，此时的我才是"道德我"。

但是，道德的"我"是不是就是最后一个房间了呢？也就是说，他意识到了这么一种超越了自然的"我"、功利的"我"和道德的"我"，是不是所有的房门都打开，他就可以通过沉默之堡了呢？他是不是就获得了关于自我的正确认知了呢？因为沉默之堡是实现理想之路上的第一座城堡，如果在这个城堡里面得不到正确的认知，之后的路是走不下去的，所以我们把它称为实现人生理想的起点。很显然，在这个房间里面，他认识到了道德的"我"，但是，他还不是更高级别的"我"，他意识到实际上他是社会的，但只是这样的吗？除社会外还有一种更大的存在，一种更大的生命共同体，我们能够成为更大的存在中的一员吗？是的，也就是说，我们每个人不但是社会的一分子，也是宇宙的一分子，大自然的生命共同体的一分子。所以当他想到这里的时候，第四个房间打开了。

4.“审美我”

在第四个房间里，他看到了第四个“我”，我把它叫作“审美我”。在这里我把它看成是高于道德的，其实审美的“我”并不是非道德的，它依然可以说是道德的，是一种更高级别的生态的道德的“我”。比如我们在讲道德的时候，是有主体和客体的，但是讲审美的时候可能就不一样了，关于这个我们就不详细说了，但是大家起码要掌握以下几点：第一，从审美的过程和途径来看，审美的“我”所具有的特点与审美所带来的审美活动的特点是具有一致性的。此时审美的动机已经具有非功利性了，道德的“我”是考虑功利的，只不过不只考虑自己个人的功利，还考虑社会的、国家的功利，但是审美的“我”只考虑群体的功利，已经摆脱了在自己的生命本体上附着的那些功利，而且在这个审美的过程中间，更能显示出内在生命的一种本真的状态。第二，从审美的思维来看，它的思维方式是一种横向的超越。也就是说，这里的审美是从道体的观点来看事物，把世界当作一种本来和自己融为一体的整体来领悟。第三，从审美的结果来看，它是无目的的合目的性。

在这里，我就审美的思维展开简单的阐释。有一天，我跟随身为中南大学地质系博士的发小去湖南郴州进行探矿工作，到地方后我发小就开始用各种各样的仪器对山内部进行探测，矿老板在旁边陪着他，我则悠闲地泡一杯茶，坐在那里。请问大家，在这个时候我们三个人的思维是一种什么样的思维？很显然，发小他要去探明这个矿，要去接近认知的一种客观性，要获得理性的认知，这是一种科学的认知。所以我们说科学是中立的，撇开个人的情绪、欲望和偏私才能接近事物的原本。对于矿老板来说，如果这里富含稀有金属，那么他看到的都是金子，所以他在等待一个科学的结论，此时老板的思维就是一种价值思维，以他自己的需要和欲望为标准，那么科学探测的结果在他这里就变成了要不要去满足他的需要的一种条件和途径。那么对我来说呢，我是很悠闲的，因为在这里我没有任何功利。要注意的是，审美的动机是没有功利性的。辛弃疾讲“我见青山多妩媚，料青山见我应如是”。此时，我和青山之间不再是一种主客体的关系，而变成一个我们彼此是可以对话的关系了。这就是一种审美方式的横向超越，恰恰是在这样一种状态中间，我才感觉到了生活原来应该是这样的，它的结果是无目的的合目的性。所以德国诗人席勒说“只有当人在游戏时，他才是完整的”[1]，因为在这里感性和理性得到了统一。

当骑士反思到这里时，他看到了审美的“我”，他问“为什么这个房间越来越小啊”，这时有个声音告诉他，“是因为你越来越接近‘真我’了”，这个声音就是“理”。这时已经可以进行自我对话了。这种对话实际上就是与宇宙生命的整体进行对话，当他听到这个声音的时候，他感觉到了一种从来没有过的轻松，就睡着了。当他醒来后，沉默之堡已经消失了，并且他觉得非常渴，在听到了潺潺流水的声音时就可以自己喝水了，因为他的头盔消失了。

其实这个盔甲意味着什么？卢梭在《社会契约论》第一章开篇有句名言——“人是生而自由的，但却无往不在枷锁之中。”盔甲不就是外在的和内在的各种各样的枷锁吗？我们现实的人身上不也有各种各样的枷锁吗？无论我们对自己设定什么样的理想，真正的理想的实现不就是一种自由的全面的发展，不就是卸掉了各种各样的束缚所获得的一种自我解放吗？当他认知到这一点时，他已经获得了正确的自我认知，找到了最高级别的“我”——“审美我”，所以这个时候沉默之堡消失了，是因为他得到了合理的自我认知，同时他的头盔也消失了，这是他在为理想而出征的过程中获得的第一个成果。

二、知识之堡里的伦理智慧

他继续前行，很快就到达了第二个城堡——知识之堡。知识之堡与沉默之堡不一样，沉默之堡是极不起眼的一个城堡，而知识之堡巍峨壮丽，这才是城堡的样子。进入知识之堡时，小鸽子和小松鼠并没有离开他的意思，而是与他一起前行的。进去以后他发现，知识之堡不像沉默之堡那样一片寂静，而是一片漆黑，但小鸽子和小松鼠可以看得见，与沉默之堡有着许多小房间不同，知识之堡是一个没有隔断的大房间，隐隐约约有一条通往外界的路。也就是说，在知识之堡里面的设计是这样

1 席勒．审美教育书简 [M]. 冯至，范大灿译．北京：人民文学出版社，2022：53.——编者注

的：第一，大家可以一起进去，一起通过。第二，是一片漆黑的。第三，它是一个没有隔断的大空间，并且有一条路，而这条通向外面的路在每个岔路口都有一个碑文，碑文上的东西就是要在知识之堡里面获得的东西。

（一）知识之堡里为什么是黑暗的？

知识之堡里可以结伴同行，这是很容易理解的，因为知识总是共同创造和传承的，并且需要通过分享才能够实现知识的价值。但为什么是一片漆黑呢？小鸽子和小松鼠不会因为黑而有障碍，因为动物是具有这样一种本能的。相比于动物，人没有这种本能，但是，人有一种动物所不具备的东西，那就是理性。人可以创造出替代本能的装备，这实际上来源于人是能够创造知识的，而且这种知识是抽象的，是普遍的，因此可以到处去应用、传承和学习，所以它是不断去丰富的。我们现有的知识远远比传统社会的人的知识丰富，所以人可以用知识来装备自己，这样知识才能够照亮前程，我们要通过漆黑的城堡，需要借助知识之光，这是第一点。

（二）知识与智慧

要弄清楚的是，知识之堡要获得的是知识，那么要获得的是什么知识呢？这就是城堡的另外一个设计所隐含的寓意。实际上这里要获得的知识不仅包括这个现象是什么，还包括现象背后的根源、理由、本质，所以人就会发明各种各样的知识，使得人们可以去认识这个世界的方方面面。我们在这个城堡里获得一种智慧，这种智慧就是关于宇宙、社会和人生的一种整体性的根本性的知识，它是一种全知。在这里要说明的是，在知识之堡里面获得的知识不是分门别类的科学知识，而是智慧。

在《庄子·应帝王》里面有一个著名的浑沌开窍的寓言，说的是南海的大帝名叫儵，北海的大帝名叫忽，中央的大帝叫浑沌。儵与忽常常相会于浑沌之处，浑沌对他们很好，儵和忽在一起商量报答浑沌的深厚情谊，说："人人都有眼耳口鼻七个窍孔用来视、听、吃和呼吸，唯独浑沌没有，我们试着为他凿开七窍。"他们每天凿出一个孔窍，凿了七天浑沌就死去了。浑沌本身代表的是一种整体的道，它是不可分割的，这其实就是说不要去执着于眼睛、嘴巴这些分门别类的东西，这只能看到世界的局部，在这种局部的认知中，道反而消失了。所以这个巨大的没有隔断的空间所暗示的就是知识的整体性和根本性，也就是一种智慧。

第三个设计是隐隐约约能看到通向城堡外的巨大空间有一条很长的路，在路的交叉路口都有一块石碑，恐怕要对石碑的碑文做出合理的解读才能进行下一步。盔甲骑士想到这里，有一道光出现了，照到了第一块石碑。他知道要通过城堡需要有知识之光，而且这个知识之光不是那种具体的分门别类的专业性的知识，这里的道路和石碑不过是告诉我们在知识之堡里所要获得的与人类的生活实践相关的智慧。也就是说，在这里他要得到的是做人做事的一种根本的道理，这个根本的道理也就是智慧，一种实践智慧。

（三）为人处世的三个道德原则

这一道光让他认识到只有借助于知识之光才能通过城堡，光芒只照亮了前面的一段路，第一块石碑后面又是黑暗的，只有理解了第一块石碑的碑文，才会有第二道光芒照亮后面的路。同时，这些石碑上的诫命也是有层次的。

1.“己所不欲，勿施于人”

沿着光往前走，第一块石碑写的是“己所不欲，勿施于人”。

为什么第一块石碑上会写这样一条道德戒律呢？因为这就是所谓的金规则。全球化的进程是不可逆转的，原来我们打交道的都是我们熟悉的人，或者都是我们国家的人，这个民族和国家的共同体的成员共享一些核心价值观，如社会主义核心价值观、传统文化价值观等，所以在发生冲突时，我们可以通过诉诸于我们共享的这些价值观来解决冲突，以它为标准进行妥协。但在全球化进程中，会和更多的人进行沟通交流，此时就会出现现实的利益关系，进而产生冲突，而处理利益冲突，就要按照共同遵守的规则。

规则的价值依据就是人与人是同类，情病相同，情相同，心病可通，有相同的情感就容易相处了。当然，“己所不欲，勿施于人”也是儒家的所谓忠恕之道。“恕”，如心，也就是人与人实际上是可以将心比心的，这就是我们为人处世的第一条规则。当然盔甲骑士理解到这一点的时候，他也意识到了它实际上还是一种比较形式化或者程序化的规则，要用它去处理更复杂的伦理关系，恐怕还不够用，但是这个是我们必须去遵守的第一个规则。当他意识到这的时候，一道光出现了，照亮了下一段路。

2.“人人为我，我为人人”

他继续前行，到了第二块石碑，上面写的是“人人为我，我为人人”。

我想大家可能都听过一个故事，有个人在弥留之际灵魂出窍了，想死后是到天堂还是到地狱，这个人是一个很有自主意识的人，他听别人说天堂好，地狱坏，他不放心，准备自己去考察天堂好不好，好在哪里，地狱坏不坏，坏在哪里，这样他好决定自己死之后的去处。这时他到了天堂，也到了地狱，发现天堂和地狱的条件都一样，就是一个大盆，有很多一米多长的筷子，然后大盆里装了很多的面条，条件是一样的，天堂没有多出更多更好的东西了，但是它不一样的地方在哪里呢？天堂的人都吃得兴高采烈，红光满面，悠然自得，快乐幸福。而地狱的人呢，都一个个瘦成皮包骨，而且还有很多饿死了，奄奄一息的也有很多，为什么？因为天堂的人把筷子拿起来之后，都把面条喂到对方的嘴巴里。同样一盆面条在天堂里面，每个人都想着通过一种合作互助的关系吃得饱饱的。在地狱里面的每个人都拿着长长的筷子往自己嘴巴里喂，但是无论如何都喂不到自己嘴里面，所以地狱的人都饿死了，那么这个快死的人肯定愿意去天堂。实际上我讲的这个故事告诉我们什么才是真正的天堂，合作互助的关系才是真正的天堂。你喂给别人吃，别人喂给你吃，人人为我，我为人人，这就是天堂里面的规则，就是合作互助关系所要求的一种道德规范。

我们现在许多人都交保险，实际上交保险的意义在哪里？当有参保人遇到了危险，受到了伤害，承受灾难性的后果的时候，其他人交的保险可用在他的身上。我们虽交保险，但实际上是不想出事的，是买平安的，只是万一出事了，我不能够承担危险所带来的后果，那么可以通过保险公司获得赔偿。风险社会里的保险制度体现的一个重要理念是什么呢？就是“人人为我，我为人人”。

我这里只不过是说明为什么第二块石碑里面是“人人为我，我为人人”。这个社会是个合作体系，每个人要生存下来，并且活得好、有发展必须是建立在一种合作互助的关系之上的，但是这样一种合作互助的关系是很容易被人在追求个人利益的过程中破坏的。所以，我们就要订立一些保护这样一种合作互助关系的规矩。这些规矩的一个最基本的原则就是“人人为我，我为人人”。

具体说来，“人人为我，我为人人”的内涵是这样的。第一，在目的上是互利的。也就是说我为什么要遵循这个，我为什么要为别人呀，是因为人人为我了，所以实际上这种规范告诉我们的就是互利共赢这一目的。第二，在形式上具有某种相互性。怎样才能做到人人为我，我为人人呢？社会是一个陌生人的社会。在陌生人的社会里面，人与人的交往关系是有中介的，这个中介就是制度，所以你只要遵循这个制度，你就和制度下的所有人都发生了一种社会的交换关系。但是这里就有个问题，比如我从人大西门走路回家会碰到红绿灯，如果一开始就有红绿灯，我当然要遵守交通规则，红灯停绿灯行，所以我就等红绿灯。假设每天我都遵守“红灯停，绿灯行”的规则，但是发现红灯亮时我停的时候别人还在行，也没有任何人惩罚他们，这个时候我就会觉得我很傻，我为什么要傻乎乎地站在那里。于是红灯亮的时候我也像其他人一样依然继续行。在什么情况下即便红灯亮别人行了我还遵守规则呢？可能是我发现红灯亮了还在行的人会受到惩罚，这时我会按照规则来。所以，这样一种“人人为我，我为人人”，在形式上是通过规则来表达和实现的，社会要建立一套制度，如果违背了规则就会受到惩罚，这样的话我就安安心心地遵守规则就可以了。

第三，“人人为我，我为人人”还表现为以怨报怨，以德报德。注意第二块石碑是很现实的。在人与人的相处过程中，别人对我好我就对他好，别人对我不好，我就对他不好，如果以德报怨，那又如何报德呢？ 在这里它不是一种无条件的利他主义。所以在“人人为我，我为人人”里面，关于以怨报怨、以德报德，起码我们在为人处世中可以做三步。第一步你要表达善意，在人和人的相处中对他人表现出善意。第二步要要求自己的善意能够得到回报。如你帮助了别人，你的善意得到了回报，如果没有得到回报，你可以以怨报怨。但是还有最后一步，你对那些以怨报怨的人，要给他们留一个反省改正的机会，这就是我们所说的第二块石碑上的内容。

在石碑面前我们讲了这么久，盔甲骑士可能想得更久，最终他还是想通了。也就是说，在获得为人处世的根本道理的时候，他知道了要“己所不欲，勿施于人”，这个是最基本的，进一步就是“人人为我，我为人人”。这就够了吗？当他想到这里的时候，一道光又出现了，照亮了下一段路。

3.“只有爱自己，才能爱他人”

他沿着这道光又走到了第三块石碑，他看到第三块石碑上写的是这么一句话，“只有爱自己，才能爱他人”。

《荀子》记载了孔子和他的学生们的一段对话。孔子在房间里面，这个时候子路进来了，孔子说：“由，知者若何？仁者若何？”子路对曰：“知者使人知己，仁者使人爱己。”子曰：“可谓士矣。”孔子先对子路说明智的人能使别人了解自己，仁德的人能使别人爱自己，然后做评价，能够悟到这一层的人就可以称为士人了。子贡又进来了，孔子又问了同样的问题，子贡回答说“知者知人，仁者爱人”。子曰：“可谓士君子矣。”孔子说子贡能够悟到这一层比子路要高，可以称为君子了。最后颜渊又进来了。当然颜渊是孔子最得意的门生了，孔子就又问同样的问题：“回，知者若何？仁者若何？”颜渊对曰：“知者自知，仁者自爱。”子曰：“可谓明君子矣。”明君子比士君子高，士君子比士高，也就是说颜渊是悟得最透的，真正有心得的。后来王安石写了一篇文章，对这段对话提出了非常尖锐的批评。但是我觉得《荀子》里面写的仁者自爱，要比仁者爱人高，恰恰符合了这个碑文的意思，只有爱自己才能爱他人。

再举一个例子。我看过陈平原和夏晓虹教授编的《北大旧事》，其中收录的第一篇文章是京师大学堂的第一届正式毕业生邹树文写的，题目是“北京大学最早期的回忆”。他在回忆中提及，那个时候京师大学堂还有监督，这个监督叫张亨嘉，在他就职的时候，监督与学生均朝衣朝冠，先向至圣先师孔子的神位行三跪九叩首礼，然后学生向监督作三个大揖，行谒见礼。礼毕以后，张监督说：“诸生听训，诸生为国求学，努力自爱。”全部仪式就结束了。这恐怕是开学典礼上看过的最短的“校长演说”了，但在这么短的演说中他就强调了努力自爱，也就是说，实际上隐含着的一个真理就是“只有爱自己，才能爱他人”。

我这么陡然一说，大家可能觉得：爱自己那不就是自私吗？爱自己怎么可能推到爱他人那里去呢？ 我觉得盔甲骑士站在碑文前要去理解这个问题，理解这一段话，他必须抓住三个关键。

第一个关键是，爱自己的我才是真正的我。实际上在寓言里面谈到了，在沉默之堡里面，到了最后一个房间是审美的“我”，这并不是说到了审美的“我”后前面的那些房间都不要了。其实审美的“我”，它是包含和超越前面的各个层次的“我”的，到了最后一个房间他看到了审美的“我”以后，那个沉默之堡就消失了，但是它不是所有的东西都消失了，它有一面镜子，小鸽子一定要他去照镜子，他不情愿，他不愿意看到自己的样子，因为他觉得自己肯定是很差的样子。那个时候头盔已经掉了，小鸽子拖着他去照那面镜子，他想象自己会有一双悲伤的眼睛，一个大鼻子，但出人意料的是，在镜子里，他看到了另外一个自己，这个自己是仁慈的，是有爱的，是热情、智慧、无私的，等等。他就叫道“这是谁啊？”小松鼠说“这就是真正的你”，这个寓言表达的是什么意思？爱自己是要爱真正的你，而真正的“我”那里，它包含着道德的“我”，道德的“我”实际上已经是考虑到他人的“我”了，它包含着审美的“我”，审美的“我”其实是万物皆备于我了。所以，如果说爱自己，你能够抓住真正的我，即爱的对象这个关键，是可以从爱自己推出爱他人、爱万物的，这是一个关键。

第二个关键是，这里的爱是什么东西？爱是一种能力。我常常在想我们当代社会最缺乏的是什么。我觉得社会最缺的是爱的能力。为什么这么说呢？埃里希·弗罗姆[1]有一本很著名的书，就是《爱的艺术》，建议大家看看这本书。弗罗姆说爱其实不是一个东西，在现代社会里，我们总是一种占有性的人格，把所有的东西都看成一个东西，一定要自己占有把握住才放心，才有安全感，不愿意给别人。久而久之我们就会吝啬自己的爱，越吝啬爱的能力就越差，到后面就不知道应该怎么去爱了。弗罗姆说爱是一种能力，这种能力是给予的能力，是给别人的。因为当你的能力越来越强的时候，你给别人的东西就会越来越多，越有创造性的人，给予得越多，他自身的那样一种创造性的本质性的力量才能够实现得越多。所以给予本身就是获得，只有用爱才能有爱。不要吝啬爱，吝啬爱就会使人变得很冷漠。所以我觉得现在可怕的是爱无能。

当然我们这里所说的爱是成熟的爱，这是第三个关键了。弗罗姆把爱分为成熟的爱和幼稚的爱。幼稚的爱其实是什么意思呢？比如，一个学生说他想与他女朋友分手了，我问他为什么。他说他女朋友总是翻看他的信息，总是限制他的活动，老

1 另一种译法为弗洛姆。

说这个不行那个不行。我就开玩笑说那就分手。他说但是他又舍不得她，因为她这么在乎他，说明她是爱他的。这是爱吗？如果这是爱，那也是一种幼稚的爱。幼稚的爱就是一种取消自主性的爱。取消自主性的爱，就是或者让你依附于他，控制欲太强，或者是他依附于你来获得一种一体感。这种爱是一种幼稚的爱，在这种爱中，两个人不可能共同成长，只会彼此伤害，因为这样会彼此限制。成熟的爱是什么？成熟的爱是能够去满足人的根本需要的一种爱。人的根本需要是什么？我们每个人都是自主的人，我们有理性，我们要自主，我们不愿意别人来干涉我们，比如隐私权就表达了我们的自主性，但是每个人又都是脆弱的存在，需要依赖他人。人有自由的需要，这是人的基本需要，但是人也有依赖他人的需要，有被关怀的需要，这也是人的基本需要。但是这两种需要它是会有矛盾的，怎么去解决这种矛盾呢？成熟的爱就是建立在一种依赖关系上且保持有自主地位的一种爱。所以我就与学生说什么叫成熟的爱，那就是你们彼此关心，彼此尊重，彼此有责任，彼此理解，站在对方的角度来理解对方。你关心对方，他有需要你就满足他，你尊重对方，因为对方也是一个自主的存在，你积极地去回应对方的需要，并且要为你选择的后果负责，而这一切是建立在你对其需要的理解之上的，这种爱才是一种成熟的爱。很显然，这种成熟的爱是解决了人的一种根本性的需要，在这样一种成熟的关系中间，人与人之间有依赖性，也有独立性，所以这样一种成熟的爱就拆除了人与人之间、人与自然之间的所有隔离。爱和正义不一样，正义是把人分得清清楚楚的，爱是要打破人的那种隔离的边界，去体现主体自身的生命力和创造力，从而使得人和他人、和社会、和自然之间形成这样一种一体的关系。

当他理解到这一点的时候，这里引来了很多回忆。比如说他原来穿的盔甲，这种盔甲为什么让人感觉到冰冷呢？因为他发现他原来只爱自己，原来他以为他爱他的妻子，实际上他是依赖于他的妻子，那都是幼稚的爱或者不叫真正的爱。想到这里的时候，他泪流满面。他正处于这种感动之时，突然间整个城堡大放光芒，他就走出了知识之堡。有了爱的勇气，有了爱的智慧以后，此时骑士胸前的盔甲消失了，只剩下四肢的盔甲。

知识之堡的三大伦理智慧："己所不欲，勿施于人""人人为我，我为人人""只有爱自己，才能爱他人"。这三条道德律令依次递进，前面做到了再做后面，这是我们为人处世的智慧。

三、志勇之堡前的道德勇气

（一）“疑惧”之龙之问：德性即知识？

他继续前进，看到了第三个城堡。第三个城堡叫志勇之堡，这个城堡的设计也非常奇特，看不到城堡里面，只看到城堡面前有一座独木桥，要走过这个独木桥，才能够进入志勇之堡。在独木桥对面的城堡外面有两条恶龙，一条恶龙的额头上刻着“疑”，疑问的疑，一条恶龙的额头上刻着“惧”，恐惧的惧。这样一种特殊的设计是什么意思？一开始盔甲骑士到了独木桥前，他抬脚就上了独木桥，结果一走上独木桥，就看到对面两条恶龙，嘴巴、眼睛都喷着火要过来烧他，他吓得要命，马上从独木桥退到岸上去了。他赶快喊梅林法师。因为在出发之前梅林法师告诉他，“在路上碰到问题喊我就会出现在你门口”。其实前面在路上时他喊了好多次，但是这次无论怎么喊都不管用，梅林法师始终没出现，这是什么寓意呢？

梅林法师不出现在独木桥的寓意就在于，如果说在沉默之堡那里获得了正确的自我认知，在知识之堡那里获得了伦理智慧、实践智慧，那么在志勇之堡里面，你就要从知到行了。也就是说，在这里要做到知行合一。那些东西我都知道了，还不够，你还要去建立它，你要通过自己的自主选择去建立它。这是一个条件，因为所有的道德的行为都必须是自主、有意识、有目的的行为，你不能让他人帮你选择，帮你选择是别人的意思，你无须为别人帮的行为承担责任，那需要别人承担责任，而我们作为一个责任的主体，要为自己的行为承担责任。所以，这个时候无论如何你是喊不来梅林法师的，因此这个时候你无论如何都要自己通过独木桥，但通过独木桥时你必须克服两条恶龙喷出来的火，一条恶龙是“疑”，另一条恶龙是“惧”，这又说的是什么意思呢？

（二）确立道德动机，战胜“疑”惧之龙

其实这里是说在实践过程中的两个阶段，或者是说我们行动的两个阶段。行动的第一个阶段我们可以这么来理解，比如说我现在需要喝水了，当我意识到了这个

需要，我就会产生一种欲望，我就想喝水，但是实际上我想喝水，我也想讲课，我也想吃东西，我有各种各样的想法，这个时候在各种各样的欲望中想喝水的欲望更强烈，这个时候就会产生动机。有了动机以后我有杯子，正好烧了水，还有茶叶，具有发动行为满足欲望的条件手段的时候，我就有了行为的目的，我的目的就是要喝水来解渴。这些东西都是我心里想的东西，然后有了确定的目的以后，我才发动行为，这个时候行为就有过程了。我站起来去烧水，去倒水，然后喝水，那么最后这个行为的过程就会产生后果，比如我喝水喝饱了，或者喝的水还不够，还要再烧点水。同学们应该能够了解我所描述的这个行为的整个过程，这是心理学的一个描述。

其实这个过程可以分两个阶段，一个阶段我们称其为动机的，是心里想的一个阶段，到目的为止都是心里怎么想的，怎么打算的，知情意一个阶段。另外一个阶段就是实实在在发动行为的一个阶段。在前面的那个阶段最难的是决断力，比如说我坐公共汽车，看到一个孕妇上车了，我到底让座还是不让座呢，我的路途很长，我自己又很累，身体又不适，我还是不让座吧，反正总有人让或者怎么样，所以我就假装睡觉，或者我假装看窗外的风景，但是实际上心里面一直在打鼓，一直在纠结，到底让座还是不让座，纠结的过程就是疑虑的过程。这个时候你要破除疑虑，需要的就是决断力。前面道德的自我和伦理智慧都获得了，这个决断力就是要运用前面获得的那些知识来对各种各样的利益进行权衡，做出一种明智的判断，所以在这里是用明智来破除的。那么我决定让座，因为我是一个道德的人，因为“己所不欲，勿施于人”。如果我的妻子怀孕了在车上没人让座，我该多心疼，所以己所不欲，勿施于人，人人为我，我为人人等，这些都是可以拿来做决断的标准。于是我做了一个明智的决断，决定让座，但是在我刚要抬脚准备站起来的时候，我发现我的脚发麻，因为我身体不适，其实我是到医院看脚的，这个时候我还隐隐约约感觉后面有道目光在注视我，但是我的脚发麻，是不是我站出来让座了，反而会让别人说闲话，比如说你看前面一直在装睡而不让座。其实我这里说的意思是即便我们做出了明智的决断，在行动的过程中，还会有来自内在和外在的各种各样的干扰因素，我们要破除这些干扰因素，要把我们的行动贯彻到底去实现目的。

（三）鼓足道德勇气，战胜疑“惧”之龙

这个时候我们必须拿出道德勇气来，坚持我们的善良，坚持我们的道德原则，要有这样一种意志力。康德的“善良意志”就是要有一种意志力，如果依赖的是决断力的话，在这里表现为一种执行力，贯彻下去，所以在这里勇气是一个法宝。盔甲骑士想到了这里，他勇敢地重新走上了独木桥，并且一往无前地朝着两条喷火的恶龙走过去，越走越近的时候，那两条恶龙喷的火就越来越小，当他走过独木桥的时候，两条恶龙自己就烧光了。这个时候他到了河对岸，实际上这个过程是非常自然的，当他到对岸的时候天已经破晓了，他通过了最后一个城堡。因为四肢是可以行动的，所以当他走过独木桥，战胜了“疑”字和“惧”恶龙的时候，他四肢的盔甲也就消失了，这就意味着盔甲所预示的那些束缚被卸掉了，他的潜能得到了释放，他的自我理想得到了实现，也就是说，他得到了解放，解放是我们人生理想的一个终极目的。

其实后面还要攀一座山，但是限于时间关系就不讲了。不管怎么样，我想通过这样一个寓言故事，与同学们讨论理想如何确立、如何实现的问题，希望对大家有所启发。

（因篇幅所限，有所删减，程璐整理，秦红岭审校）

第八讲

当代自我三问

我身何是？
我知何识？
我心何属？

沈湘平

主讲人简介

沈湘平，北京师范大学哲学学院教授、博士生导师，北京师范大学全球化与文化发展战略研究院院长，中国人学学会副会长。主要研究一般哲学理论、马克思学说、人的哲学、价值与文化问题。出版《哲学导论》《唯一的历史科学：马克思学说的自我规定》《全球化与现代性》《理性与秩序——在人学的视野中》《中国公民价值观调查报告：国家·社会·个人》《美好生活的向往与实现》等著作。主编全国高职高专教材《马克思主义哲学原理》和“走进人文社科”（7卷）、“首都文化研究”（6卷）、“社会热点解读”（6卷）等丛书及《京师文化评论》辑刊（1–10辑）。主持国家社科基金重大项目、教育部人文社科重点研究基地重大项目等课题。在《中国社会科学》《哲学研究》等刊物发表论文180余篇。

主讲概要

当今时代，人们对生命健康、生命生产极度关注，但存在自己生命生产和他人生命生产的不平衡；身体被“视觉中心”塑造，技术进步带来“忒修斯之船”，迎来后人类纪，虚拟自我开启肉身新纪元，“我身何是”更加令人迷惑。网络虚拟经验带来“现实倒置”，媒介改写现实，因果性认知日益让位于相关性分析，“信息茧房”效应和知识工业化造就系统性愚钝、反智及意见“粉丝化”等状况，“我知何识”因与社会历史结构、人的存在状态俱为一体而愈加复杂。当今一部分人存在主体感危机和道德感弱化的倾向，核心则在于意义的消减甚或迷失，幸福感的稀缺，“我心何属”直接关联存在领悟和心灵安顿。

这里，我讲的题目，大家听起来将既熟悉又陌生。我们在网上、在生活中经常会调侃经典三问——我是谁？我从哪里来？我要到哪里去？其中，经典三问核心就是“我是谁？”当我们要去理解我是谁的时候，一定要谈我从哪里来，我到哪里去，事实上都是在谈“我是谁”的问题。

自我问题不仅仅是我们说的一般的知识问题，它是我们生活当中一个非常令人困惑的问题，也是东西方的一个千古之谜、文化之谜。在生活当中，我们有时候会对自己产生一种陌生感。你照镜子时，有没有突然感觉镜子里的自己很陌生，似乎认识又好像不认识。中国古代有一部笑话集叫《笑林广记》，里面记载了这样一个故事，说一个和尚犯了罪，两个差人押解他上路，这个和尚到了一个酒肆边请这两个差人吃饭，给他们敬酒，把他们灌醉了，然后自己跑了，跑之前把这两个差人剃成了光头，等到两个差人酒醒了，摸了摸自己的脑袋，说“和尚还在，我到哪里去了？”这当然是个笑话。类似的笑话，在西方也有。我们知道古希腊神话中至少有两个神话都是关于人类不能很好的认识自我的。一个神话是可能大家都知道的“斯芬克斯之谜”。斯芬克斯是个妖怪，它盘踞在山崖上对过往的行人问同一个谜语，猜出来了你就可以过去，猜不出来你就会被它吃掉。这个谜语很简单，是说有一物早上用四条腿走路，中午用两条腿走路，傍晚用三条腿走路，这是什么？到最后是俄狄浦斯王子猜出来的，谜底就是人。所谓用四条腿走路就是我们的婴儿时期，用两条腿走路就是我们的成年时期，用三条腿走路是我们的晚年时期，因为要拄拐杖。虽然这个谜底我们听起来好像不是那么确切，但是他的启示是不朽的。人活着如果老想着星辰大海之类的，可能对自己都没法认识。所以在古希腊神庙上镌刻着一句话——认识你自己，这也表明认识你自己是很难的。另一个神话叫“纳西索斯之症”。这个神话是讲古希腊有一位神之子，叫纳西索斯（Narcissus），他的父母到神庙里去请求神示，这小孩将来会有什么出息？神示说不能让他认识到自己，言下之意是他一旦认识了他自己，就糟糕了。在这个孩子的成长过程当中，他父母就想办法把他所有能看到自己模样的东西都拿开了。这孩子长到青年的时候，特别英俊潇洒，所有的女孩子见了他都会对他动心。但是他对所有这些女生都不感兴趣，因为这些都不是他所爱的。有一天，他追逐猎物到了原始森林，那里有一个湖，他在湖水里边看到一个英俊少年，觉得这才是他的所爱。他用手去摸这个英俊少年，结果这个少年就不见了，过了一会儿，水平静了，英俊少年又出现了。所以湖中英俊少年始终是水中月镜中花，他根本得不到，最后郁郁寡欢而死。在他死去的地方长出了一朵花，这在心理学上被称为自恋症[1]。

其实在我们这个时代也存在上述的问题。法国启蒙思想先驱蒙田说过一句话——世界上最重要的事情就是认识自我。犹太人的《犹太法典》里边有一句话也很深刻——如果我不为自己，我为谁？如果我只为自己，我是谁？其实我们每个人都可以用这句话来追问一下，比方说大家来上学，你说你不是为了自己，那你就要追问“我为了谁”，你是为了你父母来上学吗？这是一种回答。另外一种回答是我就是为了我自己，那你就要追问“我是谁”，今天我们很多人其实不知道我为了谁，更不知道我是谁。这样的问题是非常重要的，它不仅仅是生活之惑，也不仅仅是文化之谜、哲学之本，还是我们坐下来静静思考的时候不可逾越的一个问题，人在一生当中总是要去面对它。

怎么去谈我是谁的问题，它需要一个参照，即我们对自我要进行一种结构性的理解。有关自我结构的理论有很多，我觉得可以从三个方面谈。首先是我们每个人是肉体的存在。马克思有句话说得非常到位，他说“全部人类历史的第一个前提无疑是有生命的个人的存在”[2]。你首先得有肉体，其次得有认知和心灵。我所选的一个参照系，就是把自我理解为肉身、认知和心灵三个方面。这就是我说的——我身何是？我知何识？我心何属？一句话，每一个我都是以肉身存在为基础，然后对整个世界有所认知，同时还拥有属于自己的心灵世界的人。

1 花以少年的名字 Narcissus 来命名，意为水仙花。自恋或自恋症 narcissim 也由此而来。

2《马克思恩格斯选集》（第 1 卷），北京：人民出版社，2012 年版，第 146 页。

一、我身何是？

（一）对肉身和生命健康的极度关注

与以往的时代相比，我们这个时代似乎对肉身、对我们每个人的身体健康，更为关注。肉身是我们自我存在的基础。中国有一个成语叫作“安身立命”，当然这个“身”的含义是多方面的，首先它是指肉身，安身是我们立命的前提。法国有一位现象学大师叫莫里斯·梅洛-庞蒂（Maurice Merleau-Ponty），他认为我们追问的“我是谁”，这个我不是意识的我，也不是心灵的我，而是“我是我的身体”，身体而非思维是自我通达世界的主体。[1]在这一点上，中国传统文化与西方是明显不同的。我曾经开玩笑说，中国人把握世界靠三尖，脚尖、手尖、舌尖，什么东西我必须用肉体摸到它、碰到它，我才能确认它的存在。

在我们这样一个高度现代性的时期，如吉登斯（Anthony Giddens）所讲的，有一种非常有意思的所谓“经验封存”（sequestration of experience）机制。简单来说，就是把一些我们知道的经验封存起来，把日常生活同潜在可能扰乱我们生存的经验（例如死亡）分离开来。于是，在日常生活中，人们有意无意地制造了对生命阙如（死亡）的遗忘，也就是对死亡的问题没有那么深的感受，觉得这个事情离我们很远，特别是年轻人，更会觉得这个事情离我们太远。那么，每一个人在生活当中都获得了这样一种错觉——只要我努力锻炼，只要我注意营养，我就能够“长生不老”，不会想着自己会死的事。这样一种现代性的安排，事实上是一种遗忘，这种遗忘恰恰有一个更深层的恐惧，知其不可为而为之的悲壮和基于各种“迷信”的自我安慰。

法国哲学家福柯（Michel Foucault）认为，在我们这样的一个时代，人们事实上不再像十八、十九世纪那样，一切都是为了所谓的自由、平等、博爱这些权利去拼搏，人们更加重视生命、肉体、健康、幸福，政治正在从原来那种权力政治向生

1 [法] 莫里斯·梅洛－庞蒂：《知觉现象学》，姜志辉译，北京：商务印书馆，2001 年版，第 198 页。

活政治转变，他说：“好，一切从生存到生存得舒适，一切能够在生存之外引出生存得舒适的东西，让个人生存得舒适成为国家的力量。”[1] 在这个时代，事实上人们追求生命的健康和长久，已经成了一种非常内在的冲动。我们每个人的身体，事实上已经受到这种观念的指挥，在某种意义上可以说个体以日益发达的科技手段不间断地监测自身的身体状况。比方说很多人戴的手表，可以随时监测你的步数、血压等。这种技术之所以产生，是因为有需要，之所以有需要是因为人们有这种观念。所以，事实上正如福柯所说“灵魂是肉体的监狱”，我们每个人的肉身已经被我们的灵魂监控，而不是说肉体是灵魂的监狱。像柏拉图这样的很多哲学家都认为是肉身耽误了我们的灵魂。现在则相反，我们的肉身受到灵魂的监控。

（二）对人类肉身延续的漠视

在我们这个时代，绝大多数人都关心自己的身体健康，但是对人类整体的肉身延续比较漠视。马克思有个观点，称之为“生命的生产”。人类只要存在就有生命的生产，但是生命的生产总是包括两个方面，一个方面是自己生命的生产，就是每个人要活下去，要活得好。另一个方面是通过生育达到的他人生命的生产，所谓他人生命的生产，就是通常所说的生孩子，要通过生育繁衍下一代。马克思把“生命的生产”（包括自身生命的生产和他人生命的生产）称为“历史当中决定性的因素”。事实确实如此，如果人类不能繁衍下一代，人类就不存在了。比如说很多人成年了，为了自己活得好不结婚，认为生孩子会导致生命质量下降。当然，剩余的问题是与两性的关系联系在一起的。马克思认为“两性关系是人对人直接的、自然的、必然的关系。”[2] 人类自身的生产已经完全取决于个人的自由意志，想生就可以生，不想生就可以不生，而越来越多的人不愿意生。

1918 年，德国思想家斯宾格勒（Oswald Arnold Gottfried Spengler）在《西方的没落》一书中提到过一种非常重要的思想——人类进入了文明不育的时代。所谓

1［法］米歇尔·福柯：《安全、领土与人口》，钱翰，陈晓径译，上海：上海人民出版社，2010 年版，第 292 页。

2《马克思恩格斯选集》（第 3 卷），北京：人民出版社，2002 年版，第 296 页。

“文明不育”，不是说不能生育，而是找到不生孩子的理由。人类有足够的理由说服自己不要生孩子，斯宾格勒说这是形而上学的转折。所以，我们就会发现自己生命的生产同他人生命的生产之间出现了不平衡。个人追求长寿，但对于整个人类将来能不能繁衍，很多人是不太关注的。

（三）视觉中心的我身“雕刻”

这个时代发生了一个很大的变化，就是人们越来越重视视觉中心的他者对我的凝视，然后用这种视觉中心对自己的身体进行“雕刻”。简单地说，我们为什么喜欢这样的模样，为什么是这样的体重？它们是用眼光“雕刻”出来的。老子有种观点说“圣人为腹不为目”[1]，以前的人觉得吃饱了就行，眼睛看到的东西总是会导致很多麻烦。鲍德里亚（Jean Baudrillard）也说过，在传统社会，比如在农民身上，就没有对身体的自恋式投入和戏剧性认知。反过来，我们今天绝大多数人对自己的身体有一种自恋式的投入，甚至还有戏剧性的认知。现在人们不再是“为腹”，而是“为目”了，都想看上去很美。

人“进化”成为一种视觉中心的动物。在莫里斯·梅洛-庞蒂看来，存在物本身就是可见物，“我的目光也是唯一的自我存在”[2]。只有看到了它才是存在的。从鲍德里亚所提出的一种消费社会的理论看，身体已经成为消费社会当中“最美的消费品”，身体本身成了消费品。这种“看上去很美”的“看”形成了凝视性的期待和审查。然后你能够反思，知道别人希望我是什么样的，比方说我今天如果穿不同的衣服，别人对我的评价会不一样。我的身体太胖或者太瘦，别人对我的评价也不一样。总之，你会反思自己，然后会对自己进行审查。所以说这样的一种审查，它“雕刻”了我们这个时代的男男女女，特别是年轻一代的肉身形象。唐代以胖为美，现在以瘦为美，这都是人们的眼光“雕刻”出来的。今天人们的肉身在这种眼光的“雕刻”下，不仅要存在、要健康，而且要追求完美、少瑕疵、功能强大，总之是

1 出自《道德经》第十二章：“五色令人目盲，五音令人耳聋，五味令人口爽，驰骋畋猎令人心发狂，难得之货令人行妨。是以圣人为腹不为目，故去彼取此。”

2 [法] 莫里斯·梅洛-庞蒂：《符号》，姜志辉译，北京：商务印书馆，2003年版，第18页。

为了满足社会的理想性期待。于是，那些非疾病的或非缺陷式的美容、整形、瘦身、健身流行开来。其实并不是这些人身体有什么缺陷，只是觉得自己不够完美而已，而完美是以大家的眼光为标准的，甚至已经变成一种缺省状态。所以，这个时代肉身逐渐浓缩在了脸和身材上，它已经成了世俗观念的象征符号，我们经常讲这是一个讲颜值的时代。吉登斯还讲到一个观点，由于技术的进步，“身体成了一种要选择的现象”，而“对体型进行大规模自恋式的保养运动所表达的，是一种深埋内心的，对身体加以‘建构’和控制的主动关怀的表达”[1]。只不过，这种“主动关怀”恰恰被视觉中心的大众文化逻辑支配。

（四）“脱碳入硅”的身体时代来临

当然，关于我们的肉身还有一个问题，那就是“脱碳入硅”的身体时代来临。首先是出现了所谓的赛博格（Cyborg），把无机物构成的机器，作为我们有机体身体的一部分。其次就是与人的身体无关的智能机器人的出现。这时候我们会越来越觉得马克思当年提的一种观点非常有道理。马克思曾经说，“五官感觉的形成是迄今为止全部世界历史的产物”[2]。我们每个人的五官都是历史的产物，如果我们以往没有这种感觉的话，可以看看现在的赛博格，特别是智能机器人，它所有的感官都是历史的产物，是我们创造出来的。所以人就是人的世界，社会本身就是处于社会关系当中的人本身。这可能在这种智能机器人当中体现得更清楚。整形、器官种植和移植、赛博格的极致会导致人面临所谓的“忒修斯之船”追问。所谓“忒修斯之船”追问，是说古希腊雅典的国王是个英雄，叫忒修斯，他带着一群人返回雅典的过程中乘坐的一艘船，因为航海时间特别长，船的有些木头损坏了，每换掉一根旧木头，船就增加一根新木头，最后到了雅典的时候，发现所有的木头都被更换了。所以，我们可以问：这艘船还是原来的船吗？与此类似，比方说某一个器官受损了，我们可以更换一个新的器官，是一种赛博格的东西，那如果所有的器官都更换了，

---

1 [英] 安东尼・吉登斯：《现代性与自我认同》，赵旭东，方文译，北京：生活・读书・新知三联书店，1998 年版，第 8 页。

2《马克思恩格斯选集》（第 3 卷），北京：人民出版社，2012 年版，第 305 页。

这个人还是原来的那个人吗？当然，这种思想实验还可以继续推演。后来霍布斯增加了一个新的推理，他说既然把每根木头都进行了更换，最后换了整个船，那假设把速度加快，把船的所有木头都抽出来做另外一艘船，那到底哪一条船是船本身呢？现在的时代就面临着这样的问题。有些人换了心脏，有些人换了胳膊，有些人换了五脏六腑，但他还是原来的那个人吗？在以往的时代可能没有疑问，但在今天可能这样的问题就出来了。当然智能机器人更是这样，因为智能机器人蕴含着一个基本的逻辑——“一种具身的能动者还原为计算 - 神经过程”的本体性认知。可能在生活当中，我们还没有非常明确地感觉到，但在将来就有可能发生变化。比方说现在有很多自动驾驶的汽车，由此公路可能就要重新设计，这已经影响到我们的生活世界了。“人类社会”可能会被“社会机器”取代，也就是人工智能会越来越成为社会指导规则的制定者，肉身开始“脱碳入硅”！[1]

（五）全新虚拟自我出现

不同于中国乃至人类以往历史上任何时代的青年，“90 后”及以后的年轻一代是网络原住民。互联网对他们而言是先验、先天、从来就有的，对他们的影响是根本性的——这种影响完全不能还原为前互联网时代的某些因素。如果说人们的经验、认知建构了自己的世界，那么作为网络原住民的青年与以往的人们事实上处于不同的世界。2021 年中国的二次元用户突破 4 亿人，其中以“90 后”“00 后”为主体。同样在 2021 年，元宇宙横空出世，2021 年被称为元宇宙元年。元宇宙是一个平行于现实世界且独立于现实世界的虚拟空间，是映射现实世界、具身交互的 3D 虚拟世界。自此，人们在严格意义上拥有了现实人和虚拟人的双重身份，虚拟的肉身在互联网与现实的平行世界中，以极度沉浸而具有真实存在感的方式存在。人类的绝大多数活动，都可以在元宇宙中进行。元宇宙让我们每个人有了数字世界的“分身”，那一种虚拟数字的自我与现实当中的自我有种孪生关系，但也是源于

1 王波：“后人类纪的现象学与认知科学：对心智的重新思考——访肖恩·加拉格尔教授”，《哲学动态》2020 年第 12 期。

数字世界的另外一个自我。[1]特别是现在已经出现了现实世界当中根本没有根据的虚拟数字人。比方说有些电视里的播音员，它就是虚拟数字的，在现实当中并没有根据，它在现实当中没有可关联的肉身，但我们仍然觉得它有肉身。

这便是我们看到的这个时代的“有生命的个人的存在”的显要现实及其基本趋势。当莫里斯·梅洛-庞蒂说“我是我的身体”时，事实上是将身体作为“我能”的主体。但是今天我们看到，随着技术的发展，好像这个问题并没有被完全解决。我们一方面似乎从未如此拥有过对自己身体永续存在的信心，我们可以通过各种方式让自己延长寿命。与此同时，技术的进步并没有让我们对“我是谁”的问题有更清晰的认识。相反，在技术的狂飙突进中，自我反而日益迷惑，“我身何是”的问题依然处于一片混沌当中。

二、我知何识？

马克思指出：“任何一个对象对我的意义（它只有对那个与它相适应的感觉来说才有意义）恰好都以我的感觉所及的程度为限。”[2]如果在我们的感觉之外，这个事物存在，对于我们来说可能没有意义。所以，我们每个人来到这个世界上，事实上你所在的世界就是你接触到的世界，你接触不到的世界对于你来说是没有意义的。怎样才能拓展我们所接触到的世界呢？那就要加强或者延展感官的功能，就是要靠工具去延展。仅仅凭我们的五官，我们能涉及的范围非常小。现在科学技术的发展好像无限消除了时空的阻隔。首先，它就是我们认识世界的一个工具。媒介理论家麦克卢汉（Marshall McLuhan）指出“媒介是人的延伸”，其实他这种思想来自马克思主义“工具是我们的感觉器官的延伸”的思想。当然，还有传媒界的思想家斯蒂格勒（Bernard Stiegler），他说“人类知识的本质是技术”，“知识的社会

1 赵国栋，易欢欢，徐远重：《元宇宙》，北京：中译出版社，2021 年版，序第 2、21 页。

2《马克思恩格斯选集》（第 3 卷），北京：人民出版社，2012 年版，第 305 页。

生成就应当是其技术生成”[1]。我们现在所处的智能互联的时代，还有以人工智能为基础的互联网媒体时代，使得我们认识的对象和信息的来源与以往相比有了很大变化。比如说，传统观念认为我们认识的对象主要就是客观世界，尤其是指自然界，当然还涉及社会，涉及人自身，我们逐渐认识到认识对象也包括我们的精神世界。有一位思想家叫波普尔（Karl Popper），他提了一种观点，认为除了物质和精神，还有一个“世界3”，“世界3”就是精神世界作用于客观世界之后形成的一个知识世界。他曾经举例说，假如人类灭亡了，但图书馆还存在，如果有外星人来到地球上，它就能读懂图书馆的书，就可以重新把人类文明复制出来，这表明了“世界3”的重要性。所以，我们现在看书学到的是客观知识，但是还不止这些，在这个时代，还有一个更让人弄不清楚的网络虚拟世界的出现。它既有“世界1”的特征，是客观的，又有“世界2”的特征，我们每个人的精神都投射在上面，同时它又有很强的“世界3”的特征。这好像是一种客观知识信息的东西，但好像又不完全能归纳为这三个方面。那么，面对这样的一种虚拟世界，就有了“我知何识”的一系列问题。

（一）“现实倒置”的经验

我们的经验会出现一种“现实倒置”（reality inversion）的问题，主要是就网络原生代而言的。网络原生代在把握世界时，会自觉不自觉、本能地以网络的方式去把握世界，甚至认为世界就是网络所呈现的世界。世界宛如在网中央，或者更小的话，它就在智能手机当中，“机”外无物。元宇宙的沉浸式生存更会让人感到“元宇宙之外就别无宇宙”。

网络原住民产生的“现实倒置”现象，可以从两个方面来看。一方面，网络虚拟的经验知识成为他们认识现实世界的一种成见和标准。因间接经验、符号化的指称甚至是虚拟世界中的事物和知识完全占据了头等地位，故他们认为通过网络媒介获得的知识比从现实当中获得的知识更具体、更全面，也更真实。另一方面，现实

1 [法]贝尔纳·斯蒂格勒：《技术与时间：2. 迷失方向》，赵和平，印螺译，北京：译林出版社，2010年版，第186、195页。

日常生活当中非常罕见的一些经验，经过网络媒体的长篇累牍、纤毫毕现的报道，可能会让你觉得它们无处不在，觉得它们就是我们身边的平常事件，客观上增加了现代人对自我肉身存在的焦虑。认识现实世界的结果则表现为这种基于网络虚拟世界的成见与现实世界视域融合的“效果历史”。进一步来讲，我们所在的现实世界本身已是被数字技术和人工智能计算、规制并重塑过的生活世界，是一个“二手”甚至是“*n*手”的世界。在很大程度上，我们对世界的认识越来越接近黑格尔所谓精神的自我认识，那个传统意义上的现实已经“仙山隔云海”“夕阳山外山”。如此，我们在一个极度重视感性的时代远离了传统的现实，甚至无法探望其隐退的背影。

（二）媒介改写现实

我们现在所理解到的现实，事实上都是被媒介改写了的。媒介从来不是一种简单的中介和工具，而是决定着人们认识的角度、深度甚至是根本性的意义阈。我们现在了解这个世界必须要借助一定的工具。随着人们认知范围的增大，人们人体的肉体器官难敷其用。比方说，要看月亮上面有什么，我们肉体是看不清楚的。远距离的事件，比方说美国发生了什么，我们个人的肉体也无法看到。远距离的事件、虚拟的事件就要以被人规制的方式呈现出来，通过编排之后，我们才能够了解。最典型的场景就是两种，一种就是每天看到的新闻，我们是通过新闻知道有俄乌战争、巴以冲突，我们是通过媒体才知道这些事件的。另外一种是网络游戏，通过网络游戏这种方式去了解网络的世界。对一个个体而言，经验越来越不是自己的直接经验，我们以为它们是直接经验，其实很多都是间接经验，更多的是被传递的经验。或者说，人们的很多直接经验不过是传递、规制化的经验。在这样一个强大、匿名的“他者”经验集束中，相对于我们本来的世界，我们的亲身经验正在无限退缩和疏离。正如媒体哲学家波兹曼（Neil Postman）所指出的，媒介即隐喻，媒介即认识论。所有的媒介都是一种隐喻，通过某种媒介，其实就是以某种方式去认识世界。

（三）进入后真相时代

在网络上有个梗，叫作“且不说这些事情是不是真的”“抛开事实……我们且说”，为什么且不说它是真的，要抛开事实说其他的呢？事实上也有无奈的方面。2016 年《牛津词典》评选出的年度词汇是后真相（post-truth）这个词。同样，在消费社会中，人们生产和消费的越来越只是符号，而非具体的物品。所以说我们现在叫符号消费，符号它不指向现实，而只是一种仿像，这种仿像本身就被资本、政治等权力利用，利用这种符号来培育一种幻觉和错觉。最后你发现它激起来的是人们不同的情绪、态度，而不是事情本身，挑动的是人们情绪态度的对立，而且动辄就上升到价值观层面。所以越是这样，最后在集体无意识的合谋下，人们把真相埋葬了，或者说真相本身远不如舆论所激起的情感、信念重要，这便是后真相时代的来临。[1] 同时，还会发现，我们这个时代的人之所以接受这样的东西，是因为我们太人性了，人性在这里并不是褒义词，而是太追求感性的享受。比方说老师讲课时，大家都喜欢老师讲得生动，多讲故事，讲什么不重要，谁在讲不重要，怎么讲最重要。讲故事本身就意味着某种真相的隐藏。《人类简史》的作者赫拉利（Yuval Noah Harari）指出，其实人类就是一种后真相的存在物。讲故事是人类的一个特点，动物是不会讲故事的。

（四）向相关性认知转向

长期以来，特别是近代以来，我们受西方的思想文化，尤其是知识的影响，觉得所谓认识世界，就是要揭示一种因果关系，找到规律，尤其是必然性因果。但我们发现，这个时代渐渐向相关性认知转向。明确地区分因果关系和相关关系的是英国经验论哲学家休谟。

在今天看来，有因果关系一定是相关的，但是相关的不一定具有因果关系。大数据时代更多讲的是相关性，在大数据时代依靠因果关系做选择是不合时宜的。当然不能完全排除因果关系，可能更多的是要遵循一种实用的逻辑，从决策的角度出

1 沈湘平：“真诚先于真理：公共理性诉求的重要原则”，《哲学动态》2019 年第 10 期。

发，以统计的方式把握其相关性才是明智的选择。这种相关性可以借助智能技术很直观地呈现出来。这种看似“不求甚解”的方式，却是人们认识和把握世界的一次重大转变，正在精准地监测着我们，也为我们所日益广泛地运用。做决策不能简单地从因果的角度去看，应该考虑它的相关性，而这种相关性一旦出来，你就会发现问题，相关性也意味着不确定性的极度增加。相关性有很多，我们用因果关系可能分析不出来，但是它们仍然是相关的，这种相关有强相关和弱相关，一旦达到某种条件，它出现强相关时，就可能产生所谓的“蝴蝶效应”。一个极小的变化会导致一种显著不同的结果。那么这种不确定的极度增加会导致风险社会的来临。贝克（Ulrich Beck）是德国风险社会理论的提出者，他指出，人类正生活在文明的火山口上。人类的文明越发达，蕴藏的风险越大。而且还有一个特征，对我们危害越大的风险我们对它的认知越少。

我们有时候有一种观念，觉得人类只要知识越多，我们无知的范围就会越小。其实事实不是这样的。古希腊哲学家芝诺就提出过这种观点。他的知识非常丰富，别人就问他：为什么你有这么多知识还这么谦虚？芝诺就在地上画了一个小圆圈和一个大圆圈。他说：这个小圆圈就是你们所拥有的知识，大圆圈就是我所拥有的知识。你们只看到我的面积比你们大，也就是我的知识比你多，但是你们没看到我的周长比你们的周长长，周长长意味着我接触到的无知世界比你们接触到的无知世界多。因为在有知的范围之外都是无知，你的圆圈越大，你接触到的无知范围也越大。知识不是此消彼长，不是知识增多了，无知的就减少了，而是知识越多，就越觉得无知。这就是哈耶克所说的，知识无论怎么增长，都面临一种不可避免的无知的状态。贝克还提醒我们，不明确的和不可预料的后果成为当今历史和社会的主宰力量。我们以前花了很多功夫试图让我们这个世界变得更好，获得更好的东西。但我们会发现在风险时代，人类的精力越来越多地投到防止“坏的”东西上。

（五）陷于“信息茧房”

在知识大爆炸、信息大超载的时代，人们逐渐产生了一种选择和判断的疲劳。到底我应该学什么知识，到底应该采取哪一种方案，自己已经拿不定主意了。此时，各种专家应运而生，扮演起信息时代“浓缩”或“炼金”术士的角色。而以相关性逻辑为基础的大数据智能推送则“贴心”地为你提供个性化服务。结果，我们接收到的这种信息是“n手”的信息，会经过无数人的加工，而且所谓的人工智能使过量的信息通过自我的习惯性态度大大减缩。本来世界的信息是非常多的，但是，这种大数据对你进行了分析，基于你的使用习惯，只推送你所关注的信息。我们每个人的注意力、行为数据早已经成为数字技术持续获取的囊中之物。休谟当年所谓“人生最伟大的指南”的习惯正好是资本与技术算计的抓手。而今天恰恰是资本和技术掌握了我们的习惯。全球化、互联网信息时代，造就了一种所谓“信息茧房”效应。本来全球化、信息时代应该扩展信息知识的范围，但结果是技术可能会使我们待在一个小的角落里面。

当然上述这种“信息茧房”，又有主动和被动之分。首先是被动而不觉的“信息茧房”。它形成了网络信息时代的“坐井观天”者，那就是媒体给你报道的是按照你的习惯推送的东西，这就是一种被动的“信息茧房”。但还有一些是自觉的“信息茧房”，是自我主动去建构一个属己的世界，排除或者是重新解释那些潜在的、令人不安的知识。在这个时代，所谓的选择机会多了，事实上，选择意味着一种主动的偏见，这里的“偏见”没有贬义。主动的偏见是一种自我保护，使自己有一种安全感，试图使自己获得一种本体性安全。它的结果往往是因为选择了自己所想知道的信息，所以会因与他者的认知不协调而倍生焦虑。

（六）自我愚钝化

我们为什么要学习知识？知识就是力量，求知乃是人的天性，求知最终会使我们变得越来越聪明。通过现代科学技术，人类已经对世界进行了十分深入而精细的认识。但是，总体性的知识不是我们每个人都有的，那种最尖端的知识、最精准的知识，只是极少数的专家才能把握的，而且即使是这样的尖端专家，离开了自己的领域也会变成普通大众。

技术与智能事实上充当了我们面对真实世界的认知替代。对于生活中的芸芸众生而言，这种以集体、专业存在的知识与技能，犹如难窥其奥妙的“魔法”，其体贴的服务不仅使人从体力上解放出来，也从智力上解放出来。在知识工业化的今天，知识的记忆日益技术化，对于个体而言，日益表现出利奥塔、斯蒂格勒所谓“知识相对于‘知者’的外移”现象。在这个时代，我们每个人并不需要去掌握足够多的知识，因为知识已经外移了。这同时意味着我们可以有很多的精力去干别的事。由上可知，我们轻松了，但是它带来一个问题，就是人就变得越来越愚昧了，因为技术文明越进步，我们自身的能力越弱。

（七）人文意见的粉丝化

认识在任何时候都试图获得真知。对于人文层面的认识，也就是价值是非的判断，我们不仅要问这个世界“是什么”，还要考虑我们“怎么办”，“怎么办”就是一个价值是非的问题。

我们能认识什么、怎么认识，今天与人的存在状态、社会历史结构融为一体，归根结底与自我认同，即“我是谁”的问题息息相关。吉登斯曾阐述了诸多“自我的两难困境”，其更多是从自我认识、自我认同相关的角度阐述的。他举了一系列的两难困境。例如“联合与分裂”——我们每个人都要运用从社会背景中被传递过来的经验去构造自我，来刻画个人的发展道路。这些经验本身是分裂的，而你要把它们统合、联合在一起。再如“无力与占有”——现代性所提供的许多占有的机会，使得生活方式的选择成为可能，但又让人产生一种无力的感觉，好像机会无处不在，我们却无力把握住。信息也一样，这个时代信息知识特别丰富，但又不知道如何能够把它变成自己的一部分，没有力量把握。又如“权威和不确定性”——在没有终极权威的情境中，自我的反思性投射必须要在信奉与不确定性之间把握一个方向。还有“个人化的与商品化的经验”——就是自我的叙述必须是在个人的占有受到消费标准化的势力所左右的情境中得以建构。[1] 也就是说，用于自我描述的信息来自外在的信息，但是所有的外在信息背后都有它的消费逻辑和资本逻辑。尤其是我们获得的新闻，都是以一种大众文化的方式呈现出来的，大众文化最重要的特点有两个，一是商业化，二是娱乐化。商业化是它的一个基本考虑，在其中是否能分清楚，就很难说了。

---

1 [英] 安东尼·吉登斯：《现代性与自我认同》，赵旭东，方文泽，北京：生活·读书·新知三联书店，1998 年版，第 235 页。

三、我心何属？

“我心何属？”的问题是更根本、更核心的问题。2021 年中国宣布历史性地解决了绝对贫困问题，全面建成小康社会。也可以说，中国在比较实质的意义上解决了“富起来”的问题，总体上进入了物质丰裕时代或者后物质时代。后物质时代，就意味着人们的精神问题极度凸显出来。相对于“我知何识”对外部世界的认知，精神涉及内在心灵。实现共同富裕不仅指物质上的共同富裕，还指精神上的共同富裕。不仅需要精神满足，还需要丰富自己的精神世界。从国家、社会的高度看，更有一个如何提高人们精神境界、增强人们精神力量的问题。在我们这个时代，“我心何属”是一个重要的问题。

德波（Guy Debord）写过一本非常有名的书《景观社会》，他在该书中指出，现代社会无处不在构建景观。德波所指的“景观”只是社会景观。在今天，我们已经把人自我景观化、自我涂层化了，每个人都想竭力把自己“整”成一道景观。这种景观、涂层是如此极端，以致人的显现与存在达到了这样极致的紧张：一方面，只有被他者感知到才能找到自我的存在感，存在的价值似乎就是让人更多地感知到，“刷存在感”居然成了不少人行为的动机；另一方面，一个人只有当他不再完全真实，也就是要进行某种程度的景观化的时候，他才有机会显现出来。只有符合人们期待的那样的一种形象，也就是被景观化了的形象才有机会显现出来，或者说才有更多的机会显现出来，才可能被更多的人感知到。一旦意识到这一点，人们就自觉地极致地把自己景观化，所以“伪”和“装”就成了一种常态。“伪”这个词本来是中性的，伪就是人为。其实“伪”和“装”从中性的意义上说是常态的，甚至成了一门专门的技术和独到的生意。

还有弗洛伊德意义上的超我与本我的分裂。弗洛伊德所谓的自我三分法——分为本我、自我和超我。所谓本我，就是按照本能欲望、遵循快乐原则的我。所谓超我，是坚持社会原则、道德要求的我。自我是对本我和超我两者进行协调的我。超我和本我之间的分裂是经常会出现的。人前、人设、公人、超我的极力维护与经营，既是对社会秩序权威性的一种服从，也是自我生存的一种适应性策略，还是苦心孤诣的成功学举措[1]。很多人之所以设计一个人设，是为了获得人生的成功。同时，由于"存在就是被感知"的表浅化信奉，一系列的矛盾就产生了，品质与流量、才华与颜值、实干与"作秀"之间的重要性排序往往被颠倒——流量高于品质、颜值高于才华、作秀高于实干等。

不同场景的不同人格表现，乃至作为复数的网络虚拟人格表现，不再简单被认为是分裂的症候，人们更倾向于接纳一种立体的、魔方式的人格。当然要解决人前、人后、公人、私人、本我、超我等一系列问题，需要能够恰好地转场，事实上这提出了一个非常高的要求，那就是拥有很高的驾驭能力。必须拥有很高的驾驭能力，需要在多重面相当中保持一种与内在的同一性。有如柏拉图的灵魂马车之喻，驾驭之难也是痛苦之源，驾驭不好就会翻车，出现所谓"人设崩塌""社（会性）死（亡）"场景。中国古人强调，人前与人后都应该一样，"莫见乎隐，莫显乎微"，强调即使一人独处也要戒慎恐惧，"慎其独也"[2]。如今许多人的戒慎恐惧则恰恰不在"为己"的存在之处，而在"为人"的显现之时。

有时社会上会出现一种悖谬的现象，一方面我们的活动范围非常大，所有的事物都联系在一起，无限互联，但是另一方面又感觉到无意义。这种无意义就是一种所谓生存的孤立感。每一个人都感觉到与周围的人没有意义的关联。一如当下中国，很少有孤单的人，但充满着孤独的人。孤单是事实陈述，孤独则是意义判断。一个人没有结婚并不意味着他孤单，一个人结婚了并不意味着他不孤独。在最拥挤的列车里边，也可能有一种深深的孤独感。因为身边的人的肉体与你无限接近，但是在意义上与你找不到关联，这就叫生存意义上的孤立，它是一种与意义源泉深刻阻隔的感受。

那么人生的意义在哪儿？古往今来的哲学家们都指向一个东西——幸福。最直接看，人生所奋斗的一切，最后都是为了追求幸福。这种幸福和美好，具有终极意义的性质，其他都不过是中介和手段。只是在生活中，大多数人把幸福理解为一种快乐。亚里士多德早就指出，只有最庸俗的人才会将幸福和快乐等同起来。快乐是

1 沈湘平："涂层与本体性安全"，《江海学刊》2020 年第 5 期。
2 出自《礼记·中庸》："莫见乎隐，莫显乎微，故君子慎其独也。"

靠外在刺激和占有感获得的。马克思当年揭示因为资本主义私有制而使得我们“变得如此的愚蠢而片面，以至于一个对象，只有当它为我们所拥有的时候，就是说，当它对我们来说作为资本而存在，或者它被我们直接占有，被我们吃、喝、穿、住等等的时候，简而言之，在它被我们使用的时候，才是我们的”“一切肉体的和精神的感觉都被一切感觉的单纯异化即拥有的感觉所替代”[1]。

什么是幸福？要达到幸福，首先要知道幸福的真谛，当然这是个永远开放的话题。弗洛姆（Erich Fromm）的一些揭示是非常有道理的，他说“幸福不是心理和生理需要得到满足”“也不是由于压力而得到解决，而是在思想、感觉及行为上的一切创造性活动所带来的产物”，它“表示个人已经找到了人类生存问题的答案：就是把他的潜能作为创造性的发挥，因而不愧为世界上的一分子，并且还能保全他自己的人格完整”[2]。古希腊哲学家伊壁鸠鲁有句名言——幸福就在于两件事，肉体的无痛苦和灵魂的宁静。在今天的中国，肉体无痛苦的问题大多数人已经解决了，更多的是灵魂的宁静，灵魂是否宁静是我们幸福要义的问题。对于大多数人来说，要在不确定的世界当中，按照自己领悟到的人类生存问题的答案去积极生活，去维持自己一种好的存在状态（well being）。人首先要活着，追求的终极目的就是存在状态，一切有利于你存在的理想状态的追求都是你的意义所在。

我们每个人要基于存在的状态，而追求好的存在状态，也就是追求幸福。这其实就是生命的意义所在。但是，在我们这个时代，要意识到一个问题。我们每个人的存在不是孤立的存在，一定是和别人的共在，特别是在全球化的时代。我身何是？我知何识？我心何属？从来不会有一个最终的答案，他会不断地因为“何”而问，但是这样的问题已经不再仅仅是一个自我选择、自我实现的“我”的问题。无论是你的身体、你的知识，还是你的心灵归属，不完全是你自己选择的问题，因为一定要和别人共在，这是关乎人类整体存在的大问题。任何个人生活方式的选择都是我们的自由，但也越来越要求基于共在的领悟，也就是希望再道德化。我们每个人都有自己的道德，但可能要有一种新的道德启蒙，就是要认识到我们每个人自己的选

1《马克思恩格斯选集》（第3卷），北京：人民出版社，2012年版，第303页。

2[美]艾·弗洛姆：《自我的追寻》，孙石译，上海：上海译文出版社，2012年版，第163页。

择，无论是你自己的身体、你的知识，还是你的心灵归属，都不仅仅是你个人的存在，必然是以一种共在的方式存在。既然是这样的一种共在的方式，那么我们就要去领悟和选择。所以，专门学习哲学没有必要，但每个人至少要学习一点哲学，学习一种以哲学为核心的文化信仰。它能够帮助人们去领悟存在的问题，只有靠自己去领悟澄明，才会成为你最本己的东西，最彻底的东西。

最后，我想引用英国诗人艾略特的《岩石》（*The Rock*）中的诗句与大家共勉：

迷失在生活中的生命何在？

Where is the life we have lost in living?

迷失在知识当中的智慧何在？

Where is the wisdom we have lost in knowledge?

迷失在信息中的知识在哪里？

Where is the knowledge we have lost in information?

他说，迷失在信息中的知识在哪里？我们生活在信息时代，每天接触这么多信息，它的知识何在？迷失在知识当中的智慧何在？我们每天都在透过信息学知识，第一问最重要，迷失在生活中的生命何在？

（因篇幅所限，有所删减，江士星整理，秦红岭审校）

第九讲

居仁由义道德行

肖群忠

主讲人简介

肖群忠，中国人民大学哲学院教授、博士生导师。主要从事伦理学与中国传统伦理研究。“全国优秀博士学位论文奖”获得者（2002 年），“教育部新世纪优秀人才支持计划”入选者（2005 年），中国人民大学“十大教学标兵”称号（2009 年）获得者。在《哲学研究》《光明日报》等报纸杂志发表学术论文 200 余篇，已出版学术著作 10 余部。代表著作主要有《孝与中国文化》《中国道德智慧十五讲》《日常生活行为伦理学》。

主讲概要

继承弘扬传统美德是当代中国社会生活中的重要时代主题，它不仅关系兴国树人的问题，而且关系我们每个人的生活幸福。在传统美德中，仁义是最具根源性的重要德目，仁者爱人，义者当为。我们今天学习仁义之道德，以期明理践行，提高国人的传统美德修养。

当前，继承弘扬中华优秀传统文化与传统美德是当代中国社会生活中的重要时代主题，它不仅关系到兴国树人的问题，而且关系到我们每个人的生活幸福。在传统美德中，“仁义”是最具根源性和普遍性的重要德目，仁者爱人，义者当为。今天我们就一起来学习仁义之道德，以期明理践行，提高大家的传统美德修养，推动公民道德素质提升。

我主要讲以下四个问题，为了便于大家记忆，我编成了四句顺口溜——仁义本为道德根，修身养性存仁心，做人做事须循义，仁义兼行道德兴。这四个问题是一种什么关系呢？第一个问题是讲“仁义”在我们中华传统道德体系中的地位和作用。第二、三个问题是具体讲仁、义的含义，以及它们在我们现实生活中的价值和作用。最后一个问题回到仁义的意义和价值，叫“仁义兼行道德行”。以前我讲的是“仁义兼行道德兴”，这里“兴”是指社会道德建设若重视仁义两种精神的话，就会使道德大兴。显然这里的主体是社会。这次我把“兴”改成“行”，主体变成我们自己，因为对大学生群体而言，我们要通过仁义来修身养性，每个个体坚持仁义这两个最基本的道德，就会德行天下。

一、仁义本为道德根

道德是我们中华文化的核心和灵魂，这是文化学上的一个共识。一个民族要保持其精气神不可能离开道德。早在 20 世纪 20 年代，孙中山就指出：“要维持民族和国家的长久地位，还有道德问题，有了很好的道德，国家才能长治久安。……所以穷本极源，我们现在要恢复民族的地位，除了大家联合起来做成一个国族团体以外，就要把固有的旧道德先恢复起来。有了固有的道德，然后固有的民族地位才可以图恢复。”[1] 那个时代“固有的旧道德”显然就是指我们的传统道德。孙中山的论述表明，一个民族没有固有的道德就没有民族地位。我们现在说要实现中华民族

1 孙中山：《三民主义・民族主义》，广州：广东人民出版社，2007 年版，第 72 页。

的伟大复兴，没有我们自己的一个精气神，没有我们民族的魂和根，我们怎么实现中国梦？

党的十八大以来，习近平总书记有多次关于传统美德和优秀传统文化的论述，我在这里引证他两次讲话的精神。第一次是在 2013 年 11 月，习近平总书记考察曲阜的时候提出要重视道德，他指出："国无德不兴，人无德不立。必须加强全社会的思想道德建设，激发人们形成善良的道德意愿、道德情感，培育正确的道德判断和道德责任，提高道德实践能力尤其是自觉践行能力，引导人们向往和追求讲道德、尊道德、守道德的生活，形成向上的力量、向善的力量。只要中华民族一代接着一代追求美好崇高的道德境界，我们的民族就永远充满希望。"[1]2014 年 2 月 24 日，在中共中央政治局第十三次集体学习时的讲话里，习近平总书记又提出了"培育和弘扬社会主义核心价值观必须立足中华优秀传统文化"。而且，习近平总书记还用六句话对中华优秀传统文化进行了概括："讲仁爱、重民本、守诚信、崇正义、尚和合、求大同。"由此可见，在我们当今时代背景下对传统道德和传统文化的重视。

文化学上有一个判断，传统道德特别是文化的价值观念、规范系统往往是一个民族文化的核心。中华文化是德性主义的文化，传统道德更是我们中华文化的核心。从中国的伦理道德的建构史来看，我们的先哲们提出了一系列的伦理德目体系，后世的民众也在不断践行这种道德。

简单来说，传统的伦理德目有哪些？我用"三四五"来概述一下。三就是"三达德"，即智、仁、勇。[2]孔子提出的伦理德目很多，一般认为"仁"和"礼"是孔子思想的核心，"礼"是外在规范体系的总和，"仁"是内在的爱心。孟子比较重视"仁义"，荀子比较重视"礼"。"四德"是孟子提出的概念，即"仁义礼智"，仁义占据前两位的地位。管子提出"国之四维"即礼义廉耻，这里边没有"仁"，

1 习近平总书记在山东考察时的讲话（2013 年 11 月 24—28 日），《人民日报》2013 年 11 月 29 日。
2《中庸》有云："知、仁、勇三者，天下之达德也。所以行之者一也。" 将 "仁" "知" "勇" 三者并列并赋予如此地位，始于孔子。《论语・宪问》谓："子曰：'君子道者三，我无能焉：仁者不忧，知者不惑，勇者不惧。' 子贡曰：'夫子自道也。'" 《论语・子罕》谓："子曰：'知者不惑，仁者不忧，勇者不惧。'" 此处 "知" 通 "智" ——编者注

但是有“义”。“义”也是居于次席的。到了中国道德理论建构时期，形成了一个标准的表达，即汉代形成的“三纲五常”。所谓“三纲”是指“君为臣纲、父为子纲、夫为妻纲”，所谓“五常”就是“仁、义、礼、智、信”这五个德目，“仁义”也是居于最前面的。“三纲”其实支撑的是“孝、忠、节”这三个德目。在老百姓的实践过程中，后世的宋代有旧“八德”，即“孝悌忠信，礼义廉耻”。孙中山先生提出过新“八德”，即忠孝、仁爱、信义、和平。其实老百姓最重视的传统德目是“忠孝节义”。

“仁”“义”在四德或者五常里都居于前两位，由此可见仁义的重要性。《易传·说卦》有言：“立天之道曰阴与阳，立地之道曰柔与刚，立人之道曰仁与义。”“天、地、人”儒家谓之“三才”，做人最根本的就是“仁”和“义”，所以把仁义作为立人之道，与天地之德并称，可见其重要性。从理论思维角度来看，唐代韩愈在其《原道》中认为：“仁与义为定名，道与德为虚位。”按我们今天的现代汉语简单地理解来说就是“道”与“德”是一种概念，而道德最核心的东西就是“仁”“义”这两个道德。在日常生活中我们也能看到老百姓对仁义的重视。比如现代汉语里对“仁义道德”的连用。我们在口语里常说“杀身成仁，舍生取义”，这是孔子和孟子提出来的概念。“杀身成仁”是孔子说的，“舍生取义”是孟子说的，随着传统话语的淡化，同学们不见得特别熟悉，但我们作为中国人，大概也都听过。口语中我们会说：“这个小孩挺仁义的。”“挺仁义”是什么意思？是做事很到位的意思，或这个人比较有道德。在与朋友交流中有时我们会这样说：“哥们儿，我仁至义尽了啊。”意思是我说到位了，帮也只能帮这么多了。这说明我们的文化还遵循非符号化的口头传承规律。所以，我们作为中国人，浸润在中国文化中，通过口头传承会感受到一些中国文化的核心理念。

我简单概述一下“仁”和“义”的意思。按照中国的话语，“仁”就是爱人的感情。“仁者爱人”后面界定的“仁”的第一层意思就是这个。[1] 所以医术是“仁”术，如“同仁堂”“达仁堂”，药铺子的匾额上用的是“仁”，因为救死扶伤是医

1《论语·颜渊》载：“樊迟问仁，子曰：‘爱人。’”《孟子·离娄下》谓：“君子以仁存心，以礼存心。仁者爱人，有礼者敬人。爱人者，人恒爱之，敬人者，人恒敬之。”

术的一个核心，是基于一种爱心。所以我们首先说“仁”是一种爱人的感情。在人类的道德生活中，爱与恨是两个渊薮性、起点性的感情。恨是消极性的，“仁”是积极性的，它是一种原发性的感情。所以，一个人要有善根，首先是要培养人的爱心。佛教有“贪、嗔、痴”三毒。恨是这“三毒”中的“嗔”，也就是暗暗地恨人。所以一个人如果恶意太深，老是恨人就坏了，如果每天多点爱心就好。

我们今天为什么要讲仁义兼行？基于我的学术研究发现，过去我们认为儒家是一个道德理想主义，在道德教育里过去只重视“爱”这样一个积极性的源头。这没有错， 但是不够的。在现代社会，要弘扬“义”这样一种理性精神。“仁”“义”是两种精神资源，一种是内在的情感，另一种是外在秩序的理性，因为“义”本身就是一种裁断，即“合义”。据我的观察，工科院校的部分学生对人文知识的学习是不够的。我们首先是一个“人”，未来也许你能成为院士、建筑学家，但如果没有对人文知识的了解，你的知识是不完整的，甚至人生都是不完整的。中国传统教育观念特别强调“通德”“通人”的观念，还不是通识，通识是西方教育的概念。不管有多么广博的知识，首先是人，如果做人都做不好，怎么成才？这就是儒家的教育理念。蔡元培先生提出，中学以上的人都要学经学大义和人文道德，因为你首先要学做人。

今天这个讲座，大家需要把握十二个字——有爱心，乐奉献，守规矩，尊重人。前面两句是“仁”，后面两句是“义”。2008 年北京举办奥运会时提出了志愿者的口号：“我奉献，我快乐。”我觉得这个口号提得非常好。我们要培养人的爱心，最后要升华为行为，就是要有奉献精神。一个人如果没有爱心，没有对社会的担当，连他的父母都不爱，又如何爱同学、爱国家、爱民族、爱人民呢？

“仁义”不仅仅有道德建设意义，而且具有修身的价值。孟子有一个经典的比喻“居仁由义”[1]，也是我们今天讲座的主题。我们常说宅心仁厚，意思是说爱心是你的灵魂、你的家园，是你的心的房子，否则你的灵魂无处安居，就变成了游魂。所以千万不要把你的爱心，把善良的东西给丢掉了。现代人丢了东西知道去找回，

1 语出《孟子·尽心上》：“居仁由义，大人之事备矣。”

例如手机丢了，一定很着急。如果心丢了，爱丢了，是否知道把它找回来？所以孟子讲："学问之道无他，求其放心而已矣。"[1] 把你那个善心、本心、好心保留好，不忘初心，才能开辟未来。这就是"居仁"的意思，不是想着把房子装修好，"富润屋，德润身"[2]，重要的是要学会做一个好人。"义，人之正路也。"[3] 我们常说："小伙子要走正道，不要走歪门邪道。""居仁"解释了内在居住遵循的原则，"由义"介绍的是出门参加社会活动应该参照的规矩。见利忘义，不守规矩都不符合"义"的要求。"居仁由义"简而言之就是"有爱心，守规矩"。

二、修身养性存仁心

人的品德就是心理和行为的统一。人是有思想的动物，佛教有云"心念起善恶"，所以培养自己的道德品格，要从思想上、情感上知心易行。培养爱心，先是培养爱他人的情感。情感、心性是人的行为的基础，也是修养的起点。所以儒家强调"反求诸己"，强调自我心性的修养。人一定要存爱心，守住自己善良之心。

（一）仁的道德内涵

仁是儒学的第一个德目和概念，孔子《论语》里有 105 条讲仁，由于《论语》是圣哲言行录对话体著作，并没有对"仁"提出一个非常明确的界定。对"仁"的讨论不是按照一种写论文的科学思维逻辑，而是对做人的教育，是对学生不断提的问题的回答，是一种指导如何做人的论述。从伦理学的角度，系统来讲，可以用五个短语概括"仁"的道德内涵，这五个短语就是我们作为现代学者的逻辑化解读。这五句话也有它内在的关系。第一个短语"仁者爱人的道德情感"回答了什么是"仁"，

1 语出《孟子·告子上》。

2 语出《礼记·大学》："富润屋，德润身，心广体胖，故君子必诚其意。"

3 语出《孟子·离娄上》："仁，人之安宅也；义，人之正路也。旷安宅而弗居，舍正路而不由，哀哉！"

相当于给它下一个概念性的定义。第二个短语“亲爱同情的人性根源”解释了“仁”这个感情是从哪里来的。第三、四、五“忠恕之道的行仁方式”“克己复礼的实践规范”“博施济众的奉献精神”这三条是指道德不仅是一种思想观念，而且是一种实践文化，解释了怎么做就达到了一个仁者的境界，符合“仁”的这个道德规范是递生性的，不同层次的三条行为规范。总体上说，回答三个问题，即“仁”是什么？“仁”从哪里来？怎么做就达到了“仁”？

1. 仁是什么？——仁者爱人的道德情感

仁就是爱人的道德情感。我们中国古代汉语一个字就是一个词，爱人的情感就是爱别人的情感，不是爱自己的情感。这就是说一个利他主义者要去爱别人，过分爱自己那就是自私了。所以说仁是爱人的仁者，是爱他人的道德情感。《论语·颜渊》云：“樊迟问仁，子曰：‘爱人。’”《孟子·离娄下》中讲“仁者爱人”。“仁”是爱人，要让世界充满爱，而让世界充满爱，就是让世界充满“仁”，“仁”即是“爱”。

我们再进一步按现代思维来说，什么是爱人的感情？从人文心理学角度来说，你反思过没有？你觉得你现在心里有爱吗？你爱过人吗？哲学是对人本身价值论题的反思。比如，现在的很多独生子女相对不是很懂“爱”，两个人相处总是闹矛盾，因为不知道“爱”的本质是什么。你们反思过这个问题吗？这其实是一个重大问题，这是一切人性的源头问题，当然也是你的源头问题。喜欢一个人，就想亲近这个人。想亲近，就是对他（她）有精神的需要，甚至是亲密接触的需要。那么，你与你的母亲是否有亲密接触？请你给母亲洗脚的时候，你可能会回答：“我不愿意。”“给母亲洗脚”不就是与你母亲的亲密接触吗？人与人之间的爱就是在这样一个过程中培养的，从需要到依恋，这都是心理的东西。到了行为才有关怀、体贴、爱护。所以，我们用现代汉语来表达什么是爱，包括喜欢、亲近、需要、依恋、关怀、体贴、爱护。“爱”不仅仅是一种心理的索求，还要保护对方，不使对方受到伤害，爱既是感情，也是行动。从道德心理学的角度来分析，一个人走向道德成熟的表现，就是对自己的感情要审视是否负责任，自我实现不仅是一个人才智的充分发挥，还是人在道德上的成熟。

2. 仁从哪里来？——亲爱同情的人性根源

爱人的感情来自亲爱同情的人性根源。关键词是亲爱同情。“亲爱”是孔子的解说，“同情”是孟子的解说。

“立爱自亲始”，这句话出自《礼记·祭义》。《论语》的开篇《学而》提出“孝弟也者，其为仁之本与”，此句“弟”通“悌”，指出了孝与悌是为人的根本。《孟子·尽心上》谓：“亲亲，仁也。”“仁之实，事亲是也。”“亲亲而仁民，仁民而爱物。”之前我们讨论过儒家的仁爱是差等之爱，“仁爱”从哪里来？以上所引文献告诉我们，从“爱亲”中来。我们每个人来到这世上最早接触的人是谁啊？自然是我们的父母，而父母给予了我们爱。一个有爱的家庭才能培养出来有爱的孩子。因此，家庭关系不和谐，就容易培养出叛逆型的人格。由近及远，我们能够爱别人，首先要从爱父母来培养。我们说“三岁看小，七岁看大”，中国人为什么讲“百善孝为先”？我们今天讲的仁义是普遍性道德，还没有讲孝道。“孝”其实比“仁”更具有根源性、根本性。一个人如果连父母都不爱，他说他能够爱他人、爱同学、爱学校、爱民族、爱国家，那是假话。他连最亲近给予他生命、养育他的人都不爱，怎么可能去爱别人呢？

儒家思维是由近及远的推扩思维。爱父母是不是一定就会爱别人呢？儒家的理论思维注重揭示人的善性，它是一种理想的道德主义，在儒家思维里认为这是可能的。儒家思想认为，一个人只要培养起孝心就能推而广之，所谓“亲亲”“仁民”“爱物”，层层推扩，有了孝心就能“仁民”“爱物”，即爱民，爱惜物品。但“亲亲”和“仁民”毕竟是两件事。按我们现在的思维，公共领域、私人领域要分殊，有的人能爱父母，不见得能爱别人。反过来说，有些人能爱别人，可不见得能爱父母。中国人的思维是整合性、综合性的思维，而西方理论是分殊的思维。中国人会把这两个领域联系起来看，西方文化特别是现代文化，讲究将私人领域与公共领域分开来研究。儒学试图找到一个普遍的“仁爱”的根源，不断地普遍化是儒学的思维，从孟子开始到董仲舒，再到韩愈在《原道》里明确提出了“博爱之为仁”，其实就是要提倡一种普遍的爱。这种普遍的爱的人性根源是什么？孟子找到了一个根据，孟子说：“恻隐之心，仁之端也；羞恶之心，义之端也；辞让之心，礼之端也；是非之心，智之端也。”[1]“恻隐之心”在现代汉语中即为同情心。孟子对人性的基本设定是“人之初，性本善”。他举了一个经典的例子，“所以谓人皆有不忍人之心者：今人乍见孺子将入于井，皆有怵惕恻隐之心；非所以内交于孺子之父母也，非所以要誉于乡党朋友也，非恶其声而然也。由是观之，无恻隐之心，非人也。”[2]意思是说一个小孩子快要掉到井里去了，人类是有普遍的人性的，人本身都是善良的，看到要掉到井里的孩子会意识到，这是我们的同类，我要赶快去救他，我对他有爱心。做出救这个孩子的举动，不是因为这个孩子的哭声不好听，或者我与这个孩子的父母认识，而是出于人的普遍的善良本性。所以，孟子开了仁爱思想普遍化的先河。

综上所述，我们对“仁”（爱心）的根源有两种解释。一种是经验主义的，从一个发端的角度来讲。再一种是不断普遍化的扩充，即恻隐之心。亲者，记也。血缘关系是人与人斩不断的“脐带”，同时也要有空间和距离的亲近。俗话说，“一走茶就凉”，在社会心理学层面，是有一点道理的，因为老不来往了关系就淡了。但是与娘亲的关系是最紧密的，一辈子都斩不断。举个谈恋爱的例子就容易理解了。谈恋爱肯定要有一些亲近的交往，不交往是不行的。一般爱情关系产生的两个根源，符合孔孟这两个论述：一是喜欢亲近。如果连面都没见过不可能相爱。二是恻隐之心。爱里边有时含有恻隐、同情的意思，这不完全是坏的。

3. 心理上的仁？——“忠恕之道”的行仁方法

仁人志士在我们中国传统道德里是最高的人格境界。孔子都不敢说他是一个仁者，但是仍要去践行仁道。那么，怎么做到“仁”呢？

强调“忠恕之道”的行仁之方。儒家设计了在具体的生活事项去做到仁，从心理上或思维方法上来看就是行“忠恕之道”。什么是“忠恕之道”？“己欲立而立人，己欲达而达人”[3]叫“忠道”。“己所不欲，勿施于人”[4]叫“恕道”。“忠恕之道”在西方理论学里叫道德黄金律，简单来说就是换位思考，“以己之心度人之

1 语出《孟子·公孙丑上》。
2 语出《孟子·公孙丑上》。
3 “己欲立而立人，己欲达而达人”出自《论语·雍也》。——编者注
4 “己所不欲，勿施于人”出自《论语·卫灵公》。——编者注

心”[1]，这是作为好人的一个基本思维方法的前提。你老是只考虑自己，不考虑别人，怎么能成为一个爱人的好人啊？现代汉语解释“忠恕之道”，说“如”和“心”构成了“恕”，意思是己心如人心，将心比心，以己之心，度人之心。因此，从现代语境理解“恕道”就是应该理解人，包容人。一个人要大度宽容，要理解人，要包容人，前提是了解，了解的基础上理解，理解的基础上谅解。而所谓“忠道”，就是指我们要从思想感情上尊重人，从行为上帮助人。

4. 行为上的仁？——“克己复礼”的实践规范

在行为上如何做到仁呢？简单说就是“克己复礼”。《论语·颜渊》中有这样一段对话：颜渊问仁。子曰：“克己复礼为仁。一日克己复礼，天下归仁焉。为仁由己，而由人乎哉？”颜渊曰：“请问其目。”子曰：“非礼勿视，非礼勿听，非礼勿言，非礼勿动。”颜渊曰：“回虽不敏，请事斯语矣。”“克己复礼”，就是孔子针对颜渊问仁的回答。“克己”，指克制自己；“复礼”，指遵循道德规范，照规矩办事，要做一个有仁心、有道德的人。因为你爱人是爱别人，私欲、私利太多怎么爱别人呢？立身处世无非是要调整人和己的矛盾，所以就要克制自己，克制自己的私心、私欲，然后按照通常的道德规范去做，这也是一个人最基本的社会道德义务。也就是说，在一个权利义务安排对等的情况下，我起码不侵害别人利益，也尽量给别人做点好事，这就做到行为上的仁了。

5. 更高阶段的仁？——“博施济众”的奉献精神

“博施济众”的奉献精神是“仁”的一个很高的境界。《论语·雍也》中，子贡问他的老师：“如有博施于民而能济众，何如？可谓仁乎？”孔子回答说：“何事于仁，必也圣乎！尧舜其犹病诸！”意思是说，假如有一个人能给老百姓很多好处又能周济大众，可以算是仁人吗？孔子说岂止是仁人，简直是圣人了！就连尧、舜尚且难以做到呢。显然这句话可以作为我们讲仁爱道德的一个归纳总结。按现在

---

1 出自《中庸》“施诸己而不愿亦勿施于人”。宋朱熹注：“以己之心度人之心，未尝不同，则道之不远于人者可见。故己之所不欲，则勿以施之于人。”——编者注

话来说就是我奉献，我快乐。我们通常说，你做一个一般的人“克己复礼”就够了，但你要做一个好人，一个崇高的人，那就要为老百姓做更多的事情，“博施于民，而能济众”，给大众做更好的事情，这显然是一个更高的境界。

总之，仁爱的情感从哪里来的？是从天上掉下来的吗？不是，是从爱心和恻隐这两种情感中生长出来的。我们怎么去爱人？“忠恕之道”，“克己复礼”和“博施济众”。

（二）如何在现代生活中弘扬仁爱之德？

1. 以同情爱人之情唤醒我们的道德良知

仁就是爱人的感情，它根植于同情心，所以用此唤醒我们的道德良知。当代社会为什么要让世界充满爱？这原本是一个人心性修养和道德建设的根本性的东西，可是社会中的一些文化生活的扭曲，使个别人人性中的这个善根泯灭了，使人变得冷漠，缺乏爱心。因此，我们现在重整道德首先要唤醒的、根基性的东西就是爱心。

2. 以忠恕之道培养他人意识

明代思想家、哲学家吕坤讲过一句话：“肯替别人想，是第一等学问。”这就是我们修养的要义，换位思考，培养他人意识。要以忠恕之道将心比心，不要给他人造成不便与伤害，这是恕道的根本精神之一。财以济人，力以助人，智以勉人，德以化人。假设德育课道德考试的一个题目是：上坡路上有个拉架子车的人在费力拉车，你们会去搭把手还是不管？我不知道你们的选择，但我小时候肯定会去搭把手。在我看来这是举手之劳的事，可是对拉车的人来说就帮了大忙，这就是道德的实践。恕道还有一种根本精神就是要严己宽人，宽以待人，在这里我不做过多阐释。

3. 以博施济众提升奉献意识

这一点之前我在讲子贡与孔子的对话时已经讲过了，这是一个高尚的君子道德，甚至是一个领袖、一个伟大人物的品德。

马克思讲为人类解放而奋斗，这就是伟大人物的博大胸怀。马克思本处于社会的中上层，生活优渥，但他为了写《资本论》，揭示资本主义的黑暗，放弃了自己的安乐生活。他的胸怀是非常宽广的，怀抱着为人类工作的志向，到现在他的思想仍然影响着我们中国，影响着世界。

那么，普通人怎么培养自己的爱心和奉献意识呢？以同学们为例，你们参加过志愿者服务吗？这种奉献意识必须在实践中才能逐步培养起来。以我的观察，社会公德相比于十年、二十年前有个非常大的进步，这也是社会奉献意识提升的一个表现。

三、做人做事须循义

“义者，宜也。”[1]所谓义，就是做事适宜。韩愈在《原道》中说：“博爱之谓仁，行而宜之之谓义。”《墨子・天志下》曰：“义者正也。”义，不仅是合于一定目的的适宜，而且要求行为本身要符合正确的道德原则。正义，既是一种伦理道德规范，又是人们对一定社会合理秩序的追求。合义是对目的来说的，但是它没有限定手段，目的能不能为手段论证？凡是合理的，是不是一定是正确的？不仅要合适，而且还要正道。那么就要用“正”来限制一下，保持目的和手段都是对的。这样一个合适和正当的道理，在显性文字上就体现为“理”和“则”，即道理和规则。“仁”是内在的一种感情，但“义”一定体现为道义的规范，这就是我们所讲的规范伦理学和美德伦理学。

（一）义德的道德内涵

“仁”和“义”在儒家道德体系是“首目”（目指德目）和“次目”的地位。在儒家思想与传统道德生活中，“义”主要包括以下几方面含义：伦理秩序与天下公义、道义为先的价值原则、义务为本的人伦责任。“义”显然是一种社会性道德，是一种规则，是一种制度的安排。道义为先的价值原则，讲的是义利观的问题。要道义为先，而不是利益为先，要见利思义，而不是见利忘义。第三点比较显性，从抽象到具象，从宏观到微观，中间又加了中观。

---

1 语出《中庸》。

1. **伦理秩序与天下公义**

中国古代社会的伦理秩序是等级秩序，等级秩序和天下公义是互相制约的张力关系。

首先是种等级秩序。因为中国传统社会是一个金字塔式的等级社会，所以古代伦理就要维护这种等级制度，因此提出了“君君，臣臣，父父，子子。”[1]“贵贵，尊尊，贤贤，老老，长长，义之伦也。”[2]在中国古代就是要“等贵贱、名尊卑；贵贱有序，民尊上敬长矣。”[3]董仲舒在《春秋繁录·精华》中讲：“大小不逾等，贵贱如其伦，义之正也。”又在《春秋繁露·盟会要》中讲“立义以明尊卑之分”。上述这些等级要求是古代社会的真实状况。

在现代社会等级秩序是不是完全错误呢？实际上正是由于实际存在等差才要倡导平等。若已经实现平等了，也就不用倡导平等了。平等最初在西方是被统治阶级反对封建特权时提出的一个政治口号，是在政治上的一个诉求，但在人与人的伦理关系上，还不是完全平等的。当然我们现在社会讲平等和等差的统一。但如果等差过大，又会使人产生疏离，所以还要超越这种等级，达到天下公义。如果说等级秩序表达的是一种主流的、统治阶级的、正统的政治意识形态的话，那么，天下公义则表达着一种更具普遍性、更为社会化的、超越于等级秩序的天下公义和公理。儒家自身要讲公平公正，“刑政平而百姓归之”[4]。这与我们今天的“法律面前人人平等”大体上是一个意思。“举贤不避亲、不避仇”，这也是任用人才方面的平等。墨家更进一步彰显了这样的一种平等，因为它代表下层劳动者的理想，所以它也有天下公义的追求。

2. **道义为先的价值原则**

在义利观方面，儒家坚持道德或者说“义”是指导我们行为的一个原则。人在利益和道义面前如何选择，这是一个人终身要解决的问题。道义是人生的安全法则，

1《论语·颜渊》云：“齐景公问政于孔子。孔子对曰：君君，臣臣，父父，子子。”

2《荀子·大略》云：“贵贵，尊尊，贤贤，老老，长长，义之伦也。行之得其节，礼之序也。”

3《大戴礼记·盛德》云：“凡弑上生于义不明。义者，所以等贵贱、明尊卑，贵贱有序，民尊上敬长矣。”

4《荀子·致士》云：“川渊深而鱼鳖归之，山林茂而禽兽归之，刑政平而百姓归之，礼义备而君子归之。”

如果没有道义的坚守，或早或晚都会犯错误。简单来说，在治国方面我们要坚持义利统一。如果不对利益追求进行指导和约束，那么就会出现孟子所说的“上下交征利而国危矣”[1]。反映到个人身上，功利和道义是道德生活的两个层次。

义利观中关于个人的修养方面，负面上防止道德上堕落和犯罪，正面上提高我们的境界和水准、格调。钱不是万能的，钱不是唯一的，我们要志存高远，培养自己的大丈夫精神。“富贵不能淫，贫贱不能移，威武不能屈，此之谓大丈夫。”[2]

3. 义务为本的人伦责任

中国传统伦理特别强调义务而不是讲权利，现在受西方教育影响比较重视权利。在中国伦理中，权利是个法权概念，国家通过立法保证公民的权利，它是一种政治学和法学的思维。往往一讲伦理就没有权利，但实际上这个权利并没有消失，而是潜在地存在于义务之后。在中国的人伦关系中，都强调首先你是一个什么样的人，处于一种什么关系，在这一关系中承担着什么角色，在这个角色里你承担着什么样的义务，这就是关系本位和角色责任。

义之为德在于自觉担当。义成为德，成为一种道德品质，体现于一种自觉担当。何为劳模？就是有自愿奉献的高尚道德之人。你会发现，我们宣传的道德楷模和表扬的仁人志士，都有高度的责任感和义务感。例如，大禹治水、商汤周武、屈原、范仲淹、顾炎武这些先贤。孔子有云：“老者安之，朋友信之，少者怀之。”[3]这讲的是人类的责任。孔子创立儒家学说，周游列国，修己以安百姓，这是对别人的一种责任，所谓“义德”就是这个意思。

---

1 语出《孟子·梁惠王上》。
2 语出《孟子·滕公文下》。
3 语出《论语·公冶长》。

（二）传统义德对我们现代社会生活和道德建设的启示

1. 维护社会秩序，建设和谐社会

区别于我们之前讲的等级秩序和天下公义，现在我们讲的是自由、民主、公正、法治的社会主义核心价值观，与前文所讲的社会层面，内容不同，但都是讲秩序。传统道德讲义务，我们现在讲权利，最后综合起来就是将权利和义务相统一。在中国社会生活中就是要求我们履行公民责任。从小事来看，遵守交通规则，不要闯红灯。细节决定公民素养，从一个个小的举动就能看出来，秩序不是抽象的而是具体的。

2. 坚持义利统一，改善社会生活

这一点在前文我们已经讲过，不做重复解释。总之，要坚持义利统一、科学发展，富之而后教之。君子谋财，取之有道。反对一切向钱看，反对见钱眼开、见利忘义的恶劣行为。同时要注重效率与公平，努力做到物质与精神的平衡。

3. 弘扬义以为上，提高人生境界

道德生活是内在的精神生活，没有“吾日三省吾身”[1]，没有自觉，就不会反省这些事情，就会习以为常。坚持以义制利，防止犯错犯罪。

4. 增强义务意识，积极履行责任

各尽自己的义务，义务为先是中国伦理的特点。在现代社会要进一步完善，首先要做到有所守，遵守秩序、规则。同时也要有作为，见义勇为、助人为乐、参与公益志愿服务等。

---

1 语出《论语·学而》。曾子在回答孔子提问时说：“吾日三省吾身：为人谋而不忠乎？与朋友交而不信乎？传不习乎？”

四、仁义兼行道德兴

（一）仁义兼行的根据

仁义兼行，就是要把“仁”这种爱的内在心性的道德资源和外在的义利这种规则性的资源结合起来。我们过去强调让世界充满道德资源，就是调动人的道德本性这一根本性的东西。但是，它缺少了义的推动。孟子化义为仁，就等于把两种资源合成一种资源。重要的是要坚持仁内义外。仁义兼行本身是有根据的，道德本身是主体性和规范性的统一，道德是道和德的统一。德就是心性、德性，人的心理品质，道就是规范。这样道德建设才是完整的，是纪律和约束的统一。用仁义兼行去要求和激励公众，既实现了社会和谐又提升了人格品质，达到了道德完善的境界。

（二）道义是社会生活的客观需要

道义这种价值是社会生活的一种客观需要。社会生活不是只有爱这种资源，特别是现代社会是多元化的陌生人的社会，道义所强调的规矩、有所守有所为这个资源，特别有价值，与我们现在所讲的公民道德很契合。要想成为君子圣贤，首先要成为一个好公民，要遵守现行的社会秩序，要坚持有所守与有所为的统一，既要以天下为己任，又要具有现代的公民素质。我们现在对国人道德素养的批评，主要还是基于显性的社会公德，例如对大声喧哗、不遵守交通规则的批评等，所以在现代公民道德建设上要特别重视这些。

五、结语

我们的结论就是：仁义兼行道德兴。在现代社会道德建设中，不仅要重视“仁”的积极性、主体性、动力性的道德资源，而且要注重“义”的客观性、普遍性、约制性精神，这样的道德思维方式和道德建设思路，才会保证我国社会道德建设取得进步与发展，这就是“仁义兼行道德兴”之“兴”的含义。“仁义兼行道德行”之

“行”，强调的就是我们作为新时代的大学生，既要存爱心，也要守规矩，这样就做到了仁义兼行，你就会获得道德成长，就会获得人生的成功和人生的幸福。

（因篇幅所限，有所删减，程璐整理，秦红岭审校）

北京建筑大学
BEIJING UNIVERSITY OF CIVIL ENGINEERING AND ARCHITECTURE

通识大讲堂 第二期 | 1907校史馆 人文讲堂 第六期

中国古人喜欢解梦、释梦，更喜欢从梦的解析来传达生活态度。

讲座从《论语》和《庄子》中选出若干梦的解析，
来梳理儒家和道家的人生智慧，
由此提示我们面对人生选择所可能带来的启发。

第十讲

进退之间

从《庄子》四个梦看儒道智慧

干春松

主讲人简介

干春松，北京大学哲学系教授，北京大学儒学研究院副院长，兼任中华孔子学会常务副会长。主要研究领域为儒家思想、儒学与现代中国、中国政治哲学等，著有《制度化儒家及其解体》《制度儒学》《儒学小史》《理想的国度：近代中国思想中的国家观念》等。

主讲概要

中国古人喜欢解梦、释梦，更喜欢以梦的解析来传达生活态度。本讲座从《论语》和《庄子》中选出若干梦的解析，来梳理儒家和道家的人生智慧，以此提示我们进退有度、做好人生选择。

关于如何做人的问题，有很多中国思想家都讨论过，尤其是儒家和道家。我们也知道，现在大学生所面临的问题有“卷”和“躺平”，就是在竞争时代如何自处的问题。我在中国人民大学统计学院做讲座时，一位学生问过我一个问题，说“进退之间”是不是要告诉人们该如何躺平，如果说“进”算卷的话，那“退”就算是躺平。其实不是，是不是躺平，是一个策略问题，不是哲学问题，我要讨论的是躺平和竞争背后的人生哲学。

每个时代都是卷的，只是卷的程度不同。“内卷”这个词已经出现很久了，被引入我们日常的话语里面，可能是这几年的事情，但是学术界讨论这个词已经有几十年的历史了。“内卷”说白了，就是效率值越来越低，你的付出和收获越来越不成正比，原来付出十分力，它可以有十分的收获，但是到了现在这个阶段，你付出十分力可能只有七分或者八分，甚至更低的收获”。

在讨论这个话题之前，我们先简单做一些知识上的铺垫，主要分为两部分：第一就是儒家和道家这两个思想学派在中国思想史中到底处于什么位置。第二就是我为什么要从梦的角度来讨论这个事儿。无论我们怎么去阅读《庄子》，怎么理解《庄子》表达的思想，梦都是一个很好的切入口。做完这些铺垫以后，我们再来讲《庄子》的四个梦和《论语》里面的一个梦，从中我们大概能看出，儒家和道家在面对“卷”和“躺平”这样的问题的时候他们的人生态度，以及他们提供的思考。其实中国传统思想学派，比较喜欢把它讲成一种人生智慧。《庄子》本身是一本特别有意思的书，有人可能觉得文言文读起来比较累，我今天讲这个题目还希望能传递给大家这样一种感觉：从“梦”进入《庄子》，这本书其实读起来很有趣，当然这也是我从梦的视角来讲的理由。

一、从诸子百家说起

先秦的时候，中国出现诸子百家争鸣的局面。在诸子百家中，我们最熟悉的是儒家和道家。除了这两家以外，比较重要的是墨家。儒家讲爱的时候会讲仁爱，墨家讲兼爱，就是爱的方式不一样。墨家认为，我们应该爱别人，儒家认为我们会爱自己的亲人多过爱别人。但是墨家认为，如果我们每个人都只爱自己的亲人，不爱别人的话，那么我们每个人会变得特别自私，社会之间、社会成员之间产生冲突，就是因为这个社会有些人只考虑自己而不考虑别人，这是墨家批评儒家最关键的部分。法家和墨家其实是有一些亲缘关系的，有时候会觉得儒家和墨家的亲缘关系更重些。事实上，在一视同仁这点上，法家和墨家观点最相似，都认为要对所有人一视同仁。只不过墨子说我们应该爱所有的人，不应该只爱自己的亲戚朋友等人，而法家认为我们不应该根据亲戚朋友的亲疏来选拔人才，或者来决定给别人一些好处。法家认为，在机会面前应该人人平等。因此，从一视同仁这点上看，法家和墨家其实是一样的。法家对人有一个基本的判断，即认为每个人都是趋利避害的。这点其实我们每个人都会意识到，就是说大家会尽量去做一些对自己比较有好处的事情。

多学一点诸子百家的知识，对大家是有帮助的。法家认为，每个人都是趋利避害的，所以管理人的最好办法就是给他们好处，让他们知道你这么做有什么好处，同时也让他们知道你不这么做有什么坏处。法家还认为，所有人都是一样的，不存在某些人道德更高尚一点或者更低俗一点的事情。人表面上都是趋利避害的，但是大家不能只奔着利益去，历代法家思想也都批评那些鼓励大家只顾追逐利益的观点。

有个成语“从善如登，从恶如崩”，是说做好事就像登山一样费劲，做坏事就像山崩一样容易。春秋战国时期，就是百家争鸣的时候，社会比较混乱，国家和国家之间经常打仗，力量此消彼长，出现了春秋五霸，战国七雄，最后秦一统天下。其间，出现了纵横家苏秦、张仪等人，他们是一个独特的谋士群体。这一时期，《周易》出现。现在仍然有很多人会把《周易》当成一本算命的书。算命的一个常规的方法，就是烧龟壳或者动物的骨头，但是中国古代还有一个很重要的方式就是占梦，这和我们今天要讲的内容有关系。社会一旦动荡，大家会觉得命运难测，所以算命在当时就比较流行。后来的阴阳家也是这样一个学派，另外还有名家、兵家、农家等诸子百家。

二、儒释道漫谈

在百家争鸣中，儒家胜出了，在汉代获得了比较高的地位。但是，后来到了魏晋以后就变成三家了，这三个学派都与我们的生活方式、人生态度有很大的关系。

第一个学派就是儒家。儒家讲的是自强不息和厚德载物，这是《周易》的乾卦和坤卦讲的道理，儒家特别强调我们今天要讲的进退之间的“进”。儒家强调人的社会责任。儒家会鼓励人积极担负社会责任，这个就是刚健，刚健就是你必须去进取，不断进取去获取社会资源。那所谓的厚德载物是什么意思呢？其实我们知道进取会很难，所以必须有一个好的心态，好的心态能让人在事情进展不太顺利的时候，能容纳这个世界上那些不美好的事儿。因此，你要能担负那些责任的话，你就要讲仁义道德、讲仁义礼智信。

第二个学派就是道家。道家特别能打动人，他说外面的世界太累了，这主要是因为儒家所加在人身上的“责任感”，大家精神和身体上都要歇一歇。我们“进”既然那么难，我们能不能在思想上或者身体上退一退，这一点其实是道家特别强大的地方。我们读老子的《道德经》，会读到老子讲要贵柔守雌，要像水一样能够顺应各种社会环境。但是经过长时期的发展，到了汉末以后，它发展出一套很技术化的东西，形成了道教。道教是从道家那里面发展过来的，但是它结合了阴阳家、民间方术等。

第三个学派就是释家（佛教）。佛教和道教有什么区别呢？道教认为我们还是在这个世界上，我们还是要做人，只不过我们做人不要像儒家那些人那样做得那么累，我们要放轻松，不要与人去卷。道家比较倾向于躺平，类似于“采菊东篱下，悠然见南山”的境界，基本上是比较偏道家的境界。至于陶渊明是不是那样的人，其实也不是，因为陶渊明很有原则，不为五斗米折腰。佛教认为这个现实社会不值得留恋，而道家说像儒家那样忙忙碌碌的现实社会不值得留恋，但是并不表明说现实社会不存在美好的地方，有桃花源，还有南山，人可以活得很舒坦。但是佛教认为这个世界不是真实的，儒家和道家告诉你的那些世界不是真实的。按我们常理来讲，我们能看到的这个世界，绿树红花怎么不是个真实的世界呢？佛教有一套理论，尤其是讲因缘的理论，认为它是一个很偶然的结果，“幻”成了我们这个世界。在佛教看来，只要不是必然会出现的事情，它就不是一个确定无疑的事情，如同人的出生一样，其实不是必然的。

三、进与退

（一）人类生活的几种态度

1. 进（进步、竞争、责任）

儒释道三家中，“进”主要是儒家主张的，“退”是佛教和道教主张的。佛教和道教都讲退，只是退的方式不是特别接近。其实我们今天讲的“进”和“退”，就是人类社会的几种生活态度。“进”其实就是“卷”，只是“卷”现在好像变成一个贬义词，“卷”其实用一个褒义词来讲，那就是竞争。我们每个人其实时时刻刻都在与别人竞争。当进入社会之后，你会发现社会管理者一天到晚都在鼓励你去竞争，因为社会上的标准大多是竞争性的标准。比方说你以后如果当老师，你可能就要多发表文章、多讲课，学校才会多给你薪酬，你也可以更快地评上教授，这其实就是竞争。

2. 退（让步、容忍、逃避）

其实另外一种生活态度就是躺平，躺平看上去太消极了。躺平有主动躺平，还有被动躺平，其实，被淘汰后的躺平和战略性的躺平不是一回事。

（二）几种结合（以退为进、以进为退、进退结合）

先说以退为进，历史上经常有这样的例子，就是有些人会不断地去竞争，但有些人为了取得更好的结果，可能会以退为进，或者以进为退。我今天的讲课可能会带给大家一个错误的感觉，似乎凡儒家就是进取的，道家就是退的，如果从整体上来讲这是没有问题，但事实上有的时候也会有一点偏差，并不是绝对的，因为儒家既讲进又讲退。《论语》里孔子的形象就像他与他弟子说的那样，如果我有机会还想为国家服务，如果没有机会，则可以“乘桴浮于海”（《论语·公冶长》），意思是弄一个小木筏，在海上漂浮，就是隐逸。这就是儒家的进和退，穷则独善其身，达则兼济天下。这里说的“穷”不是没钱，而是四面八方都不能到达，穷是到不了，路路走不通，这就是穷。穷则独善其身，达则兼济天下，就是说我如果走不通，在社会上没有取得成功，但是我起码可以保证基本的道德底线，不去做坏事，不做坏人。如果我取得了成功，我要考虑的是百姓而不是我自己，不是我自己最亲近的人。

（三）儒为进取，道为隐退？

很多人会说，道家肯定就是只讲退了，但司马迁在《史记》中给老子列传时，就说老子不是一个像人想象的那样愿意躲在后面的人，他说老子其实是个以退为进的人。比方说水是天下之至柔，但有所谓水滴石穿，水滴不断地滴，可以滴穿石头。刀是金属，有冲击力，但你拿刀去砍石头的话，往往是刀伤，但是水去滴石头的话，水没伤石头却被滴穿了，只不过有时间成本而已。老子的观点是说，你要做水，不要太刚，刚者易折，社会也是这样，如果太强硬了容易出问题。如果柔的话，你就有空间。司马迁看得很清楚，他说不要把老子看作一个小国寡民，鸡犬之声相闻，老死不相往来这种，天天在山里面躲着的那个人，他说老子不是这样的。可以说，这就是儒道背后的生活态度。

图 10-1 是中国古代绘画里比较有名的《采薇图》。《采薇图》是一幅历史题材的画作，是以殷末伯夷、叔齐“不食周粟”的故事为题而画的。伯夷、叔齐是殷的贵族，武王伐纣取得胜利后，他们俩不愿意与新建立的朝代合作，于是他们决心不吃周朝的粮食，逃隐至首阳山，采食野菜充饥，最后都饿死在山里。孔子在《论语》里经常会举例子，他的学生子贡问孔子说你怎么去评价伯夷、叔齐两人。从儒家的角度来讲，你当然应该入世，怎么能在山上躲着，因为讨厌这个时代，就不与人合作，隐居起来。但是孔子对他们的评价，是说他们俩是求仁得仁，他们自己愿意这样，还说他们“不降其志，不辱其身”（《论语·微子》）。虽然孔子特别喜欢周朝，但是他说伯夷、叔齐这两个人身上其实有很多优点，就是说不降低自己的志向，不使自身遭受屈辱，宁愿饿死，都不愿意与那些人合作。伯夷、叔齐的故事是中国历史上很有名的故事，是两个宁死不愿意失去气节的人物。我的意思是说，儒家也讲穷则独善其身，达则兼济天下，就是说自己坚持的这条路走不通了，那就独善其身。

图 10-1　《采薇图》局部（宋李唐作，北京故宫博物院藏）

四、早期思想中的梦

我们今天是在讲进退之间，这个进与退的思想资源，主要是从儒家和道家那里面来的，不能简单化地说儒家是进取，道家是隐退的，儒家可能有时候是以退为进，有时候则以进为退。在司马迁看来，起码道家《道德经》里有以退为进的思想，所以不能简单化地去思考这个问题。这是对古代思想资源的一个简单回溯。

第二个思想资源就讲到了“梦”，中国古代对梦的认识与我们现在不太一样。我们现在说我昨天晚上做了个梦，大家可能只是随便聊一聊。比方说大多数情况下小朋友害怕的时候可能会梦见棺材，但是大人会说梦见棺材很好，棺材的棺就是当官，材就是有“财”，梦见棺材就说明你要有好运。有的时候会做一些好梦，如男孩子经常会做梦娶媳妇。

我们看早期的典籍如《左传》时，会看到大量关于占梦的记录。朝廷里面有专门的占梦师，国王做了一个梦，他们往往会给国王解释要怎么来规范他自己的行为，就是这是一个什么样的梦。其实有的时候是那些旁边的谋士告诉国王应该怎么来治理这个国家，给国王提建议。我觉得传统的梦比较迷信的部分，现代人其实已经不太关注，现在大多数同学可能不见得会去特别认真地对待头一天晚上自己做的梦，尤其是思考它与未来自己的好运或是坏运有什么关系。但是把梦作为一个抒发情感的途径，在中国古代尤其体现在文学作品中，其实是有很强的感染力的。斯皮尔伯格等人创办的电影公司叫梦工厂，电影在某种程度上说就是造梦。在座的同学都知道中国古代的四大名著是什么，一般都说是《红楼梦》《三国演义》《水浒传》《西游记》。可能在 100 年前大家认为四大名著并不是这四个，说法可能多种多样，但是有一本书排第一，无可争议，那就是《红楼梦》。《红楼梦》这本书，本身就以梦为它的名字，研究《红楼梦》的人实在是太多了，《红楼梦》里面有大量关于梦的描述。中国历史上伟大的戏曲作品也有很多，比如《窦娥冤》，但是在现代还长盛不衰的作品是《牡丹亭》，《牡丹亭》就是一个特别奇幻的梦。《牡丹亭》讲的是一个春天里发生的故事。女主人公杜丽娘是个情窦初开的妙龄少女，她做了一个梦，梦见一个男孩子，做了一个类似于有剧烈情感的春梦，关键就是这个梦做完以后，她就因为这个梦和生活现实如此不一样而郁郁寡欢，最后竟然死去了。但是，她梦中的那个男性叫柳梦梅，杜丽娘做梦的时候，柳梦梅也做了梦。他也知道在梦中有一个漂亮的女性与他见面。比较有意思的是杜丽娘要死的时候，给自己画了像，她期待她梦中的那个男性能够得到自己的画像。后来柳梦梅在租住的房子里，突然发现墙上有一幅画，这幅画与他曾经做梦梦到的女子很像。晚上他又做梦，梦见他俩互诉衷肠。当然这不是一部写实性的作品，而是一部想象的作品，表现了梦对抗争现实有很重要的作用。

外国比较有名的解梦大师是弗洛伊德。弗洛伊德的《梦的解析》一书中，有一段话，“梦其实是现实的镜子，梦中的欢喜、幸福、焦虑、恐惧，其实是潜意识里的投射”。庄子和庄子的书比弗洛伊德要早 2000 多年，但《庄子》的很多内容与弗洛伊德有接近的地方。弗洛伊德特别强调潜意识，他认为潜意识里面人类被压抑的那种情感就是性欲。弗洛伊德更强调说，潜意识里面被压抑的往往是社会压制特别强的那种。他认为梦里面大多数展现的都是人的潜意识，而这个潜意识里面大多数的内容都与性有关。弗洛伊德有三个概念与我们一会儿要讲的内容有一定的关系。弗洛伊德说，我们每个人其实是可以分层的，每个人看上去是一个整体，但弗洛伊德告诉大家说，一个人身上有好多个“我”，有很多个自己。很多时候，我们听流行歌曲经常会说，如果一个男孩子碰到了一个他特别喜欢的女孩子，他会失去他自己，他丢了他自己，他变成另外一个人。弗洛伊德说一个人可以有三个“我”，第一个是“本我”，第二个是“自我”，第三个是“超我”，“本我”是我们大多不展现给别人看的，比方说我们说一个人不真实，批评一个人虚头巴脑。但是同学们其实要想一想，这个社会每个人可不可能都是完全真实的？潜意识是不是真实的？如果一个人把自己心里所想的东西全都真实展现出来，那难道不是一件特别可怕的事？真实的自我往往是潜意识的，往往直接体现人的内在期待。比方说男孩子喜欢了一个女孩，他当然需要通过礼貌的或者说是合适的方式去追求，而不是直接表达欲望，所以弗洛伊德认为潜意识代表欲望受意识的抑制。“自我”是我们社会化的自我，每个人都知道，我们应该怎么去适应社会规范，要接受一些社会规范。为什么说大学教育是你进入社会生活的一个准备，就是你经过这种大学教育之后，你能够更好地去适应社会。总之，个人的生物欲望和社会规范之间相互协调折中后所表现出来的就是“自我”。还有个阶段就是“超我”的阶段，超我的阶段就是我们会基于道德感做一些超越我们欲望能力的事。比如我们经常在社会新闻里听到有一个人掉水里了，另外的人见义勇为去救他，甚至可能牺牲自己的生命。我们会特别佩服这些见义勇为的人。我们为什么会特别佩服这些人？因为我们自己做不到。

五、从梦看儒家和道家

进入主题，我讲孔子的一个梦和庄子的四个梦。

孔子说：“甚矣吾衰也！久矣吾不复梦见周公！”（《论语·述而》）这是孔子自己的一个叹息，他叹息什么？说他已经很久没有梦见周公这个人了。当然这句话有很多解释，起码最直接的解释就是说以前是经常梦见周公的，这其实就是儒家的梦，儒家的梦有一个特别明显的特点，就是梦见周公。怎么理解？我先与大家讲一下周公是个什么人。周公姓姬，名旦，是周文王的儿子、周武王的弟弟、周成王的叔叔。他辅佐了周武王灭商，在武王驾崩后，他的侄子成王姬诵继位，但当时成王还很年幼，于是周公摄政，代成王执政，处理国家大事。儒家传统里经常讲周公是“制礼作乐”，孔子为什么要梦见周公，主要是希望自己也可以像周公一样为这个社会建立起一些典章制度。但是当孔子老了的时候，他一直叹息，“甚矣吾衰也！”也就是说我已经身体一日不如一日了。孔子说很久没再梦见周公了，是对他自己命运的感慨，就是说我可能做不了周公要做的事情了。历史上有很多人解这个梦，比如朱子。朱子在《四书集注》中解释得比较完整，他解释说，孔子盛时（盛时就是指年轻的时候）“志欲行周公之道”，就是说孔子年轻的时候，想要实现周公的理想，为这个社会制定规范，“故梦寐之间，如或见之”，就是说在做梦的时候会经常梦见周公，“至其老而不能行也”，等到孔子老了以后，他已经不再觉得自己有机会像周公那样。所以他说“久矣吾不复梦见周公”，就是死心了，不再有梦，所以孔子是叹息自己年老，但我们可以听出来，这种叹息里面有一些很强的色彩。在后世的解释中，大多数人认为孔子是要进，就是有救天下的使命感，他认为世道礼崩乐坏，这个社会太差了，必须得挺身而出来挽救这个社会，但是孔子没条件，因为他在鲁国，鲁国又很弱小。但是孔子还有知其不可为而为之的使命感。《论语》里，孔子就是以“丧家犬”自嘲，他一直都在宣传自己的思想，却不被当时的统治者看重。当孔子叹息说我为啥做梦都梦不见周公了，他在想他对社会的责任感是否逐渐衰减了，这也是他的一种慨叹，他叹息其实是说他不该放弃，他现在既然不能辅助一个君主，那他怎么办。那他就写书吧，所以孔子周游列国以后回到鲁国就开始著书立说。也就是说，既然没有机会再“参政议政”了，他就直接写书了。孔子其实一直不歇着，他认为“天行健，君子以自强不息”，为什么说天行健？是说天的德行就是每天都绕着地球转，天天日升日落，一直在忙活，所以他说君子也应该像天一样，君子之道就是应该不断努力，自强不息。为什么又说“厚德载物”？可以理解为这件事情做不成，我不是不做了，我换件事儿继续做，通过一种间接的方法来做。这其实就是儒家梦的特征，儒家的梦特别能够体现孔子的精神特质。

下面我讲庄子的四个梦。庄子主要是通过寓言故事来阐发他的思想，所以他的故事里面，有很多人物，书里面第一个主角就是孔子，因为庄子给自己设定的一个对话者就是孔子。庄子使用“真人”这个名号，其实是要对应儒家所讲的“圣人”，因为儒家说做人要做成什么人。学做圣人是儒家伦理道德的一个很重要的目标，君子就是最高级的圣贤。庄子认为，圣人与圣人比的话，还有比圣人更高级的至人、真人，高级在哪儿？在《庄子·内篇·大宗师》里有一个描述，这个描述说：“何谓真人？古之真人，不逆寡，不雄成，不谟士。若然者，过而弗悔，当而不自得也。若然者，登高不慄，入水不濡，入火不热。”庄子意思是说成为“真人”以后，他如果犯了错误，他也不后悔，因为无所谓对和不对。做得对的话，他也不会洋洋自得，他说如果能做到这样的话，爬高山他也不会怕，到水里他也不会被淹死，到火里也不会被烧死，所以这个真人比那个圣人高级，有点像是神话中的人。如果你喜欢看金庸的武侠小说的话，你也应该看一下庄子的书，为什么？因为小说里面的很多练功的功法，其实好多都是从庄子里面来的，练就什么金刚不坏身，这就是“登高不慄，入水不濡，入火不热”。庄子说真人不会做梦。刚才我们讲了做梦是什么？弗洛伊德说，做梦是人把潜意识里面想要做的那些事情表达出来，因为人在现实世界中总会把欲望和内心的真实想法遏制住，只有做梦的时候才能抒发出来。这个理论，以及我们前面讲的梦境是对现实的不满和抗争的话，说明什么？说明你白天醒来的时候装老好人形象，晚上内心深处的情绪就会通过梦抒发。在庄子看来，这说明你是假超脱，那梦里才是真实的你。庄子讲真人要否定那些假道德。庄子说那些做梦不想别人，白天也不想别人的人，才是表里如一的，否则的话就是一个虚伪的人，只是装出来的，所以他会说：“古之真人，其寝不梦，其觉无忧”（《庄子·内篇·大宗师》）。

我现在讲庄子的四个梦，但恰恰庄子认为不梦、不做梦才是一个圣人的高级阶段。庄子认为，真正高级的人连梦都不做。他说：“真人之息以踵，众人之息以喉。”（《庄子·内篇·大宗师》）庄子说真人的呼吸是很深的，气息是能够通达全身的，是深到脚后跟的，而普通人的呼吸只是浮在表面上，气息刚走到喉，就吐了出来。

（一）庄子之空骷髅之梦

一方面，庄子说真人无梦，另外一方面，他又讲梦。庄子讲梦，是为了讲道理，不是说真要与你讲要不要做梦，这是第二个层次的问题。他首先说真人做到最高级的阶段，就不应该做梦了，那怎么可能做成这样？他又用做梦来告诉大家，人的精神境界可以有一个不断向上提升的过程。第一个梦就是庄子空骷髅的那个梦，这是《庄子·外篇·至乐》篇里面的一个故事。需要说明的是，我的故事排列是有讲究的，不是完全按照庄子书的顺序来排列的，而是根据其所体现的精神境界的高低来排列的。

第一个是说“庄子之楚”，即他要到楚国去，途中见到一个骷髅，他用马鞭敲打骷髅，他为什么要敲？因为他想问这个骷髅：先生是贪生而失去天理，才变成这样的吗？还是国家灭亡，被斧钺砍才变成这样的呢？还是你做了坏事，怕给父母妻儿丢脸自杀变成这样的呢？还是因受冻挨饿而变成这样的呢？还是年岁大后自然死亡的呢？说完这些话以后，庄子就靠着那个骷髅睡觉，睡觉的时候，这个骷髅来托梦，说你大白天对着我说了那么多，你看上去像是一个辩士，大家注意，辩士在古代不是个褒义词，是指骗人，颠倒黑白的人。骷髅说：“你所说的情况是人活着的时候所要遭受的苦难，死了的话，这些难处都没有了，你想听听死了以后有哪些事吗？”庄子说：“是的。”骷髅说：“死了以后，上没有君王，下没有臣子，从容舒适和天地一样长久，国君的快乐也不能超过。庄子不信，然后与那个骷髅说，假如让主管生死之神把你变成一个活人，然后还给你骨肉肌肤，归还你父母、妻子、邻里和朋友，你愿不愿意？这个骷髅皱着眉头说：我现在这么快乐，为什么还要再回人间？

我有时候会想这个问题，毕竟因为自杀的人不少，希望大家要珍惜自己的生命。的确，我刚才讲儒家有责任感，国家也需要人才。每个人都要珍惜自己的生命。有时候我特别会想一件事情，就是说那些本来铁了心要自杀，后被人救回来，他们会怎么想这件事情。因为有时候想死是个很强烈的念头，但是你如果过了某个关头就没有了。这个故事，我认为在《庄子》中属于比较低级的。这个故事很简单，还停留在生不如死的这样一个阶段，因为现实世界太苦了，要找工作，找工作还要挣钱，挣点儿钱还要养家，真是太累了，真有生不如死的感觉。但是，《庄子》的思想不是这么简单，其实是有一个更为复杂的境界。

（二）不才之木（会托梦的树）

我们看庄子的第二个梦——“才与不才”。《庄子》里面最多的例子其实就是讲才与不才。老师经常教育学生要成为对社会有用的人才。我们从学校毕业以后要找工作，在工作中要取得成就，所谓“十年树木，百年树人”。但《庄子》里面有很多故事讲的是到底是有才的人活得舒服，还是无才的人活着舒服？到底是哪些人活在这个世界上会更舒服一些，或者活得更好一些，或是哪些人能活下来？

在《庄子·内篇·人间世》中，有关于一棵树的故事，就叫会托梦的树。说有匠人到齐国，到了曲辕这个地方，见到了一棵栎树，这棵栎树树冠大到可以遮蔽数千头牛，要一百个人才能合抱那树干，树梢高临山巅，离地面八十尺处方才分枝，用它可以造十几条船，很多人来参观这棵树，但是没有一个木匠关注这棵树，看都不看一眼就一直往前走。他的徒弟反复看过之后，走到师傅旁边说：我跟着你砍树那么多年了，从来没见过这么漂亮的树。先生看见这棵树，却不多看一眼，快步走过，为啥？他师傅说，算了，不要再说了，这是一棵什么用处也没有的树，如果用来造船船定会沉没，如果用来做棺材棺材很快会腐烂，你用来做其他的东西，它也会很快坏掉，做门也不行，做柱子也不行，这是一棵没有用的树，所以它才能如此延寿。庄子讲这个故事，意思是说这棵树之所以那么长寿，长得那么大都没人去砍它，是因为它不才、没用，没什么实际的功用。等到匠人回到家以后，这棵树就开始托梦，说你为啥拿我与那些有用的树比，那些有用的树活得太苦了，像楂、梨、橘、柚这些果树，它们的树枝经常被人折断。好多树结几年果就死掉了。我们都知道果树它是有生命周期的，过了一段时间以后，它的产量会越来越低，人们就会换一批新的。就是不要拿我与它们比，那些树活得多惨。假如我果真有用，还能够获得延年益寿这一最大的用处吗？本来我志向高洁，你却把我比成蝇营狗苟的，所以不应该把我和那些树比。

这个故事的编排是有讲究的，前面的故事说非此即彼，我这样的生活不好，我可以换另外一种。这个故事是讲，大家都想成为所谓有用之才，庄子却通过这个梦说有用之才都活得很辛苦。庄子认为应该成为一个什么样的人呢，最好就是没啥用，谁也派不上用场，就是让能者多劳，能干的人就很辛苦，这是第二个梦。

（三）丽姬之梦

第三个梦和第四个梦，其实特别有趣。在讲这个故事之前，先给大家讲一部电影，这个电影叫《盗梦空间》。这个电影讲的是造梦师的故事，很难看懂，第一遍看的时候你可能很累。电影里面造梦师通过改变主人公潜意识的方式来改变他的决定，这是它的一个核心主题。电影设置了一些问题，造梦师他自己造的那些梦和他工作时候的梦之间有时候会互相干扰，这是第一个比较复杂的问题。第二个复杂的问题，就是这个梦是分层次的，就是梦里面还可以有梦。这个其实我们每个人也会经历的，你有时候会做一些简单的梦，但有时候也会做一些比较复杂的梦，复杂的梦甚至还会叠加一个梦。这就是浅表的潜意识和深沉的潜意识的差别。总之《盗梦空间》是一部特别有趣的电影，我之所以在讲庄子第三个梦之前讲这部电影，是因为这个丽姬之梦，就相当于《庄子》里面的盗梦空间。

我们看庄子是怎么讲这个梦的。《庄子·内篇·齐物论》说有一个叫丽姬的人，这是一个很有名的人，庄子经常会拿当时有名的人来讲故事。在现实中，丽姬是个坏人，所谓的坏人就是所谓的红颜祸水，是古代对女性的一种贬低说法。人们常以“三宫六院，七十二妃”来形容古代帝王们妻妾成群。正常情况下，皇帝正妻生的儿子立为太子，这个事情就平平常常过去了，如果皇帝希望他宠爱的妃子所生的孩子来做太子，就会有很多宫廷纷争。丽姬作为晋献公的宠姬，希望立自己生下的儿子奚齐为太子，让他继承君位，《左传》和《国语》里面都有这方面的故事。庄子拿丽姬做例子，一个负面的例子。

“丽姬之梦”讲的是丽姬是艾地封疆守土之人的女儿，晋国征伐丽戎时俘获了她，她当时哭得泪水浸透了衣襟，但等她到晋国进入了王宫，与晋侯同睡一床，吃上美味珍馐时，她就后悔当初不该那么伤心地哭泣了。她说我哭啥，早知道过来的生活如此好那时候就不哭了。所以，庄子在这个梦里面讲一个事情，说梦里的事情和现实的事情之间经常会有一些差别。然后庄子说，从这类事上难道我们还不明白那些怕死的人岂不应该后悔当初怕死的无知之心理吗？夜里梦到饮宴娱乐的梦，第二天往往会遇到伤心而哭泣的事；夜里梦到伤心而哭泣的梦，第二天往往会遇到驰骋田猎而心旷神怡的事。然后庄子说，为什么梦里面你遇到伤心事也会哭？因为你梦里伤心的时候，你其实不知道自己在做梦，你大脑皮层里面会有伤心的那些因素的影响。他认为梦里发生的事是会影响情绪的。经常会有人与你说，梦里的事情与现实中的事情有的有关系，有的没关系。庄子说这些讨论都没有用，为什么没有用？他说因为你根本不知道你睡觉和醒来的过程是不是在梦里。当时在梦中的时候，并不知道自己是在做梦。电影《盗梦空间》其实讲的就是这样，造梦师给你造一层梦，现实中发生的事情和你梦里发生的事情混在一起，其实有时候你不知道你当时在梦里发生的事情。但是总会有人告诉你不要做梦了，现实是这样的。很多人是糊涂的却不知道自己糊涂，反而以为自己是清醒的。所以，庄子说，其实很多人告诉人家说，你这是在做梦，你要清醒一点。但是很多人他根本不知道他自己是不是在别人的梦里。现在有人在研究这个问题，就是说我们地球上的生命，是否是别人所设计的一个程序里面的一部分。类似的电影有《黑客帝国》，其实就讲我们整个人类的社群是否是某一个其他文明所设置的一个程序，这特别像庄子说的“梦之中又占其梦焉，觉而后知其梦也”，就是说你做梦的时候，其实不知道自己在做梦。在梦境里又占卜自己所做的梦，醒后才知道大梦一场。庄子说有个“大觉”，“且有大觉而后知此其大梦也，而愚者自以为觉，窃窃然知之……万世之后而一遇大圣，知其解者，是旦暮遇之也”（《庄子·内篇·齐物论》）。他说，我们生活中的几十年，或者甚至上千年，甚至万世之后有一个人如果能解梦的话，他说你这只不过是在梦里所发生的一件事情。庄子说你不要那么自信地认为自己超脱了，其实不一定超脱，不要认为自己境界很高，在更高的境界里面，你其实只是其中一个部分而已。所以，觉以后还会有觉，就是说梦里面还会有梦，超越者后面还会有更超越者，你不要把自己看作特别到位的那个状态。

（四）庄周梦蝶

我现在讲第四个梦，这是大家最熟悉的梦。“庄周梦蝶”这个故事其实就是说庄子梦见他自己变成蝴蝶了，在梦见自己变成蝴蝶的时候，他觉得很快乐与自由，忘记自己是庄周了。然后等他一醒他就知道自己是在做梦，他就问了一个问题，到底是庄周梦见自己变成蝴蝶了，还是蝴蝶把自己变成庄周了？其实在做梦的时候，做到一些特别快乐的梦的时候，你会说我真希望一直在梦里。梦和现实之间哪种状态是你更愿意让生命停留的呢？我们做思想研究的人，特别喜欢后面的“周与胡蝶，则必有分矣”，分就是说有界限，庄周是庄周，蝴蝶是蝴蝶，两者不会是一样的东西，不是说化茧为蝶，茧和蝴蝶的关系。但是，为什么会产生“不知周之梦为胡蝶与，胡蝶之梦为周与”这样一种错觉？“物化”是什么意思呢？这里面有很多解释，在这里只给大家介绍王博老师的解释。王博老师说，一切都在“造化”中连为一体，庄子把这称为“物化”[1]，但其实物化强调的是蝴蝶和庄周之间的联系，就是现实中是有分界的，但在梦里面，这种在现实中有分别的界限给打破了。这就导致物与物之间的界限消失了以后而天人合一，你与这个世界之间产生了密切的联系，达到了某种程度的和谐。然后王博说《齐物论》要打破这个差别，因为世界上每一个事物之间都是有区别的。所谓的“齐物”就是使物齐，大家都变成一样的，那么他就是说让大家都一样快乐，让大家都一样美丽，让大家都一样自由，这样的一个世界只能在梦里才能实现。所以，“齐物”只是一个梦中才能实现的理想，他只是要告诉你首先要认清楚现实是有区别的，有男女的差别，老幼的差别，有地位的和没地位的的差别。但是，对这种差别应该怎么去面对？这种差别是让你觉得这个世界完全没法生活了，还是你可以从这个差别的背后看到我们一些共同的地方，让我们去获得共同的快乐？

这里我还可以举一个例子，就是庄子讲过一个故事，鲲鹏和鸟的故事。我们知道，所谓的鲲鹏是寓言中的一种鸟。他说这种鸟的翅膀很大，有几千里长，扶摇直上，半天就可以从北冥飞到南冥。但一只小鸟可能奋力飞，也只能从树底下飞到树枝上。庄子说，你认为这个大鹏自由还是小鸟自由？庄子其实是要化解这个问题，说大有大的快乐，大鹏心怀青云之志，它一心想要飞往南冥才快乐。但小鸟可能从地上飞到树上，它也觉得很快乐。那么到底是这小鸟快乐，还是大鹏快乐？还是它们都快乐？就是说它们都完全地把自己的能力释放出来以后，小鸟就飞到了树上，大鹏飞到了南冥。到底谁更快乐？不一样快乐。什么样的快乐才是一样快乐，就是每个人都做到自己的最好，就是最快乐的。

所以，“物化”其实讲的就是你要与这个世界和解，不能执着于你与别人的差别，别人有别人的快乐，你有你的快乐。你要努力去寻找自己的快乐，而不要把别人的快乐作为自己快乐的标准。我们经常拿别人的快乐作为自己快乐的标准，这是让我们自己的生活变得艰难的原因。所以庄子说，你不能拿别人的快乐作为自己的快乐，你要寻找自己的快乐。这就是这个故事很重要的意义。“物化”就是与物流

---

1 王博：《庄子哲学》，北京：北京大学出版社，2013 年版，第 121 页。

转，不是拘泥于一个点上，而是不断地流转，所以庄子说“以物观之”，就是从万物自身的角度去观察，物无大小，不以物观之的话，那么事物之间的差别就会有，那“以道观之”的话，那就没有差别。“以道观之”怎么观呢？庄子想了一个特别有意思的机械性的办法。大家可能在电视上见过做陶器的，都会在模子下面的转轮上让陶泥旋转起来，然后碗或盘子就会做成。庄子说这个固定的转轮叫“钧”，你应该让这个钧也动起来，你永远不要把自己固定在某一点上。庄子说你之所以经常看到自己与别人的差别，就是因为你经常拿自己的固定立场去看待这个世界，这样你会变得很不好。有些人其实不是被别人逼死的，而是被自己逼死的。因为你自己太把自己的喜怒哀乐作为所有人的标准，太把别人的喜怒哀乐当作自己的喜怒哀乐了。所以我推荐大家看《盗梦空间》或者《黑客帝国》，并不是说想把我自己的想法强加给你，只是说你起码可以了解一下别人认为什么样的东西是好的，但是你不要觉得别人认为好的就是好的，或者说从另外一个角度，你不能只知道自己认为好的，你应要知道别人认为好的东西。

五、儒道互补：进退之间的人生哲理

现在我总结一下。中国传统文化里儒家和道家是互补的，儒家思想里面有儒道互补的因素，道家的思想里面也有儒道。就像我刚才讲《周易》讲阴阳的时候，看上去说男的是阳的，女的是阴的，但是男性的身上有一些女性的优点，女性的身上也有男性的优点，只不过是大家要各自发挥自己的优势，做得更好一点。所以，我们看儒家的责任感和道家的超越性，如果一定要把这东西分出儒道的话，我们每个人身上应该既保留儒家的责任感，如对社会的责任感，对自己的责任感，对父母、家庭的责任感，也要有从责任里面超越出来的那个部分，就是怎么让自己从封闭的和拘泥于自身的局限性里面超越出来，多看到别人的好处。还有一点就是所谓的“身处庙堂”和“心在山林”，在朝则美政，在野则美俗。我们每个人都是这样，要去干各种各样的工作，也会被各种各样的事情束缚，如老师会被学校的各种规则、考核束缚，你的工作也是这样，但是你一方面要完成好你的工作，在完成这些工作的时候，你内心一定要有一个自然，有一个山岭，有一条河流、一个湖泊，这样才能从世俗的无聊中摆脱出来。因为自己的兴趣与工作相契合，只有很少人才能做到，对大多数人来说工作是工作，兴趣是兴趣，所以你在应付那些烦琐工作的时候，要知道怎么让自己的内心还有山林和湖泊。

最后送给大家一首白居易的诗。其实白居易特别有意思，他仕途不顺时写了一首叫《中隐》的诗。

中隐

唐·白居易

大隐住朝市，小隐入丘樊。丘樊太冷落，朝市太嚣喧。

不如作中隐，隐在留司官。似出复似处，非忙亦非闲。

不劳心与力，又免饥与寒。终岁无公事，随月有俸钱。

君若好登临，城南有秋山。君若爱游荡，城东有春园。

君若欲一醉，时出赴宾筵。洛中多君子，可以恣欢言。

君若欲高卧，但自深掩关。亦无车马客，造次到门前。

人生处一世，其道难两全。贱即苦冻馁，贵则多忧患。

唯此中隐士，致身吉且安。穷通与丰约，正在四者间。

他说你要是真正去当隐士，如像伯夷、叔齐那样直接进山，这种属于小隐。他说大隐住朝市，但朝市太喧嚣，最好作中隐，中隐是什么？就是有社会性的事务，你不完全逃遁到山林里面，但是你的工作又不是那种忙碌到完全没有自己的时间。他当时被贬为留司官，是闲官冷官，相当于我们现在的图书馆管理员，事实上没那么忙。这首诗的最突出的优点就是说你要找到进和退之间的一个平衡点。这个世界不只有进，也不只有退。我们每个人也不是只有一条路，事实上你们要进中有退，退中有进，你不能只有进不给自己留退路，也不能完全放弃社会责任，放弃养家糊口的责任，直接就退了。在这样的一个过程中，处理好进与退之间的关系，是让你自己生活得更为幸福的一个关键。你们现在这个阶段可能是你一生比较愉快的阶段，未来你就要为进入社会迎接进和退的不断冲击做好思想准备。我希望大家有空的话读一读《庄子》，它实在是太有意思了。

（江士星整理，秦红岭审校）

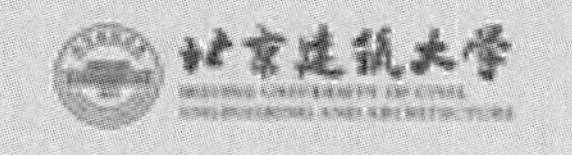

第十一讲

孟子气象与中华民族的精神品格

吴国武

主讲人简介

吴国武，北京大学中国古文献研究中心、中国语言文学系副教授，兼任全国高等院校古籍整理研究工作委员会副秘书长、北京大学通识教育专家委员会委员。研究领域涉及中国古文献学、传统经学和古代思想文化，偏重版本目录学、诗经学、礼学和四书学。主持国家级、省部级项目多项，出版《经术与性理：北宋儒学转型考论》《两宋经学学术编年》等著作十余部。

主讲概要

孟子是先秦最具思想锐力和人格魅力的大儒。本次讲座，将以“善养吾浩然之气”为主线，通过对“道义心志之气”（所谓天地正气）的解读呈现孟子的人格魅力和精神气象，进而阐述孟子气象对于丰富中国人的精神世界、塑造中华民族精神品格的重要性。

非常高兴第二次走进北京建筑大学的课堂，与大家一起来阅读经典、感受中华优秀传统文化。这次讲座的题目是“孟子气象与中华民族的精神品格”。我最近讲国学经典时经常会用两个词，一个是“文明论”，就是中华民族的文明演进，中华文明是什么样子，如何影响人类文明的未来，以及今天的我们怎么看待。另一个是“生命学”，人、自然、经典和文化（包括我们的建筑）都有自身的生命，我们如何来理解我们自身的生命。我要讲的就是《孟子》这部经典的“精气神”。第一部分是“也说《孟子》”，第二部分是“‘气’与我们的精神传统”，第三部分是“浩然之气——‘养气’章再解读”，第四部分是“大气、正气与家国天下”，最后一部分分享“一点寄语”。

一、也说《孟子》

我们先讲第一部分，给大家介绍一下孟子。我所谓的“也说”，是指从我个人阅读理解的角度来说孟子其人其书。我们知道，孟子是生活在战国时期的人，那个时候并没有照相技术，我们现在看到的孟子画像，是后人对孟子的想象，流传很长时间了，从元代开始，这个画像就非常流行（参见图11-1）。

图 11-1　孟子画像

孟子的生卒年大约是公元前 372 年到公元前 289 年，享年 84 岁。大家知道，孔子的生卒年是公元前 551 年到公元前 479 年，孔子活了 73 岁，孟子活了 84 岁。宋代以后，民间社会经常用 73、84 讲一个人寿命的坎，73 岁是个坎，84 岁也是个坎。非常有意思的是，宋代以后的民间习俗与孔孟的年寿结合在一块了。大家尽管不知道孟子，但可能会通过“84 岁”这个坎儿间接地感受到孟子。100 多年来我们的传统有点碎片化，但并不是完全断裂。如果重新来回顾的话，你会发现孔孟的思想传统仍然在我们身边。

孟子是战国中期的人，名轲，字子车（也有一种说法“字子舆”，舆指的是车厢，意思相近）。孟子生于当时的邹国，在今天山东的邹城一带。这个地方我去过很多次，当地建了一所孟子研究院。邹城隶属济宁市，离曲阜很近。邹国是孔子的故乡鲁国的附庸国。我们过去经常会讲“邹鲁之士”，邹指向的是孟子，鲁指向的是孔子。孟子很小的时候就跟从子思学习，《史记》里面讲的是跟从子思的门人学习。子思是孔子的孙子孔伋，所以孟子属于孔门后学。他曾经游历了齐国、鲁国、宋国、魏国这些国家。这些国家在今天什么位置？齐、鲁在山东，宋国在河南商丘一带。延伸到山东西南端，魏国在河南、山西之交，范围都在我们今天的华北。

孟子讲学授徒，“述孔子”“行王道”。如何理解“王道”的“王”字？战国中期有一个非常重要的现象，就是当时诸侯国的国君纷纷称“王”。最早称王的是魏国的梁惠王。后世经常讲“称王称霸”，其实这些词都来源于春秋战国时期。孟子想要行王道，“王道”就是以“行仁政”而“王天下”之道。后来孟子在历史上有非常大的影响，特别是在宋元以后。元朝的时候，元文宗至顺二年（1331 年），孟子被封为“邹国亚圣公”。我们今天说，至圣是孔子，亚圣是孟子，这就构成了我们孔孟儒学的传统。

当然，孟子最重要的是他和弟子共同编的书——《孟子》。朱熹做注的《孟子》影响非常大，从南宋后期，特别是元代初年开始，科举考试的教材就是我今天带过来的《四书章句集注》。从 14 世纪初到 1905 年，六百年科举考试，它是所有的读书人都要读的，就如同我们今天说高考的必考书。大家对民族英雄文天祥很熟悉，文天祥《正气歌》的思想内容就来自《孟子》和《孟子集注》。

《孟子》中有些名言非常重要，第一个就是孟子自己讲的所谓“穷则独善其身，达则兼善天下”（《孟子·尽心上》），对我们中国人的精神传统、人生道路影响最为深远。他说的意思是一个人在任何情况下都要保持自己的思想和做事的风格、人格的独立，在你日子过得不是很好的时候你也能够独善其身，在你能够为国家为社会服务的时候你要能够兼济天下，不能只想着你自己。我想，这点非常重要。所以我有两句话评价孟子，一句话就是孟子是古代最具思想锐力的人。什么叫“锐力”？就是直面人生，直击你的内心，孟子是一个很有激情的人。另外一句话就是他是极具人格魅力的人。我们知道，古代的很多思想家，比如说孔子，它的形象是温柔敦厚，讲中庸之道。孟子的形象呢？大家读《孟子》就会发现，孟子是有一身正气、一股英气的。所以，孟子的精神传统对我们的国家民族，甚至对我们的文明理想都产生了非常深远的影响。庄子也不一样，庄子有点像闲云野鹤，他的生活自由自在，不怎么参与天下事务。孟子的人格形象在《孟子》一书里面有很多体现。

《孟子·梁惠王》的首章有所谓“王何必曰利？亦有仁义而已矣”。这句话是孟子全部思想的重要基础。我们一说到“仁义”，都会讲这个仁义是什么，谁最先提出来的。最早说“仁”的是孔子，但仁义并举是从孟子才开始的。我们今天经常讲仁义，讲这个人不仁不义、不忠不孝，“仁义”是孟子非常重大的发明，对我们后世影响非常大。所以，我说他上承周公、孔子，周公制礼作乐，孔子提出了仁的学说，对我们今天都有很深的影响。然后，他下启南宋的朱子、明代的阳明（王守仁），孟子对中国思想产生的最重要影响就是《孟子》每时每刻都会被很多人拿来重新创造，朱熹也好，阳明也好，都是通过对《孟子》的解释，形成自己的理学思想、心学思想。大家知道，阳明思想中有一句话叫“致良知”。“致良知”这句就在《孟子》一书里面，“良知”一词是孟子提出来的，是阳明通过解释《孟子》得到了致良知之法。由此我们知道，孟子的精神传统对我们国家整体的思想传统都影响深远。

《孟子》以前是儒家诸子书中的一本，但是到了宋代以后升格为经书，也就是科举考试要考的。《孟子》最早成为“兼经”是在北宋王安石改革的时候，王安石改革就是把《论语》和《孟子》，特别是将《孟子》从一本诸子书提升成为兼经。比如说《易》《书》《诗》《礼》《春秋》中你可以选择一部考，那叫“本经”，但是有两部是必考的，那就是《论语》《孟子》两部兼经。南宋孝宗的时候，朱熹写出了《四书章句集注》，这部巨作自南宋后期开始成为国子监也就是太学要学习的书，接着成为科举考试的教材。

现当代人怎样理解孟子？我举个例子，当代世界很有名的一位思想家叫史怀哲（Albert Schweitze，一些书中译为施韦泽），他是一个具有德国、法国血统的人，号称是“非洲圣人”。因为他做了很多有益于非洲发展的事情，所以在 1953 年获得了诺贝尔和平奖。他曾经讲过，孟子是他所见到的，不仅是中国也包括西方、印度，所有古代思想家中最现代的一位。史怀哲为什么这么说？其中有一点就是民本思想。孟子讲“民为贵”，如果去考察历史，你就会发现，在20世纪40年代起草《联合国人权公约》的时候，孟子的民本思想就被吸收进去了。的确，《孟子》里还有很多思想和观念是非常具有现代性的。因此，我认为孟子思想不仅是朱熹和阳明思想的非常重要的源头，也是我们今天重建中华民族精神传统的源头活水。

二、“气”与我们的精神传统

我再来给大家讲第二个部分，“气”与我们的精神传统。我想大家在生活中经常会讲，这个人为何又“生气”了？“气”是什么？我们还经常讲“人气”，一个人很有人气。“气”是一个非常具有中国特色、中文特性的概念，我在这里先简单地给大家罗列一下，让大家感受一下什么叫“气”。

（一）孟子的箴言

孟子的箴言，就是《孟子》里面说的那些我们经常讲的、有规谏劝诫和人生哲理意义的话。第一句“虽千万人，吾往矣”（《孟子·公孙丑上》），讲的就是一种英雄的气概。当你带兵打仗为国贡献自己力量的时候，前面即使有再大的阻力，你纵然面对千万人（阻止），也勇往直前！这是一种什么样的气概！我们再来看第二句，“当今之世，舍我其谁也”（《孟子·公孙丑下》），讲的是一种担当，对时代、对民族，甚至对自身的各方面的一种担当，这是我们今天需要的一种气概。第三句是“仁者无敌于天下”（《孟子·梁惠王上》）。很多人特别喜欢用“天下无敌”，但大家不知道“天下无敌”来自于哪里，它来自于《孟子》，孟子讲得很清楚，是“仁者无敌于天下”，也就是说天下无敌的背后是仁者。今天我们都应该重新思考，什么叫仁者才能无敌于天下。只有孟子这样的人，才能够讲出这些震撼人心的话。还有我们经常说“与民同乐”，这也是孟子最先提出的，可见孟子具有现代性的一面。他讲到君王如果不能与民同乐，你的乐就不算乐，我想这是非常重要的。

孟子还讲“以德服人”。过去我们读武侠小说时经常会看到有人说“以德服人”，不是以力服人，这些话都来自《孟子》。还有我们大家熟知的所谓“大同世界”，孟子所描述的“老吾老以及人之老，幼吾幼以及人之幼”（《孟子·梁惠王上》），就是将敬爱自家老人的心推广到敬爱天下的老人，将关心自家小孩的心推广到关心天下的小孩，也就是我们要能够以天下为家，把别人也当作自己的亲人，这是中华文明最有特色的一个地方。我们知道，其他文明比较强调冲突，孟子传统则特别重视和谐，由内往外推，从自己家推到所有的人，所以天下是一家，不是冲突斗争。

以上我给大家简单提了一些孟子的名言警句，主要是警醒我们自己。如果说“生于忧患，死于安乐”（《孟子·告子下》，是孟子非常具有冲击力的话，那么“民为贵，社稷次之，君为轻”（《孟子·尽心下》），则是孟子具有现代性的重要体现。大家现在觉得好像这些话很平常，但你要把它们放在春秋战国时期，放在古代社会，这些话是非常具有冲击力的。明朝的开国皇帝朱元璋就特别不喜欢孟子，朱元璋在位的时候就命人编了一本《孟子节文》，把《孟子》里面讲“民贵君轻”的地方删掉了。因为孟子太现代了，这是非常重要的一点。孟子还讲“尽信《书》，则不如无《书》”（《孟子·尽心下》）。我们今天讲批判性思维，讲批判性地看待历史上的人和他们的书，我们都要有一种更加公允、更加客观的态度。还有“缘木求鱼”也是孟子讲的，这些话都是警醒我们一定要找到自己的一条路子，找到问题的根源所在，不然的话你就是“缘木求鱼”。你爬到了树上去找鱼，你是永远找不到的。还有“顾左右而言他”，这都是《孟子》里面经常出现的。大家可以发现，孟子的话有一个特点，就是有一股英气，也就是英雄之气，还有就是斩钉截铁，直击你的灵魂深处。有一段时间流行阳明学，很多人说阳明讲课的时候能讲得人痛哭流涕，为什么呢？因为阳明讲课的时候会讲“人禽之别”，就是人与禽兽的区别，讲得听众会痛哭流涕，觉得自己必须做一个人，这个人禽之别就来源于《孟子》。

我为什么要讲孟子气象与中华民族的精神品格呢？主要是想给大家呈现中华民族的精神品格。精神传统非常重要的是无“气”不“精神”。我们的精神传统不是一种宗教式的精神传统，而是道德性的精气神。无气是不精神的，所以我认为我们今天就应该很好地发掘、运用中华文明的固有概念，特别是自我表达方式，来表达我们自身。气是什么？其实是建立在天地之际的“气”。你的“气”哪里来的？是塞于天地之间的气。气是非常重要的，同时它又是物质生理与精神心灵浑然一体的

“气象”。我们大家形容人时喜欢用“有气质”。气质的概念本来也是来源于宋明理学。朱熹经常讲“变化气质”，但是“气质”的概念还是远不如“气象”。朱熹也经常讲“气象”，讲圣贤气象。我们读《论语》就会发现孔子的气象，读《孟子》就会发现孟子的气象，读《庄子》就会发现庄子的气象。为什么能发现他们有气象？气象不是指气象台的气象，从建筑学的角度形容建筑，有时候也说有些建筑气象非凡或者气象万千，一个人或者一个物的形象本身所透露出来的精神状态，才是我们说的“气象”。所以，从中西文明比较的角度，我认为气的精神传统对我们国家民族的过去和未来有非常重要的影响，也是我们的源头活水。我在后面还会与大家讲，气的精神传统会激发我们的修身，以及我们的修养功夫。做人需要做功夫。所以，我说“无气不精神”，对我们中华民族的精神传统要很好地继承发扬！

（二）文气与志气

我首先给大家举两个例子。梅贻琦先生在 1931 年 12 月的时候，做过就任清华大学校长的演讲。在这个演讲里，他特别提了一句话：“所谓大学者，非谓有大楼之谓也，有大师之谓也。”但是，很多人不知道其背后源于孟子的思想。大家知道这段话前面还说了什么话吗？可能好多人都不知道，其实前面的话来自《孟子·梁惠王下》。孟子见齐宣王的时候，齐宣王当时要称王，希望能一统天下，这是战国中后期的事。孟子见齐宣王曰：“所谓故国者，非谓有乔木之谓也，有世臣之谓也。”什么叫故国？按照我们今天的话来讲就是伟大的国家，有悠久文化传统的国家。“非谓有乔木之谓也”，就是说所谓历史悠久的国家，不是只指有多少参天大树。为什么要用高大的树木来比喻故国，大家可能不太知道，因为这里面涉及周代礼仪制度。在当时宗庙是国家的象征，宗庙建筑最需要的是什么？就是木头，因为我们古代建筑是木构建筑，所以乔木是建设宗庙最重要的东西。但孟子这里讲宗庙还不是最重要的，更重要的是“有世臣之谓也”，即有那些世世代代为国家做贡献的人才，所以后面一大段话是讲人才的。孟子与齐宣王讲，你应该如何从当时的其他诸侯国吸纳人才。梅贻琦先生的演讲词里面也有一大段话讲现代大学怎么吸纳人才。由此可见，孟子对我们前辈的影响是非常深刻的。

我再举一个例子，它是有关傅斯年先生的。他曾经担任北大的代理校长，后来到了台湾，当过台湾大学校长。傅斯年先生在当台大校长的时候以《滕文公下》篇第二章出了一道题目，就是新生入学考试的国文题。大家对后面半句都很熟，“富贵不能淫，贫贱不能移，威武不能屈，此之谓大丈夫”（《孟子・滕文公下》）。傅斯年先生为什么到了台湾以后，用《孟子》中的思想来出题目呢？梅贻琦先生为什么也用《孟子》？这其实都与抗战有一点关系。“九一八”事变以后，正是国家面临忧患之时，《孟子》就出来了。抗战的时候很多名人都讲到孟子所说的“浩然正气”，讲到“舍生取义”精神，傅斯年先生那个时候也在延续这种民族气概。

“居天下之广居，立天下之正位，行天下之大道。”（《孟子・滕文公下》）这里“广居”讲的是仁，即居住在天下最宽广的住宅“仁”里。孟子经常讲，仁是你最好的房子，而不是你实际追求的物理性房子。“立天下之正位”，讲的是礼，礼仪的礼，只有你遵循公认的礼仪，你才能够立天下之正位，站立在天下最正当的位置“礼”上。“行天下之大道”，讲的是义，仁义的义，行走在天下最宽广的道路“义”上。“得志，与民由之”（《孟子・滕文公下》），也就是我们前面说的兼济天下，当你得志的时候你应该是与老百姓一起去享用，推而广之，不能只自己独享；“不得志，独行其道”（《孟子・滕文公下》），当大家还不能理解你的志向的时候，你应该坚持自己的理想，所以后面才会讲到“富贵不能淫”，富贵权势不能扰乱我的心，“贫贱不能移”，贫贱不能改变我的志向，“威武不能屈”，威武不能屈折我的气节，只有这样才叫大丈夫。从《孟子》一书里面，大家可以看到孟子是一个什么样的人格形象。我经常讲孟子的人格魅力其实是非常独特的，大家永远不要忘记孟子是生活在战国时期，那是一个功利主义的时代，那是一个杀人如麻的时代，在那个时代他竟能够提出这样的主张。如果从成功学的角度讲，孟子在世的时候是不成功的，但是孟子过世以后他一直处于成功状态，我们永远都会记住他对中华民族的精神传统的重要影响。

（三）人格精神

我简单阐述一下孟子的这一系列思想是怎么来的。首先它来源于孔子对仁的理解。孔子讲“为仁由己”，孟子由此讲仁义并举，由仁义说到人心，他认为“人皆有不忍人之心”，这个不忍人之心就是仁义之心。我们每个人都有仁义之心，只不过有时候忘了。继而再推导出“性善”，所以由不忍人之心推到人的本性是善良的，然后由此来“养气”，按照孟子的讲法是“吾浩然之气”。什么叫作吾？自身固有的浩然之气。这才是所谓的养吾浩然之气，不是别人的气，是自身固有的仁义之心、不忍人之心，要把它存养下来，最后走向行王道。

有一段时间很多人只讲王道，这是不够的。王道的思想基础和体系脉络是非常重要的，特别是养气很关键。孟子讲你要把你的仁义之心存好，把你的浩然之气养好，你不能让你自身固有的气干瘪了。这样充塞于天地的气才能够不停运转，这才是孟子所要说的。所以我认为孟子的人格魅力和精神品格非常重要的地方是在养气上面，如果没有气，孟子就没法说清楚他对人格精神的整体理解。所以《孟子·公孙丑上》里面就讲“我知言，我善养吾浩然之气”，朱熹解释说，我知言就是我知道，所以他说他知晓了这个道，但是他还要养他的浩然之气。知道你自身固有的仁义之心还不够，你还要善于养好你自身固有的浩然之气。

宋代理学家程颐曾经讲“孟子有功于圣门”，一个突出表现是“仲尼只说一个志，孟子便说许多养气出来”。我们今天经常说一个人要有志气，这就是从孟子来的，孔子只讲志，不讲志气，孟子便说出许多养气出来。他还讲，孟子的性善和养气之论都是前圣所未发。所以，孟子的思想是具有开创性的。古代很多人讲孟子的功劳有多大，说他与大禹治水的功劳一样大。从我们今天来看，至少它在我们的精神传统这方面与大禹治水的功劳是差不多的，对我们民族的精神品格的形成具有重要意义。

1915 年在北京大学任教的辜鸿铭先生，曾经写了一本书叫《中国人的精神》。这本书是用英文写的，后来被翻译成中文。辜鸿铭先生的英文比较好，他以前在南洋学英文，曾留学英、德、法国 14 年。他对中国人的精神传统的理解独具特色，他特别指出：“我使用‘中国人的精神’，意在指明中国人生存的精神支柱，是一种在本质上与众不同的东西。无论在中国人的心灵、性情还是情操上，这种本质的不同使她区别于所有其他民族，尤其是区别于那些现代的欧洲人和美国人。”我想他讲的中国人的心灵精神很核心的地方，就体现在孟子所讲的仁义之心，孟子所讲的养气，这个是外国人不讲的，因为他们没有这一套文明的传统。他们有很多宗教性的传统，理念与我们是不一样的。“或许，我应该将我所讨论的主题称作‘中国式的人'，用更简洁的话来说，就是真正的中国人，这样最恰当。"所以我认为，养气是成为一个真正的中国人非常重要的途径。

（四）气的精神传统

我们民族精神品格中的"气"，先是从天地自然之气开始的。天地自然之气是带有物质性的，然后再转化为我们人所禀受的人体精力之气，就是我们常说的力气，大家中午吃了饭就会有力气，继而由这个力气转化为人体身心之气，这里面就已经有精神性的心了，最后再变为孟子说的道德性的心志道义之气，这才是"养吾浩然之气"的气，这才是真正的成熟了的中国精神传统。

社会上，从古代到现在总是会有各种各样的气。我们经常形容一个人说他小气，小气就是一种自私自利，不能往外推的一种气。按照北京大学钱理群老师的说法就是"精致的利己主义"。另外一种是邪气，这是一种怨天尤人的戾气、怨气、怒气。这些气都不是合乎道义的气，它是一种偏激的、报复主义的气。我想不光今天有这样的不良现象，古代也有，孟子针对的就是过于小气、充满邪气的这一类气，提倡要能大气，要有正气。

三、浩然之气——"养气"章再解读

大家要理解孟子，就要直接领略一下孟子到底怎么说的，怎么来表达自己的思想的。下面我要以"养气"章为例来给大家做细致一点的解读。

（一）从"立心"到"养气"

现在很多人在说传统文化时经常都会讲到一句话，即所谓"为天地立心"。"为天地立心"怎么来的？我们知道，"为天地立心"是北宋理学家张载提出来的，他的一个重要特点就是受孟子影响极深，他的"为天地立心"就是基于孟子的不忍人之心，就是在此基础上的发挥。所以我想"立心"是很重要的，立的不是生理的心，而是精神之心。精神的心不是我们一般意义上的精神的心，而是基于我们的仁义内在的道德性的心。有些人讲“为天地立心”讲得比较空泛，我要给大家讲得实在一点，就是我们的仁义内在之心。

孟子经常讲仁，仁来源于亲亲，由你与你的父母之间的亲情关爱就会产生一种仁。将这种仁再往外推出去，你通过爱你的家人，推及爱世界上所有的人，仁爱就是这么推出来的，仁显然是内在的。但是，在战国时期发生了新的情况，礼崩乐坏，礼崩乐坏是什么意思？就是过去的亲缘关系秩序崩塌了。我们今天讲人口流动性很大，你与你的邻居是没有亲缘关系的，那怎么来维护社会秩序？孟子就在此基础上提出“义”，用来解决地缘关系下的各种社会关系。比如说非亲缘关系是可以通过“义”来解决的。大家知道战国时期各国之间打仗，当时的国君宣扬打仗的时候，都说是为了本国的生存，似乎具有很强的道义性。但是换句话讲，本国的人要生存，别国的人要不要生存？所以又形成了一个悖论。当时很多人认为“义”只是外在的，不是内在的，但是孟子在当时的情况下，提出义也是内在于人心的，仁义本身都是人心内在固有的。他举例讲“不忍人之心”的时候，就讲到一个小孩在水井边上快要掉下去的时候，其他完全不认识他父母的人，都会有恻隐之心，不需要亲缘关系。[1] 由此你就可以发现“仁义之端”，发现“不忍人之心”是内在的。由此他推出性善论，就是人的本性是善的。在这个地方，我们可以发现善是由不忍人之心显现出来的。这是孟子对心的道德性把握，从仁义内在性来把握不忍人之心，这是非常重要的。有了这个以后，我们就会发现一个问题，你怎么样使自己能够回到不忍人之心？孟子讲道理很有趣，他说人把鸡放出去养，丢了一只鸡他要赶紧去找回来。孟子就反问，那你的不忍人之心、你的本心丢了，你怎么不去找呢？[2] 所以反过头来就是“求放心”，怎么求放心？孟子讲“先立乎其大”，先立其大就是立天地之心，然后养浩然之气，就是善养吾气。我在国家图书馆举办讲座的时候，有听众问我怎么来“立天地之心”。我说“立天地之心”是一个对普通人来讲似乎很远的东西，但如果从养气的角度来讲，就可以从你个人自身开始养起，通过养气来察觉你的不忍人之心，来不停地体知你的不忍人之心。

1 出自《孟子・公孙丑上》。
2 出自《孟子・告子上》。

（二）“心志道义之气”的发展过程

我们回过头来再给大家梳理“心志道义之气”是怎么来的。第一个阶段就是从远古到春秋时代，出现了天地自然之气。我们知道，在古希腊哲人的观念中，世界由四种元素组成，这四种元素是土、气、水、火。而早期中国其实最先开始讲气。比如《易传》里的二气感应的阴阳之气，《左传》里的望气、占气。还有神仙家、道家所讲的行气、食气，它们讲的是体现在人身体里面的气，就是精气的那个气。此外，兵家还讲到了延气、守气，它们其实类似我们今天观风向这一类，过去打仗会用得比较多。上述这些，构成了所谓的天地自然之气。这在西方传统里面是没有的，比较少见到能归纳成“气”的。

在“气”概念的发展过程中，到春秋时期就开始出现人体精力之气，这是第二个阶段。日本学者小野泽精一等人编著的《气的思想：中国自然观与人的观念的发展》，里面特别讲到中国古代的气。《论语》里所讲的气，是作为人体精力基础的血气，所谓“血气方刚”。从血气转化为志气、精气。还包括气息，包括辞气，所谓辞气就是你说话的语气。这一类是由谷物所产生的生气来理解的。也就是说，人要吃东西，吃的这些东西到了体内会形成一种所谓的血气、气息、辞气。战国时期出现了一个重大的变化，标志着“气”的概念进入第三个阶段。当时很重要的一本书叫《管子》，有些篇目涉及非常多的人体身心混合之气，就是身体的气能够转移到人心的气，这是一个重大的变化，《管子》里面讲的“气充生”，这是身体之气，还讲到“气意得而天下服，心意定而天下听”，这已经开始涉及心与气的依存关系，已经渗透到精神性的心了。《管子·内业》还讲到“精气”，而且已经提到了“浩然”一词。恰好《管子》一书一定程度上体现齐国的传统，所以我认为孟子的浩然之气，与《管子》的齐国思想传统是有关系的，就是作了新的转化。

第四个阶段是，从战国中期开始，出现了“心志道义之气”。台湾大学的黄俊杰教授写了《孟子》一书，在书中他说：“在气的这个观念脉络来看，则孔子尚未脱离以生理意义的方式来对待‘气’。”如我们前面说到孔子特别讲到血气。但到了孟子的时候，他结合春秋以来“古代中国人对于人的地位独立自主的自觉性要求，以及孔子对伦理道德优先的创见，开展出‘气’的道德性意义。”[1]我认为这是非常重要的一个转变，气已经不仅仅是身心混合，它成了我们的“心志道义之气”。这一点特别重要，这意味着我们中国人的精神真正独立了，它已经不完全依存于生理的需要，或者是物质性的东西了。按照我们今天的讲法，就叫作中国人的精神自觉。

我们回头来看《孟子·公孙丑上》，孟子在前面其实回答了他的弟子公孙丑提出的一些问题。公孙丑问曰：“夫子加齐之卿相，得行道焉，虽由此霸王不异矣。如此，则动心否乎？”公孙丑问孟子，如果齐宣王让你当宰相，可以推行自己的理想，甚至可以实现王道，您会不动心吗？由此孟子与公孙丑开始对话，孟子讲到他如何不动心。孟子专门解释了他的观点。讲了很长一段话，特别讲到对“勇”的理解。为什么孟子要讲勇气？这是因为战国时期好战斗勇之人多，每个人的“勇”都不一样。所以，孟子经常讲，真正的勇士一怒而定天下。不是与别人去打仗，去争斗，而是为天下人谋福利的勇，这才是真正的勇。所以，孟子讲“我善养吾浩然之气”，公孙丑就问你的“浩然之气”是什么。孟子说，浩然之气很难用言语完全说清楚，他说“其为气也”，气的构成、气的性质是什么？是至大至刚。浩淼的海洋，非常之大，广阔无边，那才叫“浩”。浩然之气的特点是什么？就是至大至刚。然后“以直养而无害”，意思是你要用你刚直的一面去存养它，而不是要顾及到各种的私心利益。孟子前面讲到很多人为什么没有勇气，为什么不能“虽千万人，吾往矣”，都是因为顾及到各种私心、利益，这点是非常重要的，所以需要“以直养而无害”，不要想得太多，尤其是想个人名利的事情太多，这样的话你才能无害，才能够“塞于天地之间”。你的浩然之气是充斥于天地之间的，不光是在一个人的体内。他说“其为气也，配义与道”，气要真正成为你自身固有的浩然之气，你既要善养，还要配备正义和正道，也就是我们今天说的道义。“无是，馁也”，也就是你要是没有这些，你就会气馁。“是集义所生者，非义袭而取之也”，就是说需要你自己经常积累正义，而不是偶然为之。这里朱熹和王阳明的讲法不太一样，朱熹的讲法是“集义，犹言积善”，你如果每天都能做善事，那你的浩然之气才能够保

1 黄俊杰：《孟子》，北京：生活·读书·新知三联书店，2013 年，第 53 页。

持，你每天做一件坏事，你的正气就会馁。王阳明的讲法是说集义就是致良知，就是不停追问自己，这个才是集义的关键。“行有不慊于心，则馁矣。我故曰：‘告子未尝知义’”，告子是孟子争辩的主要对象，告子认为仁是内在的，义是外在的，根据个人的需要和利益，个人才去追寻“义”，不合需要和利益的，都可以不管它。但孟子不这么认为，他说“告子未尝知义，以其外之也”，意思是告子把这个“义”当作外在的，而不是纳入浩然之气本身。“必有事焉而勿正”，即当想做善事的时候，我总是抱着特定目的才去做，“勿正”是不要有预期，不要老想着自己能达到某种特定目的，所以我才去做那件好事。“心勿忘，勿助长也”，如果大家读到这句话可能会想到拔苗助长的故事。顺便说一句，我们今天中学语文课本只把拔苗助长的故事给大家讲了，但并不知道孟子讲的“心勿忘，勿助长”，就是不要为了自己的特定目的而去拔苗助长，而是让浩然之气自然生长出来，自然地存养出来，这是很重要的。

（三）何谓“浩然之气”？

何谓浩然之气？过去有两种讲法，一种讲法是汉代儒者的“天气”说，偏物质性。另一种是宋代儒者开始讲的“天人一气”，比较偏精神性、道德性方面。一般来讲我们还是觉得宋儒讲得更加清楚明白，也更加准确。程颐说“有道有理，天人一也，更不分别”[1]，就是说天人不完全分别。“浩然之气，乃吾气也”（《孟子·公孙丑上》），我每次都强调“吾气”是很重要的，是自身固有的气。“养而无害，则塞乎天地；一为私意所蔽”（《孟子·公孙丑上》），你如果过分注重自己的私心物欲，私欲太多那当然就会为它所遮蔽，这样的话你会变小气。这里面是有养气功夫的，教大家如何来养气做功夫。

朱熹有一长段话，我觉得从今天看都是很有思想冲击力的。朱熹《孟子集注》曰：“浩然，盛大流行之貌。气，即所谓体之充者。本自浩然，失养故馁，惟孟子

1 程颢，程颐：《二程集》，北京：中华书局，2004 年，第 20 页。

为善养之以复其初也。”他说，浩然就是盛大流行之貌，气不只是大，还不停运行，在你身上，在别人身上，在天地之间；“气，即所谓体之充者”，是指你的身体本身就充满着气，但是你用眼睛不一定能看见，你用你的心能感受到；“本自浩然，失养故馁”，特别强调你需要去养你的浩然之气，不是在外面找，是你自身固有的气可能馁了，没劲儿了。我经常说《孟子》是我们民族提振精神重要的思想资源。“惟孟子为善养之以复其初也”，就是你的本性善的地方才能够恢复原貌，回复到你原来的不忍人之心，所以朱熹说：“至大初无限量，至刚不可屈挠。盖天地之正气，而人得以生者，其体段本如是也。惟其自反而缩，则得其所养，而又无所作为以害之，则其本体不亏而充塞无间矣。”你要把你自身固有的气与天地之气浑然一体，不是局限在你个人身上，这是很重要的。“至刚不可屈挠”，就是不受到各种私心、利益的影响，而是刚直之气不被屈折。“盖天地之正气，而人得以生者，其体段本如是也。”也就是讲，天地的正气是从天地中间来的，生长在你身上的。“惟其自反而缩，则得其所养”，这里的“缩”即“直”，意思是你还要正直，而不亏于道义。“又无所作为以害之，则其本体不亏而充塞无间矣。”意思是你不要天天故意拔苗助长，浩然正气本身不亏欠，否则可能对你原有的至大至刚会有影响。从这里面，朱熹提出了“天地之正气”，这就是文天祥《正气歌》的来源。

孟子接着讲的一个寓言故事，我想大家在中学应该都读过了，叫“拔苗助长”。前面讲过“心勿忘，勿助长也”，这句话后孟子接着说：“无若宋人然。宋人有闵其苗之不长而揠之者，芒芒然归，谓其人曰：‘今日病矣！予助苗长矣！’其子趋而往视之，苗则槁矣。天下之不助苗长者寡矣。以为无益而舍之者，不耘苗者也；助之长者，揠苗者也。非徒无益，而又害之。”战国时期有一种非常有趣的现象，包括《庄子》也是，当时的人好像特别喜欢取笑宋国人，一举反面例子，总是拿宋国人来说。宋国有一人担心自家的禾苗不长，却发现别人家的禾苗长得挺好。这个人怎么办呢？他就把禾苗拔高一点，“茫茫然归”，意思是拔累了回到家，对他的家人说：“今天可把我累坏了！我帮助禾苗长高了！”他的儿子赶快跑去看禾苗，禾苗却都枯萎了。天下人没有不希望自己禾苗长得快一些，“以为无益而舍之者，不耘苗者也”，这里就出现了耕耘的耘，相当于养气的养。也就是说，你的气你不去养，而是发现自己的气馁了，就想与拔苗助长一样，干脆拿个打气筒来给自己打点气，这不行，孟子讲的就是这个意思，所以“助之长者，揠苗者也。非徒无益，而又害之。”意思是这样就像这个拔苗助长的人，不但没有好处，反而害了它，所以不能这么去养气。我们俗话讲，其实就是不能临时抱佛脚，你时刻都应该养好你自己固有的浩然之气。

最后，给大家讲讲孟子的“存心养气”。孟子经常讲“不得于心，勿求于气”（《孟子·公孙丑上》），意思是先要得你的心，你要先知道自己有仁义之心，有不忍人之心，你才去求你的气。如果只求气，只是练你的力气了。谢氏（谢良佐）曰：“浩然之气，须于心得其正时识取。”又曰：“浩然是无亏欠时。”（《孟子集注》）这句话的意思是要时时刻刻察觉自己的心，有不忍人之心那一刻的时候，你要去不停理解自己的浩然之气。我想我们每个人都会存在不忍人之心，然后你用它来不停存养不忍人之心，你就能够养好你的浩然之气。

还要给大家讲讲所谓的“立志养气”。《孟子》养气章讲完“存心养气”后，接着就讲“志”的问题，它是我们今天讲志气的来源。孟子讲“志”是什么，“夫志，气之帅也”，帅当然是统帅，就是你的意气是与你的心志有关系的，是心志引导你的意气走，而不是意气引导你的心志走。所以每个人其实都是心志引导的，比如说你想吃好吃的，不是你的嘴巴想吃，是你的心里想吃；你想听好听的，不是你的耳朵让你去听，是你的志向、你的意志要你去听，所以孟子说“气，体之充也。夫志至焉，气次焉”。关于心与气的关系，我前面也讲过，心与气是心为主，气次之。你有了心志，你有了真正的不忍人之心和仁义之志，你才会有浩然之气的存养。所以，南宋有名的理学家陆九渊讲：“人要有大志。常人汩没于声色富贵间，良心善性都蒙蔽了。今人如何便解有志？须先有智识始得。”[1]这句话直击人心，当年陆九渊在书院讲学的时候，也是讲得听者痛哭流涕。学者须先立志，包括我们在座的同学，要先学立志，有了这个志向才能够存养浩然之气，这是非常重要的。

---

1 陆九渊撰，杨国荣导读：《象山语录》，上海：上海古籍出版社，2020 年，第 59 页。

四、大气、正气与家国天下

（一）浩气：至大至刚

回过头来，我要集中讲一下大气、正气。刚才已经提到浩然之气，至大至刚，其中的“大”是非常重要的。程颐在《周易程氏传》中指出：“言气，则先大。大，气之体也。”至于“气”与“大”谁先，他认为大在气先，如果气不够大，气就不是他认为的气，所以他说“大，气之体也”。解决我们“小里小气”问题，关键就在这个地方。按照程颐的说法，那小里小气的“气”其实就不是什么心志道义之气。真正的气，“大”是它的根本特征。所以，孟子讲要“先立乎其大”。大不是空的东西，而是你自身固有的不忍人之心。如果有一个你不认识的人需要帮助，你能去帮助，这就是你的“不忍”，一点都不空。大家可以发现，《孟子》一书里讲“大”的地方特别多，孟子特别喜欢讲“大”，讲“小”大部分是从“大”的反面来讲的。小人都是从反面来讲的，对应的还是大人。《孟子》一书里还常会出现大丈夫、小丈夫、贱丈夫这些词，从中你可以发现孟子对“大”的重视，这就是我前面讲的“气之大”。

《孟子·滕文公下》里面有一段话，其实这段话对我们今天是非常有教育意义的。这段话讲战国时期有很多飞黄腾达的人，特别是那些纵横家，天天游说君王，得到荣华富贵，且权高位重。景春就是一位纵横家，他曾经问孟子：“公孙衍、张仪岂不诚大丈夫哉？一怒而诸侯惧，安居而天下熄。”公孙衍和张仪都是当时有名的纵横家，我们知道在《史记》里面有《苏秦列传》《张仪列传》，苏秦、张仪都是纵横家的代表人物。公孙衍、张仪这两个人当时游说君王，都得到了权臣的位置而名满天下。所以景春就反问孟子：公孙衍与张仪两个人难道不是大丈夫吗？他们“一怒而诸侯惧”，他们不高兴了，就动员君王灭掉哪个国家；或者“安居而天下熄”，即他们如果不想使天下大乱，就能够让战事停息，这样的人难道不是大丈夫吗？孟子回答说了一段话：

> 是焉得为大丈夫乎？子未学礼乎？丈夫之冠也，父命之；女子之嫁也，母命之，往送之门，戒之曰：‘往之女家，必敬必戒，无违夫子!’

以顺为正者，妾妇之道也。居天下之广居，立天下之正位，行天下之大道。得志，与民由之，不得志，独行其道。富贵不能淫，贫贱不能移，威武不能屈，此之谓大丈夫。（《孟子·滕文公下》）

“是焉得为大丈夫乎？”意思是“这样的人难道叫大丈夫吗？”然后他就问：你有没有学过礼仪？“丈夫之冠也，父命之”，也就是说父亲来主持加冠成人之礼的仪式，你才能够成为“丈夫”。从中你发现孟子是怎么反驳的，是从“丈夫”的本义来讲起的。然后他说“女之嫁也，母命之”，就是说女孩子出嫁的时候是由母亲来训导嘱咐的。母亲告诫女儿说：到了你丈夫的家里，一定要恭敬，一定要谨慎，“无违夫子”就是夫妇和顺，“以顺为正者，妾妇之道也”，即以和顺、顺从为做人原则，那是妾妇之道。由此他特别讲“大丈夫”应该如何呢，逢迎君王和有独立人格这两者是不一样的，所以他说了“居天下之广居，立天下之正位，行天下之大道”等后面一大段话。大家回过头来想，我前面所提到的“此之谓大丈夫”，就知道为什么孟子讲这番话了。他是批评当时用不正当手段得到权力地位、为所欲为的那些人，而且批评得很厉害，这里面就反映了孟子所谓“养气”的一些思想，就是对于这个大丈夫之“大”是有很多考虑的。

《孟子·告子上》里面所提到的观点，也值得我们去仔细阅读和思考。比如说，公都子问曰：“钧是人也，或为大人，或为小人，何也？”公都子是孟子弟子，他问老师，同样都是人，为什么有些人是大人，有些人是小人，这是怎么回事。我想很多同学也会问这个问题，为什么有人是大人，有人是小人，孟子解释说：“从其大体为大人，从其小体为小人。”回到我们前面讲的“大气”，就是说你要是自己小里小气，那你肯定是个小人，即使你现在没表现出自己是小人，将来也会表现出自己是小人。你如果是“从其大体”，你知道你的气、你的浩然之气是你自身固有的，你还能够把它充塞于天地之间，那你肯定是个大人，即使你现在还没有表现出来，将来也会表现出来。公都子继续问：“钧是人也，或从其大体，或从其小体，何也？”同样是人，为什么有些人只满足次要感官需要，有些人却能满足身心大体？孟子就讲：“耳目之官不思，而蔽于物。物交物，则引之而已矣。心之官则思，思则得之，不思则不得也。此天之所与我者。先立乎其大者，则其小者弗能夺也。此为大人而已矣。”“耳目之官不思，而蔽于物”，指除了心这个器官以外，你的其他感官都是跟着外物走的。“物交物，则引之而已矣”，就是它们都是跟着外物走，只有你的内心，它是能思考通贯的，而你的耳朵和眼睛却不能。我们今天知道，从生理学上讲人的神经系统协调才能够使你贯通，包括理性思考在内。古人认为只有人的心才能思考通贯。“思则得之，不思则不得也。此天之所与我者”，这也是孟子经常讲人禽之别里面讲到的，耳朵、眼睛、嘴巴动物都有，它们唯一没有的是什么？是不忍人之心、仁义之心。因此，这才是人最重要的，要先立乎其大，那是老天爷给予人最宝贵的东西。所以，人与一般的动物不一样，就在于老天爷给予我们的心。如果先立乎其大的话，就是你的仁义之心要先立起来，也就是我们前面讲的“立天地之心”，“则其小者弗能夺也”，也就是说好听的、好看的、好玩的，各种东西都能够听从你的心。“此为大人而已矣”，意思是大家想成为大人很容易，就看你心里想不想，你心里想，心想事成是肯定的。

（二）（正）气：以直养

我再简单提一下《孟子·离娄上》等一些篇目里涉及的“大”和“正”方面的内容，里面有相当多的文字表述，我在这里就不一一给大家解释了。

关于正气，“以直养”的正气，是非常重要的内容。《孟子·尽心上》里面经常会讲到修身养性的问题，孟子说：“有大人者，正己而物正者也。”按照我们今天的讲法就是先身正，你自己身正了，你才能够正外物。这是大人的一个特点。朱熹解释浩然之气的时候，也特别提到了正气的问题，气要得其正而不能是邪的。我前面提到的文天祥的《正气歌》，对我们民族精神的影响是深远的。你过去读《正气歌》的时候，可能不能完全理解何谓“天地有正气”，我今天给大家讲了孟子思想以后，大家就知道了文天祥思想的来源是《孟子》。文天祥在《正气歌》中说：“天地有正气，杂然赋流形。下则为河岳，上则为日星。于人曰浩然，沛乎塞苍冥。皇路当清夷，含和吐明庭。时穷节乃见，一一垂丹青。”天地之间，天上你可以看到日月星辰，地下可以看到山川河流。“于人曰浩然，沛乎塞苍冥”，也就是充塞于天地之间的气。“皇路当清夷，含和吐明庭”，意思是国家处于清明太平时期，朝廷祥和开明。“时穷节乃见，一一垂丹青”，意思是国家在艰难危急的时期，正义之士能表现出气节，让高尚的情操名垂青史。在我们的精神传统里经常是在忧患时期，讲究气节的时候孟子思想不断重现，这恰恰反映了我们的民族精神传统中非常核心的一些要素。它在平常时候不一定能够凸显，但是在关键时刻，我们民族精神中最核心的品格就会显现。这是我对孟子的理解。

最后我们再来总结一下浩然之气，用梁启超先生的话来总结。梁启超先生对中西之变、古今之变过程中如何创造性转化传统思想的论述，对我们有很多启发。古代人讲“学以至于圣人之道”，在梁先生一本有关儒家哲学的书里，他把“圣人”转化为了“人格健全的人”。进入现代以后，大学教育经常会讲到人格健全，实际上这是由“圣人”概念转化而来的。我们今天不能说每个人都要成为圣人，但是我们可以说要成为人格健全的人，培养人格健全的人也是大学的一个重要使命。梁先生还有一处讲到对《孟子》的理解，用“自强”来解释孟子。这也是非常具有启发性的。梁先生说：

> 浩气者，人性中阳刚发扬之法也。人类之所以能向上，恃恃此，缺焉则馁，馁则无复自信力，而堕落随之矣。此气本人性所同具，曷为或强或弱，或有或无，则以有害之者，害之奈何，为其所不为，欲其所不欲，日受良心之责备，则虽欲不馁焉不得也。气之为物，易衰而易竭者也，馁而再振，其难倍蓰焉。养之之法，惟在自强，自强则能制伏小体，不为物引（老子曰“自胜之为强”）。而不慊于心之行可免矣。“仰不愧于天，俯不怍于人”。“行一不义，杀一不辜，而得天下，不为也”。[1]

“浩气者，人性中阳刚发扬之法也。”我们前面讲了浩然之气又大且正，这是所谓“阳刚发扬之法”。“人类之所以能向上，恒恃此，缺焉则馁，馁则无复自信力，而堕落随之矣。”如果缺少阳刚发扬之法就会没有自信力。“此气本人性所同具”，我觉得这一点他讲得非常对，而且对孟子的理解也很对，孟子讲的意思就是这个。孟子思想非常具有现代性。孟子讲的“人皆可以为尧舜”（《孟子·告子下》），就是具有现代性的话，不是只有某一个王公贵族能够成为尧舜，所有的人都能够成

1 梁启超：《我们今天怎样做父亲——梁启超谈家庭教育》，彭树欣选评，上海：上海古籍出版社，2020 年，第 292 页。

为尧舜。“曷为或强或弱，或有或无，则以有害之者，害之奈何，为其所不为，欲其所不欲”，浩气在每个人身上有强有弱，时有时无，取决于人有没有真正地做该做的事情，想该想的事儿。所以他说“日受良心之责备，则虽欲不馁焉不得也”，所以固有的浩气想不变小都不可能。“气之为物”，我们知道气球打满了气以后气会慢慢消掉，所以它本身是易衰而易竭的，需要不停存养。所谓的“馁而再振”，就是我们今天说的振奋精神。“养之之法，惟在自强”，晚清民国初年那会正是国家遭难的时候，所以梁启超先生特别强调自强，他用“浩然之气”作为自强之法，这是非常重要的。他后面基本上都是引用孟子的话来讲的，特别讲到“仰不愧于天，俯不怍于人”，说的是抬头望天、低头看人，不能够亏欠于天地，不能够愧对他人，这些都是孟子的原话。“行一不义，杀一不辜而得天下，不为也”，这是他对浩然之气的新理解。我觉得从这些地方我们应该能够得到很多的启发。我们对浩然之气，对养气自身的渊源有了了解，还要对它的影响和我们如何来养气有新的推动，我们不是就养气来养气，而是要从国家民族的自信自强这些方面来讲养气的一些内涵。

五、一点寄语

最后，我要把我的寄语送给大家。也就是我在读《孟子》养气章，体会孟子思想与我们中华民族精神传统时我的一些想法。

我自己在读书过程中会比较多地强调，先理解经典，再在理解的基础上反思，我们理解《孟子》不是为了说《孟子》是怎样的，而是说我们要在此基础上有更多新的发挥和创造。在寄语之前，我在这里先推荐几部书给大家。一部是杨伯峻先生的《孟子译注》，我觉得这部书对于我们理解孟子思想的一些基本方面很有帮助，很适合一般程度的读者去阅读。我经常讲孟子为什么了不起，你要把他放在他的时代，你是肯定很难有他那样振臂一呼的力度的。当时他面对的是一个功利主义的时代，各国统治者都忙着追逐名利，忙着打仗。别人问他什么样的人能够一统天下，他说“以力假仁者霸，霸必有大国；以德行仁者王，王不待大”（《孟子·公孙丑上》），施行仁义而统一天下的叫作“王”，依靠武力假借仁义之名而统一天下的叫作“霸”。这句话在当时的战国时代是很惊人的，因为统治者都忙着与别的国家交战。我推荐的第二部书是中国人民大学梁涛老师前几年出版的《孟子》。梁老师与我是好朋友，他有很多新的想法，而且解释得非常好，我想这部书是很值得大家去阅读的。我推荐的第三部就是台湾大学黄俊杰先生的《孟子》，这是一部传记式的书，但是又带有思想阐释，以及孟子在历代的影响，这部书对大家了解孟子以及孟子的传统很有帮助。此外，还有一部就是复旦大学杨泽波教授的《孟子评传》，它可以引发我们更多的思考。

我的寄语其实就是两句话，第一句是关于孟子的生命境界。现在讲传统经典，我往往都会从文明史的角度去理解，因为我们的这些经典都是早期中国文明的结晶。我觉得孟子的气象实际上是他生命境界的体现，表现在他的人格魅力和精神品格上。我前面提到了“无气不精神”，如果要举一个代表人物，首推孟子，因为孟子在这方面说得多，做得也多，对后世影响大。我简单给大家总结了一下，它是源自于仁义内在的“不忍人之心”。当你做一件善事的时候，你要把握住你的不忍人之心，别让它跑了，在做善事的时候记住它，时时地去体会它。然后是性由心显的“性善”，我们过去讲性本善，就是从孟子来的。我希望大家不要只是从抽象的意义上理解性本善，性其实是由不忍人之心来体现出来的。你只要能发现你不忍人之心的那个端倪，从这个不忍人之心的背后，你就知道你的本性是善的，然后将它转化为“吾浩然之气”。我每次在说浩然之气的时候，大家就发现我喜欢把“吾”加上，强调是你自身固有的这个浩然之气，我不要从外面、从别人那里抓一个浩然之气来，而是你自身的浩然之气，那才是自己的心气，才是自己的志气。你要从别人那里抓来的气到你那儿一定不会是浩然之气了，一定是基于某种利益、某种外在想法的东西。如此行道施义，“以善养人”（《孟子·离娄下》），才能够达到气象非凡。今天很多人说一个人的生命绽放，可能是指有一个好工作，有一所好房子，我想这些都不算你生命的绽放。那只是一种外在的需求满足，你最后还是需要有一种精神的境界，那种精神才是你真正的生命。

由此，第二句寄语就是要说中华民族的精神品格。我想我们要有“为天地立心”的心，它不是一个抽象的、宏观的、外在的东西，是基于你本身固有的浩然之气，你本身就有的不忍人之心，那么你才会有圣贤的气象。这里的“圣贤”指的是成为人格健全的人，我认为这一点非常重要。你有健全的人格，才能够有家国的情怀。健全人格和家国情怀是一种体和用的关系。有了真正健全的人格，你才会有真正的家国情怀。孟子有一句话说得好："充实之谓美，充实而有光辉之谓大。"（《孟子·尽心下》）我们今天讲某个东西好看的时候经常会讲"天地有大美而不言"，"大美"是什么？孟子的解释是"充实之谓美"，这个充实当然就包括了"吾浩然之气"，"充实而有光辉"就是我说的生命的绽放。

讲座结束之前，我送给大家十个字——"生命有境界，人类更文明"。既是针对我们的过去，又是针对我们的现在，也包括我们的未来。其实人类的历史发展纷纷扰扰，曲曲折折，我们能够做的是先让自己的生命有境界，先让自己有健全的人格，然后推之于家国天下，才会有更美好光明的未来。

（江士星整理，秦红岭审校）

编后记

呈现在读者面前的这本书，是北京建筑大学原人文学院通识教育中心 2022 年至 2023 年所举办的“建筑与人文”主题通识教育讲座的精选内容汇编。

北京建筑大学是北京市和住房城乡建设部共建高校、教育部“卓越工程师教育培养计划”试点高校，是一所具有鲜明建筑特色、以工为主的多科性大学。学校高度重视通识教育，持续开展通识教育课程改革，构建了具有北京建筑大学特色的通识教育核心课模式。

日本学者茂木健一郎在《通识：学问的门类》一书中指出，当代需要的才智是一种建立在一定专业性基础上的、广泛的文化修养。《哈佛通识教育红皮书》指出，通识教育和专业教育不是处于相互竞争的位置，通识教育为学生充分发展其专业潜质提供了环境，专业化只有在更宽广的通识语境下才能实现其主要目的。基于学校培养目标和对通识教育内涵的审视，我们认为，通识核心课程的设置应以开放的思想和多元的视角，打破传统学科界限，服务于为学生提供广阔的知识视野，体现以立德树人为根本目标基础上的“融合、交叉、特色”的要求。因此，为拓宽学生视野，活跃学校学术氛围，配合通识课教学，促进名师、名家与学生接触互动，我们自 2022 年春季学期开始，开设“通识大讲堂”课程，旨在邀请学术造诣深厚、有广泛社会影响力的知名学者为本科生开设以“建筑与人文”为主题的通识教育系列讲座，帮助学生深入了解人文理念和中华优秀传统文化，了解体现北京建筑大学专业特色的建筑文化和文化遗产保护知识，开阔学科视野，打造具有北京建筑大学特色的通识教育讲座品牌。“通识大讲堂”课程采取线上线下相结合的授课方式，面向全校本科生，也欢迎感兴趣的公众线上参加，2022 年、2023 年共举办通识大讲堂 28 讲，名家讲堂 34 期，参与学生 2442 人次，线上参与公众近 3000 人次，在人才培养和公共教育中发挥了良好作用。

我们将北京建筑大学“通识大讲堂”10 场讲座及侯妙乐教授所授通识核心课的 1 场“名家讲堂”“课中课”编辑成书，化作“纸上风景”，一方面，旨在积累并充分利用这些宝贵的名家讲座资源，另一方面，也希望让无缘身临讲座现场的师生和读者，同样能够领略学术大家们的真知灼见。这本讲座文集在征得 11 位主讲老师同意的基础上，在其现场讲稿基础上整理编辑而成，经认真审校后又得到各位主讲老师最终审定。全书主要分为两个部分，一是建筑与文化遗产，二是人文与传统文化，章节顺序依据讲座的主题依次编排。

在此，我们谨向各位主讲老师——李先逵、李建平、金磊、郭旃、汤羽扬、曹刚、沈湘平、肖群忠、干春松、吴国武——致以由衷的感谢，感谢各位主讲老师的精彩知识分享和思想启迪！

全书由秦红岭教授审校和统稿。林青老师负责稿件初审和部分讲座整理，周坤朋老师、毕瀚文老师、陈芸洁老师、程璐同学和江士星同学负责部分讲座整理，感谢以上各位老师和同学的辛勤付出！

同时，感谢北京建筑大学教务处的指导和支持！感谢负责通识核心课教学管理的北京建筑大学教务处侯平英副处长的得力工作！感谢华中科技大出版社张淑梅编辑为本书出版所作的努力！正是由于大家的共同努力，这本讲座文集得以顺利面世，向所有为本书付出心血的人致以最诚挚的谢意！

2024 年仲夏于北京